反攻與再造
遷臺初期國軍的整備與作為

Recovery and Reform:
R. O. C. Military Reorganization
and Operations in 1950s

陳鴻獻

民國論叢｜總序

呂芳上
民國歷史文化學社社長

1902 年，梁啟超「新史學」的提出，揭開了中國現代史學發展的序幕。

以近現代史研究而言，迄今百多年來學界關注幾個問題：首先，近代史能否列入史學主流研究的範疇？後朝人修前朝史固無疑義，但當代人修當代史，便成爭議。不過，近半世紀以來，「近代史」已被學界公認是史學研究的一個分支，民國史研究自然包含其中。與此相關的是官修史學的適當性，排除意識形態之爭，《清史稿》出版爭議、「新清史工程」的進行，不免引發諸多討論，但無論官修、私修均有助於歷史的呈現，只要不偏不倚。史家陳寅恪在《金明館叢書二編》的〈順宗實錄與續玄怪錄〉中說，私家撰者易誣妄，官修之書多諱飾，「考史事之本末者，苟能於官書及私著等量齊觀，詳辨而慎取之，則庶幾得其真相，而無誣諱之失矣」。可見官、私修史均有互稽作用。

其次，西方史學理論的引入，大大影響近代歷史的書寫與詮釋。德國蘭克史學較早影響中國學者，後來政治學、社會學、經濟學等社會科學應用於歷史學，於1950 年後，海峽兩岸尤為顯著。臺灣受美國影響，現代化理論大行其道；中國大陸則奉馬列主義唯物史觀為圭臬。直到1980 年代意識形態退燒之後，接著而來的西方思潮——新文化史、全球史研究，風靡兩岸，近代史也不能例外。這些流行研究當然有助於新議題的開發，如何以中國或以臺灣為主體的近代史研究，則成為學者當今苦心思考的議題。

1912 年，民國建立之後，走過1920 年代中西、新舊、革命與反革命之爭，1930 年代經濟大蕭條、1940 年代戰爭歲月，1950 年代大變局之後冷戰，繼之以白色恐怖、黨國體制、爭民權運動諸歷程，到了1980 年代之後，走到物資豐饒、科技進步而心靈空虛的時代。百多年來的民國歷史發展，實接續十九世紀末葉以來求變、求新、挫折、突破與創新的過程，涉及傳統與現代、境內與域外方方面面的交涉、混融，有斷裂、有移植，也有更多的延續，在「變局」中，你中有我，我中有你，為史家提供極多可資商榷的議題。1949 年，獲得諾貝爾文學獎美國作家福克納（William Faulkner）說：「過去並未死亡，甚至沒有過去。」（The past is never dead. It's not even past.）更具體的說，今天海峽兩岸的現況、流行文化，甚至政治核心議題，仍有諸多「民國元素」，歷史學家對民國歷史的回眸、凝視、觀察、細究、具機鋒的看法，均會增加人們對現狀的理解、認識和判斷力。這正是民國史家重大任務、大有可為之處。

民國史與我們最是親近，有人仍生活在民國中，也有人追逐著「民國熱」。無庸諱言，民國歷史有資料閎富、角度多元、思潮新穎之利，但也有官方資料不願公開、人物忌諱多、品評史事不易之弊。但，訓練有素的史家，一定懂得歷史的詮釋、剪裁與呈現，要力求公允；一定知道歷史的傳承有如父母子女，父母給子女生命，子女要回饋的是生命的意義。

1950 年代後帶著法統來到臺灣的民國，的確有過一段受戰爭威脅、政治「失去左眼的歲月」，也有一段絕地求生、奮力圖強，使經濟成為亞洲四小龍之一的醒目時日。如今雙目俱全、體質還算健康、前行道路不無崎嶇的環境下，史學界對超越地域、黨派成見又客觀的民國史研究，實寄予樂觀和厚望。

基於此，「民國歷史文化學社」將積極支持、鼓勵民國史有創意的研究和論作。對於研究成果，我們開闢論著系列叢書，我們秉持這樣的出版原則：對民國史不是多餘的書、不是可有可無的書，而是擲地有聲的新書、好書。

推薦語

林桶法
輔仁大學歷史學系教授

1950 年代無論就亞洲還是臺海兩岸的局勢而言，都極為關鍵，中華人民共和國雖然建政，但局勢仍不穩定，對於剛丟失大陸的蔣介石而言，尋求安全穩定與重起爐灶之外，最重要的是反攻大陸。有關這方面的研究仍然有限，陳鴻獻教授出身軍旅，有機會接觸相關的檔案，認真分析，本書史料豐富，各章節都有獨到而精闢的見地，可讀性甚高，值得推薦。

陳立文
中國文化大學史學系教授兼系主任

民國40 年（1951）蔣中正在日記大事預定表中寫：「反攻方略：準備未完，切勿反攻，無充分把握，決不反攻，時機未成熟，亦不反攻。」民國48 年（1959）則寫：「軍事反攻以解放黑暗奴役的地獄中，無數同胞為目標。如對輾轉於痛苦車輪下悲啼呻吟的手足，而不能攘臂救援，則人生還有意義？政府存在又有何意義？故恢復國土不是今日之主要目標，而乃以拯救同胞為我第一要務矣。」蔣中正反攻大陸的決心從未有一日放鬆，但如何反攻？如何再造？本書透過檢視1950 年代各反攻計畫案的準備、成案、執行，從實務的角度審視蔣中正的反攻決心與實際準備，是一本難得的軍史著作。

本書是陳鴻獻教授文化大學博士論文的改寫，作者早歲參與軍旅，對軍中實務有深刻了解，其後投身史學研究，大量收集相關史料，去蕪存菁，故能完成此一內容充實、不落窠臼的著作，作為文化大學史學系主任，本人深以為榮，特為之推薦。

楊維真

國立中正大學歷史學系教授

自1949 年蔣中正敗退來臺後，念茲在茲的即是如何反攻復國，除於各個場合昭告國人「勿忘在莒」外，並提出「一年準備，兩年反攻，三年掃蕩，五年成功」的呼籲，積極整軍經武，策畫反攻。惟因各種條件的限制，反攻大陸終成畫餅，馴至外界對反攻一事多所譏評。本書主要運用大量軍方檔案及蔣中正個人資料，詳考1950 年代國軍反攻作戰計畫案，透過檢視各反攻計畫案的準備、成案、執行，重新審視蔣中正的反攻決心與準備。作者發現蔣中正為求反攻，必須著手國軍再造；而唯有再造國軍，才有實力反攻大陸。因此，本書無論是反攻作戰計畫，以及國軍政工制度、軍隊整編、教育與訓練等都有深入的論述。作者陳鴻獻教授早歲投身軍旅，擁有軍中實務經驗，後立志鑽研軍事史，獲中國文化大學史學系博士，所以能兼治軍事理論與實務，寫出這本具有顛覆性、啟發性的好書，特為之推薦。

劉維開

國立政治大學歷史學系教授兼人文中心主任

「反攻大陸」，現在聽起來可能是一個虛幻的語詞，但是對於曾經在50、60年代生活的臺灣民眾來說，是存在的共同記憶。那個年代，與「反攻」有關的字句隨處可見，一首「反攻大陸去」：「反攻，反攻，反攻大陸去，反攻，反攻，反攻大陸去，大陸是我們的國土，大陸是我們的疆域……。」更是在許多場合高唱的愛國歌曲。可是國軍真的有「反攻大陸」的準備嗎？是不是「反攻大陸」的號角一響，就有「簞食壺漿以迎王師」情景出現？相信絕大多數的人都有疑問。本書是第一本關於1950年代國軍反攻行動的學術著作，作者以目前已經公開的軍方檔案為主要資料，根據蔣中正提出的行政三聯制—計畫、執行、考核，分析在1950年代各個不同階段制定的反攻大陸計畫，勾勒出「反攻」的實質，以及為了完成反攻大業，進行國軍的「再造」，重建政工制度、整編來臺部隊、加強各級軍官教育訓練，並以東南沿海島嶼突擊作戰與滇緬邊境游擊作戰，兩個地區的軍事行動，作為反攻行動的嘗試。從書中的陳述，可以了解一個真實的「反攻大陸」，它不是口號，而是具有信念與目標的行動。

目　錄

表次

圖次

緒　論

一

「有『挫敗』，就有『反攻』。中華民國政府剛撤退到臺灣，反攻問題就開始成為每一個人的心事。」這件心事，蔣介石告訴全國軍民「一年整訓，二年反攻，掃蕩共匪，三年成功」。[1]換言之，只要三年，大有為的政府就可帶領全國軍民同胞，打回大陸去，並且消滅共匪，復興中華民國。但幾個三年過去了，反攻大陸的目標一直沒有被實踐。[2]因此，大家會問反攻大陸在當時是一句口號，還是對全國軍民的安慰劑，抑或是可以實踐及成功的目標。[3]

反攻大陸是一件非常嚴肅而且複雜的問題，1950年代初期在臺灣的中華民國政府之國家安全戰略只有兩項，第一是防衛臺灣，第二是反攻大陸。而就1950（民國39）年的情勢而言，這兩項對中華民國政府都是嚴

1 蔣介石，〈復職的目的與使命——說明革命失敗的原因與今後成功的要旨〉（1950年3月13日在革命實踐研究院），收入李雲漢主編，《蔣中正先生在臺言論集》，第1冊（臺北：中國國民黨中央委員會黨史委員會，1994），頁136。

2 有關反攻大陸的訊息，1950年代一直見諸各報，以中央日報為例，1950年代反攻大陸標題計出現236次，而1950年初期（1950至1954年）就占了168次，約71.2%。

3 「反攻大陸」究竟有無希望，1950年代雷震在《自由中國》曾明白表示：「能否『反攻大陸』的問題，『祇好保持一個也許較為遙遠的希望』；胡適則說『反攻大陸」是一個『無數人希望的象徵』的招牌，所以不應該被質疑，『我們不必去碰牠』」。潘光哲，〈再論中研院院長和政治：胡適‧雷震和蔣介石〉，《山豬窟論壇》，第9期（2004年5月25日）。

峻的考驗與長遠的目標。這兩者究應孰先孰後，孫立人對臺灣防衛的作戰指導中提到：「事實上，反攻大陸與防衛臺灣是一件事，我們有力量確保臺灣，始談的上反攻大陸；如果臺灣不保，其他都是空談。」[4] 換言之，反攻作戰與防衛臺灣是一體兩面，建設臺灣作為堅實的反攻基地及後盾，反攻大陸才能立於不敗之地。

1950 年 6 月 25 日韓戰未發生前，蔣介石領導的中華民國政府，所面臨到的是 1949 年 8 月 4 日「對華關係白皮書」（The China White Paper）之後，中華民國政府在國際環境孤立及自生自滅的境況。[5] 此時，中華民國政府孤立無援，僅能仰賴從大陸各地輾轉來臺的各式各樣編裝殘破，戰力有限的部隊來防衛臺灣。這時期，臺灣如大海中的一葉扁舟，面對中共可能的武力攻擊，隨時有翻覆的可能。在臺灣的中華民國政府到底可以支撐多久，根據美國國務院及中央情報局的預測，大都無法超過 1950 年年底。[6] 陳誠也提到：「到了三十九年，九百餘萬方公里的大陸竟無我政府立足之地，當時的臺灣雖然保存了中華民國的正朔，但是有如彈丸一般

---

4 孫立人，〈臺灣軍事講稿〉，收入朱浤源主編，《孫立人言論選集》（臺北：中央研究院近代史研究所，2000），頁 222。

5 "Memandum on Formosa", June 14, 1950, Records of the Joint Chiefs of Staff（以下簡稱 J. C. S.）, Part II: 1946-1953, Files Number: J. C. S. 1966/28, p.1.

6 李潔明著、林添貴譯，《李潔明回憶錄》（臺北：時報文化出版，2003），頁 54；另見張淑雅，《韓戰救臺灣？——解讀美國救臺政策》（臺北：衛城出版社，2011），頁 21；See also Robert Strausz-Hupe and Stefan T. Possony, *International Relations in the Age of the Conflict between Democracy and Dictatorship* (New York: McGraw-Hill, 1954), p. 669.

大小的土地，而且『內無糧草，外無救兵』，究竟能有多大作為，這是不難想像的。」[7] 對此，蔣介石也深有亡國之感。[8]

臺灣岌岌可危的情境，在韓戰發生之後中華民國政府所面對的國家安全環境產生了巨大的改變。[9] 美國政府為防止韓戰的擴大，杜魯門（Harry S. Truman）總統於 6 月 27 日正式下令第七艦隊（United States Seventh Fleet）協防臺灣及澎湖群島，[10] 準備防止中共的任何攻擊行動。[11] 同年 9 月 10 日美國又提出對臺灣除繼續予以經濟援助外，並將給予選擇性軍事援助，以加強臺灣的防衛能力。[12] 此時期，臺灣的安全暫時得到了保障，也讓中華民國政府得到了喘息的機會，不過中華民國政府同時也受到臺海中立化的限制，無法對大陸進行大規模反攻行動。[13] 1952 年 11 月艾森豪（Dwight

---

7 薛月順編輯，《陳誠先生回憶錄——建設臺灣》，上冊，頁 245。

8 蔣自記本月反省錄：「六月以前，認為九月份臺灣經濟如無美國特別援助則必崩潰，而美國在臺使館人員之公私談話，且於七月份不能渡過，并料共匪必於七月間攻臺，我政府（命運）亦必壽終於此」。「蔣中正日記」（未刊本），1950年 9月 30日。

9 Yu-San Wang, *Foreign Policy of the Republic of China on Taiwan: An Unorthodox Approach* (New York: Praeger, 1990), p. 2.

10 Commander Seventh Fleet Plan for Conducting Operations to Prevent the Invasion of Taiwan and the Pescadores; forwarding of., August 13, 1950, Files number: A16-1/000104, p.1.〈中美共同協防作戰計劃案〉，《國軍檔案》，國防部藏，檔號：541.3/5000.2。

11 Dennis Van Vranken Hickey, *The Armies of East Asia: China, Taiwan, Japan, and the Koreas* (Boulder, CL: Lynne Rienner Publishers, 2001), pp.16-17.

12 宋文明，《中國大動亂時期美國的對華政策（1949-1960）》（臺北：宋氏照遠出版社，2004，再版），頁 19-21。

13 所謂「臺海中立化」，依照「第七艦隊為阻止臺灣澎湖被侵作戰計劃」中「一般計劃」之敘述：「臺灣沿岸十浬以內（暫訂）設為『內防區域』，由中華民國國軍負主要任務，一旦敵海空軍

David Eisenhower）當選美國總統後，美國對臺政策改變，宣布「解除臺灣中立化」，恢復國軍對大陸的行動自由，惟國軍對大陸所採取任何反攻行動都必須先諮詢美國的意見。[14]

1950 年 6 月 27 日美國第七艦隊協防臺灣，是臺灣命運最重要的分水嶺，臺灣海峽從此將中國大陸與臺灣劃分為兩個區域，中華民國政府反攻大陸的行動從此受到制約，自主性反攻大陸的夢想已不可能立即實現，[15] 蔣介石因此要求國防部積極建軍備戰，並不斷研擬各種計畫，以等待反攻時機的到來。1953 年 5 月 3 日蔣介石在日記中寫下復國之時機：

> 甲、應配合世界大勢，當待第三次大戰發動時，反攻大陸。
>
> 乙、鞏固臺灣，加強本身實力後，待機獨立反攻，應覘共匪內訌，至相當程度時為之。
>
> 丙、只要我能自力更生，實力日強時，不患共匪

行動或海空同時有進犯跡象，及美國第七艦隊準備迎擊時，中華民國艦艇應全體退守於「內防區域」。Commander Seventh Fleet Plan for Conducting Operations to Operations to Prevent the Invasion of Taiwan and the Pescadores; forwarding of. August 13, 1950, Files number : A16-1.〈中美共同協防計劃案〉，《國軍檔案》，國防部藏，檔號 541.3/5000.2。

14 張淑雅，〈中美共同防禦條約的簽訂：一九五〇代中美結盟過程之探討〉，《歐美研究》，第 24卷第 2期（1994年 6月），頁 71。

15 杜魯門總統於 1950年 6月 27日決定，麥克阿瑟有權力運用遠東兵力可以阻止海峽兩方互相攻擊。除了總統之外，沒有人可以下達同意臺灣向中國大陸發動攻擊的命令。“Note by Secretaries to the Joint Chiefs Staff on Defense of Formosa Reference: J. C. S. 1966/38”, J. C. S. Part II, 1946-1953, Files Number: 1966/51, p. 244.

> 內訌之不至，亦不患世界大戰之不來，即使延遲十年之久，亦不致過晚，應忍辱耐苦，沉機觀變，如能及身復國，仰天父眷佑，則為萬幸，否則後人亦必有繼承我志，完成復國雪恥之日也，何慌，何急。[16]

從蔣介石復國的時機來看，並無一個標準的時間表，只要臺灣能力足夠了，接下來要做的就是等待。等待何者？等待第三次世界大戰的到來，等待中共內訌及其自亂陣腳。屆時，國軍只需配合世界大勢及因應中共內部的發展，機會終將到來。然而，第三次世界大戰並未如預期一樣引爆，期間雖然蔣介石曾經想以參加韓戰及加入中南半島的戰局，以謀求反攻的機會，但終究未能成功。因此，最終僅能自立自強，等待中共自亂陣腳之後，枕戈待旦的國軍再進行最後一擊。

來到臺灣之後的蔣介石願望為何？從蔣來到臺灣最常講的一句話「反共復國」及其努力從事各種反攻大陸相關的活動，就可知道蔣窮盡一切力量就是想將失去的大陸再打回來。而蔣究竟擁有什麼力量與籌碼，還能懷抱如此偉大的宏願？經過簡單的盤點之後，發現當時中華民國政府僅擁有臺灣、澎湖及東南沿海的殘部與背棄的盟邦。在如此不利的條件之下，以蔣介石為首的中華民國政府如何運用一切可能進行反攻大業，換言之，在反攻大陸的目標下，如何掌握主觀（國軍）力量審時

16 「蔣中正日記」（未刊本），1953年5月3日。

度勢，以等待客觀反攻時機的來臨。而在主觀力量中，最重要就是國軍（主要為陸軍）本身在軍事方面的作為，在蔣介石的意志下，國軍於 1950 年代對防衛臺灣及反攻大陸，到底作了哪些努力與準備，這是重要但過去比較少被關注的議題，深值得全面加以探討。因此，本書以「反攻與再造：遷臺初期國軍的整備與作為」為題，希望達成研究目的有三：

第一，反攻計畫。軍事反攻是反攻大陸最直接的手段與方法，但長期以來因為檔案方面的限制與閱讀不易，因此在這個議題上的全面論述並不多見。本書希望能透過國史館與國防部所典藏的各種軍事反攻之作戰計畫，一窺 1950 年代到底有多少反攻大陸的計畫文本，並瞭解各種計畫文本間的差異，同時進行比較並予以解釋，以期找出軍事反攻的模式。[17] 另外，從計畫文本間亦反映出蔣介石對反攻時機的考量，而反攻時機的擬訂同時也是觀察蔣介石反攻決心與意志的良好指標。

第二，軍事再造。從 1950 年代初期「一年整訓，二年反攻，掃蕩共匪，三年成功」，到 1950 年代中期「一年準備，兩年反攻，三年掃蕩，五年成功」口號的變遷中，可以發現反攻大陸伴隨時間的延長，反攻大陸的難度似乎越來越高。從前述的口號中，不難理解反攻大陸的進行並不順利及樂觀，而在軍事準備方面的窒礙之處為何？在此時空環境下，國軍如何展

17 國史館典藏之《蔣中正總統文物》與國防部典藏之《國軍檔案》甚多檔案資料重疊，本文可藉由兩者進行比對，找出其時間序列，並試著勾勒出蔣介石決策過程與國防部計畫、執行之間的過程。

開以反攻大陸為前提的軍事再造，軍事再造主要包括了政工制度、軍隊整編及教育訓練等重大的組織與變革。本書將透過檔案史料深入的解讀，一窺國軍在軍事整備與作為上的實質內涵。

第三，反攻行動。「養兵千日，用在一時」，國軍建軍備戰的終極目的就是反攻大陸。在蔣介石帶領下，國軍曾數度利用國際情勢轉變的契機，[18]結合盟國進行軍事反攻，但最後因客觀環境不夠成熟而作罷。然而，國軍還是把握許多機會對大陸東南沿海及西南地區進行軍事行動，這些實質的軍事行動，可以讓我們瞭解中華民國政府所面對的處境，以及國軍軍事的能力與限制。

反攻大陸的途徑與方式有數種，但軍事反攻最後的本質，端視軍隊最後有無擊敗敵方，並有效完成占領與控制。因此，軍事反攻可說是反攻大陸最核心的關鍵。過去對於反攻大陸的論述，大多集中在單一議題上，如中（臺）美外交、韓戰，或者以三民主義統一中國等相關論述居多，但對於軍事反攻方面的研究相對有限，當然這與國軍檔案開放的程度與範圍有著密切關係。

本書以「反攻與再造：遷臺初期國軍的整備與作為」為題，全面檢視過去對於政府遷臺初期有關軍事反攻與軍事準備等方面之相關專著與論文，發現目前學界

18 希望利用韓戰、中南半島危機等機會，開闢第二戰場，但最後因客觀環境不夠成熟而作罷。

還沒有全面性的論著，尤其在反攻計畫文本方面之論述幾乎是付之闕如。不過，近年來因蔣介石研究重新得到了重視，因此，蔣介石在臺主政初期的軍政措施，諸如國軍政工制度、軍隊整編，以及軍事教育訓練等方面的研究已陸續出現不少高質量的著作。

在政府遷臺初期中美關係與臺海情勢方面的論述，以張淑雅的著作最為豐富，尤以《韓戰救臺灣？——解讀美國救臺政策》[19] 一書，將其過去對此議題的研究作一總結，讓讀者清楚 1950 年代初期政府所處的外交環境，以及國軍所面對的概況，同時，也將韓戰對臺灣安全所產生的作用，做了完整的論述。林孝庭，《意外的國度——蔣介石、美國、與近代臺灣的形塑》，[20] 作者大量參閱中、英文檔案，以 1943 年「開羅會議」為開端，論述包含中華民國政府遷臺之後的臺灣地位問題，繼而討論韓戰之後蔣介石如何運用美國對華政策及國際情勢變化打造「中華民國在臺灣」的現實。林正義，〈韓戰對中美關係的影響〉，[21] 提到韓戰發生後，中美關係從放棄臺灣到臺海中立化，再從臺海中立化到中美協防條約的簽訂做了簡潔清楚的分析。

對於整個 1950 年代軍事整備方面的相關研究有數

19 張淑雅，《韓戰救臺灣？——解讀美國救臺政策》。

20 林孝庭著，黃中憲譯《意外的國度——蔣介石、美國、與近代臺灣的形塑》（臺北：遠足文化，2017）。

21 林正義，〈韓戰對中美關係的影響〉，《美國研究》，第 19 卷第 4 期（1989年 12月），頁 81-110。See also Lin, Cheng-yi, "The Legacy of the Korean War: Impact on U.S.-Taiwan Relations", *Journal of Northeast Asian Studies*, Winter 1992, Vol. 11, Issue 4, p. 40.

篇。楊維真，〈蔣中正復職前後對臺灣的軍事布置與重建（1949-1950）〉[22]及〈蔣介石與來臺初期的軍事整備（1949-1952）〉[23]兩篇論文，二者皆以斷裂與延續的概念，對於中華民國政府在1949年遷臺後及1950年代初期的安全環境、防務規劃，以及軍事整備（包含軍隊整編、防衛部署、政工改革、克難運動、白團延用及美援爭取）等議題多所討論，惟限於篇幅，未能進一步論及軍事反攻大陸的計畫與步驟，較為可惜。楊金柱，〈混血的現代性：冷戰體系下的臺灣軍隊（1949-1979）〉，[24]則從冷戰體系下的角度，觀察臺灣軍事社會的變化，同時也論及蔣介石對軍隊的領導模式，以及美國軍事援助對國軍產生的影響等，本文以社會學的角度觀察國軍的質量變化頗有趣味，可惜在基礎史料的運用上未能更為廣泛與深入。

而以整個1950年代為研究範圍的還有林桶法，〈重起爐灶的落實：1950年代蔣在臺軍事整頓〉一文，[25]本文對政工制度、部隊整編、軍事制度變革及人事調整

22 楊維真，〈蔣中正復職前後對臺灣的軍事布置與重建（1949-1950）〉，《中華軍史學會會刊》，第7期（2002年4月），頁351-380。

23 楊維真，〈蔣介石與來臺初期的軍事整備（1949-1952）〉，「蔣中正研究學術論壇：遷臺初期的蔣中正（1949-1952）」學術研討會，臺北：國立中正紀念堂管理處，2010年10月31日，頁239-259。

24 楊金柱，〈混血的現代性：冷戰體系下的臺灣軍隊(1949-1979)〉（臺中：東海大學社會學博士論文，2009）。

25 林桶法，〈重起爐灶的落實：1950年代蔣在臺軍事整頓〉，「蔣中正研究學術論壇：蔣中正總統與中華民國的發展——1950年代的臺灣」學術研討會，臺北：國立中正紀念堂管理處，2011年10月30日，頁3-33。

等方面，運用許多檔案及「蔣中正日記」，因此對此議題有許多新的見解與看法，然本文仍限於篇幅，未能恣意的討論，並對 1950 年代初期國軍各個面相做更充分與完整的論述。

在軍隊整編方面的論著主要有兩篇。劉鳳翰，〈國軍（陸軍）在臺澎金馬整編經過（民國 39 年至 70 年）〉一文，[26] 透過國防部史政編譯局出版的《國民革命軍建軍史》及《戡亂戰史》等書，論述了國軍來臺之後如何進行部隊整編，以及整編過程中造成國軍派系逐漸消弭，最後軍隊朝向國家化的方向。不過，本文寫作以國防部史政編譯局出版品為基礎，對於一手史料的運用較為欠缺。鄭為元，〈組織改革的權力、實力、與情感因素：撤臺前的陸軍整編（1945-1958）〉，[27] 本文觀察國軍部隊重整過程中，最後是以何種機制來決定軍（師）的保留或裁撤，文中以「權力」、「實力」和「情感」等因素作為詮釋軍或師最後的命運。這篇論文甚有趣味，作者試著尋求整編前後權力的變化，這部分對國軍部隊的整編提供了一個新的見解。

在軍事教育與訓練方面，1950 年代初期，國軍軍事教育採雙軌發展，一是美制軍事教育；一是延聘舊日軍將校所組成的白團教官。有關國軍教育訓練的論著，

26 劉鳳翰，〈國軍（陸軍）在臺澎金馬整編經過（民國39年至70年）〉，《中華軍史學會會刊》，第 7 期（2002年 4月），頁 277-317。

27 鄭為元，〈組織改革的權力、實力、與情感因素：撤臺前的陸軍整編（1945-1958）〉，《軍事史評論》，第 12 期（2005年6月），頁 63-100。

國防部出版品有若干論文，[28]但多著墨於戰略戰術，對軍事教育制度的重建未有太多論述。在白團研究方面，林照真，《覆面部隊——日本白團在臺祕史》[29]大量使用當事者之口述作為主要材料，論述精彩。另外，陳鴻獻，〈蔣中正先生與白團（1950-1969）〉，[30]則以國防部典藏之《國軍檔案》填補了林照真《覆面部隊——日本白團在臺祕史》中一手史料不足的部分。

在反攻行動中，有關在東南沿海島嶼突擊襲擾的論著，主要有楊晨光，〈東山島戰役研究〉一文，[31]文中將東山島突擊作戰的背景、過程及檢討做了相當論述，但史料運用上，缺乏對《國軍檔案》及《蔣中正總統文物》的廣泛運用，較為可惜。另外，在西南滇緬邊區的國軍反攻及游擊作戰方面，覃怡輝，《金三角國軍血淚史（1950-1981）》一書，[32]綜整了1950至1981年間國軍在滇緬邊境游擊部隊活動的相關研究，使讀者對此有更完整的輪廓與認識。

28 相關論文列舉兩篇，許舜南，〈國軍近五十年戰略教育之研究〉，《中華軍史學會會刊》，第7期（2002年4月），頁229-276；龔建國，〈淺談政府遷臺後陸軍軍官學校教育變革〉，《中華軍史學會會刊》，第16期（2011年10月），頁203-252。

29 林照真，《覆面部隊——日本白團在臺祕史》（臺北：時報出版，1999）。

30 陳鴻獻，〈蔣中正先生與白團（1950-1969）〉，《近代中國》，第160期（2005年3月），頁91-119。

31 楊晨光，〈東山島戰役研究〉，《中華軍史學會會刊》，第14期（2009年9月），頁399-422。

32 覃怡輝，《金三角國軍血淚史（1950-1981）》（臺北：中央研究院、聯經出版公司，2009）。

二

本書研究方法係以傳統歷史學研究法為原則，透過檔案、史料的廣泛蒐集、閱讀、考證，以及歸納、分析等，得出研究的成果，並且觀察中華民國政府在蔣介石的領導下，國軍如何制訂反攻大陸計畫及進行反攻的軍事行動。希望以小題大作的方式，一方面從靜態的檔案文本，探討反攻大陸在軍事上的構思與建軍備戰的準備，另一方面，則透過動態國際情勢的變化，瞭解國軍的因應與反攻的行動。

在研究的範圍與限制方面，本書研究的年限以政府遷臺（1950 年代）初期為主，時間大致落在 1950 年至 1954 年間。此期間如有連續進行中之事件，則論述的時間則隨之延續至該事件告一段落為止，譬如「五五建設計畫」於 1951 年開始研擬，而期間歷經多次修改，到 1950 年代後期才完成等。而在研究限制方面，本書以「反攻與再造」為主題，主軸放在反攻計畫及國軍整備與作為方面的論述，無法一一論及所有議題，文中未談及之人事、情報、後勤及動員等主題，並不代表重要性不高，而是另待以後繼續研究。無論反攻或組織再造，以及相關之反攻行動，其執行的主體大都以陸軍為主，所以，本書雖以國軍為論述範疇，但以陸軍為主，其他軍種為輔。

在文獻資料方面，廣泛蒐集相關政府檔案史料、報章雜誌、個人回憶，以及文獻目錄、辭典等資料。其中，國史館典藏之《總統／副總統檔案文物》及國防部典藏之《國軍檔案》是最珍貴的一手史料。國史館典藏之《總統／副總統檔案文物》中又以《蔣中正總統文物》、《蔣經國總統文物》以及《陳誠副總統文物》之史料特別珍貴。而本書中使用最多，著力最深的是國防部典藏之《國軍檔案》，尤其有關於 1950 年代初期國軍在作戰計畫文本制訂、作戰訓練，軍隊整編，以及教育訓練與反攻作戰等方面，都引用了過去學者因檔案未開放而尚未參閱的檔案史料，使本書有更多一手的論述，可以讓反攻大陸、軍事準備及行動之細節更能完整呈現，補足《總統／副總統檔案文物》中的不足。[33] 另外，美國參謀首長聯席會議的檔案（Record of the Joint Chiefs of Staff, Part II, 1946-1953, The Far East, Washington, D.C.: University Publications of America, Inc., Microfilm, 1979）對美國軍方在 1950 年代初期對中華民國安全情勢判斷及國軍戰力之評估，有許多客觀的觀察。然本書仍有部分缺憾之處，乃國防部對於國軍檔案涉及人事、經費等部分，常因保密等緣故未能同意借閱，以致對於人事變遷等方面之論述必須仰賴回憶錄及口述歷史進行補充。除檔案之外，「蔣中正日記」、秦孝儀總編纂《總統蔣公大事長編初稿》，以及國史館等編《蔣中正先生年譜長編》等書，對於解讀諸多

33 本文因寫作需要，經常向國防部借閱《國軍檔案》。根據過去經驗，檔案借閱最大的困難是審查時間過久，其次是系統編目混雜，因此經常出現同意借閱之後，所核准之檔案並非借閱之初所要之檔案，因此，必須重新來過，再次借閱。以致論文寫作經常中斷或不連續。不過，國防部主管單位之承辦參謀及工作人員發揮其最大熱忱，經常給予借閱上之協助，彌補許多檔案借閱上的挫折，在此，仍要一併致謝。但仍希望國防部能夠再改進，更上層樓。

檔案，尤其是蔣介石以統帥身份在決策過程中的理解有非常大的助益。

在回憶錄與口述訪問方面，近年來國史館、中央研究院近史所及國防部史政編譯室等公部門陸續出版許多軍、政人物及參戰官兵等之回憶錄及口述歷史等出版品。除了重要軍政人物之外，有許多中、下階層官兵及其眷屬訪談錄之蒐整，使回憶錄、口述等資料更為豐富，這對填補檔案及人事脈絡及運用等方面有許多正面的幫助。

三

本書以「反攻與再造：遷臺初期國軍的整備與作為」為主題，在章節安排方面，除緒論與結論外，共分成五章。

第一章「反攻作戰計畫之擬訂」。韓戰爆發之後，美國協防及援助臺灣，讓風雨飄搖中的臺灣暫獲穩定，還讓蔣介石對反攻大陸充滿無限想像。因此從 1950 年起蔣介石即不斷要求國防部就「反攻大陸」提出相關研究計畫。國防部在 1950 年代初期針對軍事反攻之計畫總共可區分三個主要階段。第一階段，是由國防部與臺灣防衛司令部聯合組成的「三七五作戰執行部」共同研擬的作戰計畫，其主要者計有三種作戰計畫，分別是第一號作戰計畫（突擊作戰」）、第二號作戰計畫（有限目標攻擊）及第三號作戰計畫（大規模反攻）。第二階段，國防部依據蔣介石手令「研擬二十個登陸作戰地點的作戰計畫」，著手進行各個登陸地點的反攻計畫研究，這個時期作戰計畫之代號為「五三計畫」。第三階段，在 1953 年底，蔣介石接見美國參謀首長聯席會議主席雷福德（Arthur W. Radford）時，提出代號為「開案」特別軍援計畫，這個計畫也是政府唯一交予美國的軍事整備計畫。另外，還包含蔣介石透過實踐學社的白團成員及學員，研訂代號為「光作戰計畫」的反攻計畫。前述之各種計劃，終究未能加以實現，其可行性如何，亦進一步探討。

反攻不能暴虎馮河，必要的準備是一個條件，等待有利的時機也是一個條件。前者在韓戰之前，準備是避免被共軍吞噬；在韓戰之後，準備是累積更大的能量，以等待有利時機的到來。檢討過去大陸失敗的原因就是軍隊不能打仗，而軍隊何以不能打仗？歸納起來，原因有三：一、軍官吃空，貪污；二、軍中滲入共諜；三、士氣低落。[34] 為能解決國軍過去打敗仗的原因並建立新的制度，第二至四章分別論述國軍在反攻準備上之政工制度重建、軍隊整編，以及軍事教育訓練的建構。

第二章「政工制度之重建」。大陸淪陷後，蔣介石深刻檢討其原因，其中對於軍中監察制度及官兵精神戰力等皆認為必須進行改造，因此本章首先探討國軍政工制度的重建，以及政工制度在運作上的困境與成效。

第三章「軍隊之整編」。本章以軍隊核實及部隊（陸軍）整編作為全章重心。政府遷臺初期，局勢混沌

34 薛月順編輯，《陳誠先生回憶錄——建設臺灣》，上冊，頁 269。

不明，政府所能掌握的軍隊僅臺灣及東南沿海殘部。然各部隊狀況不一，為掌握國軍狀況提升戰力，國軍首先進行部隊員額管制，透過人員、經費核實等手段，配合部隊整編，逐漸將各地殘部做一整合，而美國軍事援華顧問團（U. S. Military Assistance Advisory Group, MAAG，以下簡稱美軍顧問團）也以美援為手段，逐步要求國軍配合美援進行軍隊整編。整編之後，國軍獲得美援之各種新式武器及裝備，戰力逐年增強，這也增加並強化了國軍反攻作戰的信心與資產。

第四章「雙軌教育訓練之建構」。人才為中興之本，政府遷臺之前，連年戰亂，軍事教育一直無法落實，而政府遷臺之初，軍事院校完整來臺者甚少，而來臺者之院校，無論在師資及設備上都不甚完整，國軍為求立足臺灣，繼而反攻大陸，首在人才培養。因此，國軍積極從事復校及進行各項人才培育。同時，在美軍顧問團成立之後，除在美援裝備上予以協助之外，對於國軍教育訓練也著力甚深。另外，蔣介石還透過與日本舊軍人之聯繫，延攬舊日軍優秀之軍事人員（白團），前來臺灣協助國軍訓練，這個過程與白團成員在臺的表現，將有助於更全面瞭解 1950 年代初期國軍教育訓練的全貌。

第五章「反攻行動之展開」。政府在 1950 年代初期，先受制於韓戰時期第七艦隊巡弋臺海中立化的影響，復又因為〈中美共同防禦條約〉的簽訂，國軍對大陸反攻作戰必須先與美方共同協商。因此，自政府遷臺之後，國軍並無大規模的軍事反攻。然而，美方為牽制中共在韓戰的注意力，同意國軍對東南沿海島嶼進行游擊作戰。另在大陸西南滇緬地區的國軍部隊，仍透過其有限武力，進行對大陸的反攻作戰。透過用兵一則讓部隊熟於兩棲登陸作戰，一則使部隊能戰訓結合，同時保持國軍對反攻大陸的旺盛鬥志。雖然歷次戰役戰績有勝有敗，但其價值與意義仍值得我們關注與探討。

第一章　反攻作戰計畫之擬訂

韓戰爆發後的第五天，也就是1950年6月29日，中華民國政府接獲聯合國安全理事會的決議通知，建議聯合國會員國提供大韓民國所必須之援助以擊退該項武裝攻擊及恢復該區國際和平與安全。[1] 蔣介石掌握狀況後，即決定派遣3個師前往援助，[2] 並與柯克（Charles M. Cooke）[3] 商討援韓事宜。但美國國務院認為派兵援韓，對於臺灣防務的利弊。有待商榷，應先由日本麥克阿瑟（Douglas MacArthur）所領導的盟軍總部代表與臺灣當局協商，再做決定。[4] 30日，蔣介石召見參謀總長周至柔及國防部長郭寄嶠，討論援韓部隊之編成。後決定以第67軍軍長劉廉一為指揮官，擬以國軍3個師（約3萬3千人）[5] 由運輸

1 「顧維鈞電蔣中正美國政府對中國出兵援韓所持見解」，〈對韓國外交（三）〉，《蔣中正總統文物》，國史館藏，典藏號：002-080106-00070-003。

2 「蔣中正日記」（未刊本），1950年6月29日。

3 1950年初，蔣介石就透過美國前第七艦隊司令柯克運用其個人關係，協助招攬美國退役軍人來臺擔任軍事顧問，並與臺灣當局簽約成立「特種技術顧問團」，提供物資、裝備之購買，遴選、保養及使用等相關協助。陳鴻獻，〈美軍顧問團在臺灣（1951-1955）〉，《中華軍史學會會刊》，第22期（2017年12月），頁133-166。

4 「顧維鈞電蔣中正美國政府對中國出兵援韓所持見解」。

5 援韓部隊1個軍3個師，係由蔣介石指示第67軍軍長劉廉一擔任指揮官，另外3個師分別為第67、18、201師所組成。當時劉廉一受命必須在1950年7月6日以前完成出發準備。「為研究『蔡斯將軍來函建議改編與訓練兵力實足之陸軍一個軍』」。（1952年1月7日），〈中美共同協防作戰計畫案〉，《國軍檔案》，

機運送赴韓。[6] 然而，政府的這項決定，並未得到美方支持。[7] 在 7 月 4 日麥克阿瑟與駐日軍事代表團團長何世禮的對話中，麥克阿瑟就表達美國政府不同意國軍參加聯軍作戰的態度。

麥克阿瑟（美方）所持的理由如下：「一、臺灣為太平洋之樞紐，萬萬不能失，臺灣之重要，我實難以言語形容，我必以全力支持。二、我希望國府能早日返回大陸，要加緊訓練，不能稍疏懈。三、臺方軍隊北調，勢須由美軍填防，不如美軍直接開韓較為合理且經濟。四、據柯克告我，臺方重兵器不足，又無款發餉，運輸能力亦甚缺乏，現在韓國尚有步兵七萬五千人可用，所以失敗者亦由於缺乏重兵器耳，假若赴韓參戰，又須加重美軍目前負擔，故暫難接受。五、我將先派第七艦隊司令官赴臺北洽商調整國軍，使能與美海空軍合作，當另設法使用。」[8] 事實上，美國軍方在其內部評估上，仍將臺灣可支援之 3 萬 3 千名兵力，納入一旦與中共開戰後，可隨時獲得之即戰力。[9] 不過此時在美國

國防部藏，總檔案號：00025115。

6 秦孝儀總編纂，《總統蔣公大事長編初稿》，第 9 卷，1950年 6 月 30日記事，頁 186。

7 梁敬錞認為國軍援韓未被接受原因，乃源於艾奇遜從中作梗。梁敬錞，〈梁敬錞先生序〉，收入邵毓麟，《使韓回憶錄》（臺北：傳記文學雜誌社，1980），頁 13-14。

8 「何世禮報告與麥克阿瑟談話及關於臺灣海峽以西防禦問題」，〈美政要來訪（五）〉，《蔣中正總統文物》，典藏號：002-080106-00056-002。

9 J. C. S. 於 1950年 12月 27日檔案顯示，如果美國與中共開戰，美軍在評估可補充之兵力與支援方面，已確認在臺灣之 3萬 3千名兵力可於 14日內完成調派。“Report by the Joint Strategic Plans Committee to the Joint Chiefs of Staff on Possible U.S. Action in Event

政府暫不同意的情況下，中華民國政府也無法派軍援韓。然而，蔣介石對於國軍援韓一事，並未放棄。

1950年代初期，朝鮮半島戰事仍膠著持續著，但是蔣介石派兵赴韓參戰的想法依然存在。蔣介石在1952年11月13日日記寫下參加韓戰的條件及對軍援之希望與目的：「一、參加韓戰之條件，以如何能使臺防鞏固，中美共同防禦計畫之確立為第一，其他為：甲、積極攻勢，打破陣地戰；乙、不中途妥協；丙、不再製造第三勢力；丁、不干涉我內政與人事。二、對軍援之希望與目的：甲、建立與共匪相等之空軍及重兵器部隊；乙、增編二十個步兵師之武器與經費；丙、準備明年反攻大陸開闢韓戰之第二戰場，使敵軍兩面應戰；丁、收復中韓全境，堵塞俄國東侵之缺口。」[10] 蔣介石參加韓戰是希望能達到一舉兩得的雙重目的，第一是透過韓戰能與美國結盟並獲得軍援；第二是透過結盟能創造機會反攻大陸。[11] 因此，雖然在美方現階段不同意援韓的情況下，蔣還是存一絲希望，並將第67軍秘密調動，以備隨時援韓之用。[12]

韓戰讓美國對臺政策由消極轉趨積極，根據美國

---

of Open Hostilities Between United States and China", December, 27, Record of the Joint Chiefs of Staff, Part II, 1946-1953, Files Number: J. C. S. 2118/4. p. 38.

10 秦孝儀總編纂，《總統蔣公大事長編初稿》，第 11 卷（臺北：中正文教基金會，2004），1952年 11月 13日記事，頁 272。

11 劉維開，〈蔣中正對韓戰的認知與因應〉，《輔仁大學歷史學報》，第 21期（2008年 7月），頁 269。

12 蔣自記：「整六十七軍人事與駐地，以備秘密參加韓戰也。」秦孝儀總編纂，《總統蔣公大事長編初稿》，第 11 卷，1952年 12月 23日記事，頁 294。

參謀首長聯席會議（The Joint Chiefs of Staff）在1950年12月20日對臺灣戰略重要性的評估「在韓戰後，臺灣的戰略地位極具重要性。美方認為如第七艦隊自臺灣地區撤軍，將不符其戰略需求，而不協防臺灣也將會助長共軍在本地區的戰略部署，並減少美方在此區之戰略據點。尤其臺灣之地理位置對美方極具戰略性，對島鍊防衛也有重要價值。此外，臺灣亦可以作為反攻大陸及游擊戰之根據地。」[13] 杜魯門政府為避免韓戰危機擴大及防止中共因占領臺灣而增強軍力，除持續派遣第七艦隊協防之外，並決定了中立化政策，以凍結臺灣問題。[14] 韓戰救了孤立無援的蔣介石，也救了風雨飄搖中的臺灣，這是各界大抵同意的共識，然而這對在臺灣的中華民國政府更是一個難得的起死回生的機會，[15] 因為韓戰之後所帶來的美國軍事援助，讓蔣介石重新燃起反攻大陸的雄心壯志，為能未雨綢繆掌握機先，在1950年底蔣介石即指示國防部迅速就反攻大陸的各種可能擬

13 "A Report by the Joint Strategic Survey Committee on Strategic Important of Formosa Note by the Secretaries", January 2, 1951. J. C. S. Part II, 1946-1953, Files Number: J. C. S. 1966/54.

14 共軍對我攻勢不斷，1950年 7月 21日共軍砲兵自蓮河及大小登島向我大小金門射擊八十餘發，22日自廈門向我小金門射擊百餘發，似為試射性質，連日以來，自圍頭經石井、小登、大登、澳頭、廈門迄嶼子尾一帶，分別集中機帆船共一千三百餘艘，似有積極進犯金門之企圖。「周至柔呈蔣中正共軍攻擊金門時我軍準備命令」（1950年7月23日），〈作戰計畫及設防（二）〉，《蔣中正總統文物》，國史館藏，典藏號 002-080102-00008-006。

15 邵毓麟認為韓戰之於臺灣，百利而無一弊。當時臺灣面臨中共軍事威脅，以及美國遺棄，與各國承認中共的外交危機中，已因韓戰爆發，露出一線生機；無論韓戰結果，都對臺灣形勢有利。邵毓麟，《使韓回憶錄》，頁 151。

訂相關計畫，以因應未來的需要。[16]

為了反攻大陸，國軍在1950 年代研擬許多軍事反攻計畫，先是由臺灣防衛總司令部受命籌組「三七五執行部」負責擬訂若干反攻計畫。繼之，國防部戰略計畫委員會接手，並依照蔣介石手令研擬 20 個登陸地點之作戰計畫，這項反攻計畫後以「五五建設計畫」為代名。除了國防部相關單位自行研擬的軍事反攻計畫之外，同時，蔣介石也要求在實踐學社任教的白團教官進行相關計畫的研擬，並完成「光作戰計畫」。國軍雖然歷經多時研擬反攻作戰計畫，但許多計畫完成之後，卻發現如果沒有一支強而有力的軍隊作為執行的工具，計畫將淪為紙上談兵。因此，蔣介石希望建立一支能夠隨時機動支援盟軍，並從事反攻作戰任務的戰略部隊，而這支部隊的建構則需要美方提供一筆特別的軍事援助，並擴大軍援的範圍與金額。這項總金額逾 13 億美元的「特別軍援計畫」，代名稱之為「開案」。本章摘錄相關作戰計畫文本並予以比較，同時對各種反攻作戰之可能性進一步分析，讓讀者瞭解1950 年代初期之各種反攻計畫為何沒有成為可能。

16 1951年 2月 10日在蔣的指示下，周至柔對反攻大陸準備與執行機構名稱及組織內容儘快討論，蔣擬定之名稱為「反攻籌備處」或「反攻執行處」。「蔣中正指示周至柔呈擬反攻大陸準備與執行機構名稱及組織內容」（1951年 2月 10日），〈籌筆—戡亂時期（十六）〉，《蔣中正總統文物》，國史館藏，典藏號：002-010400-00016-034。

第一節　三七五執行部

1950年底國防部要求臺灣防衛總司令部負責研擬軍事反攻的相關計畫，並於1951年初任務編組成立「三七五執行部」。[17] 4月初以臺灣防衛總司令部（以下稱防衛總部）為班底，納編各軍總部人員組成「三七五執行部作戰計畫組」。[18] 三七五執行計畫組的編組，由孫立人（防衛總部上將兼總司令）擔任組長、副組長由胡璉（金門防衛部中將司令）及趙家驤（防衛總部中將參謀長）擔任，下分七個小組，除第四、五小組為海、空軍總部外，餘由防衛總部各署負責。[19]

當時就國防部「反攻大陸方略草案」的判斷，共軍在幾個情況下可能會對臺灣發動攻擊：

17 1951年2月10日蔣中正以機密甲第12223號手令要求國防部研議反攻大陸準備與執行機構之定名，最初擬訂「反攻籌備處」與「反攻執行部」，經國防部建議名稱有四：1、三七五執行部（使一般人誤認為係推行減租運動機構，且三七五政策在臺成功，表示反攻成功之意）。2、戰略研究會（利用國防部現有機構以資掩護保密）。3、中興執行部（意為總統領導中興）。4、反共抗俄執行部（一般人誤為憲政團體且國軍為反共抗俄）。「奉鈞座四十年二月十日機密甲字第一二二二三號手令」（1951年2月17日），〈反攻執行機構名稱及聯勤制度改革之研究〉，《國軍檔案》，國防部藏，總檔案號：00034229。

18 當時海軍總部派出劉殿章、黎士榮上校，陸戰隊則是賈尚誼及吳文義上校等人負責草擬登陸階段兩棲作戰計畫，並接受陸軍總部朱嘉賓署長指導，歷時三個月完成，後向陸軍總司令孫立人簡報，認為可行，任務結束。劉臺貴訪問、孫建中紀錄，〈吳文義將軍訪問記錄〉，《海軍陸戰隊官兵口述歷史訪問記錄》（臺北：國防部史政編譯室，2005），頁32。

19 「三七五執行部成立紀要」（1952年3月18日），〈三七五第一號廈門地區作戰案〉，《國軍檔案》，總檔案號：00042034。

第一、　是共軍在朝鮮半島陷於擴大持久，將遭受慘重損耗；或聯軍發起有力反擊時，共軍所控制於關內之野戰部隊，有再抽調一部馳援韓戰之可能，但將於江南地區擴編部隊充實戰力，準備應付我之反攻。

第二、　是共軍於南韓戰場上繼續有利發展，迫使聯軍退守日本，則可能轉移兵力，在蘇聯海空軍支援下襲擊臺灣，以摧毀我反共基地。

第三、　國軍如實施登陸反攻，蘇聯海空軍或將參與作戰，如我登陸成功，則共軍於作戰初期將採用一時的退避持久戰法，待我相當深入，共軍之兵力集成優勢後再轉取攻勢，以期一舉擊破我登陸之野戰軍。[20]

就國軍現實狀況而言，國軍兵力與共軍及蘇聯可能使用於戰場之聯合兵力之比較明顯處於劣勢。因此，如國軍要實施反攻作戰，在登陸作戰時只許成功不許失敗。在此情況下，國軍反攻作戰必須具備以下條件。首先在客觀條件上，國際形勢發展對我反攻必須有利，而

---

20 「反攻大陸方略草案」係為 1951初期各種作戰計畫擬定之上層指導，依據本案另訂有以下計畫：1、第一號作戰計畫（突擊作戰）2、第二號作戰計畫（有限目標攻擊）3、第三號作戰計畫（大規模反攻）4、整訓計畫 5、擴軍計畫 6、大陸工作計畫 7、動員計畫 8、情報計畫 9、兵要地誌偵察計畫 10、兵工生產計畫 11、補給計畫 12、戰地政務計畫。「反攻大陸方略草案」（1951年 1月 25日），〈反攻作戰計劃案彙輯案〉，《國軍檔案》，總檔案號：00042021。

共軍與蘇聯用於東北及朝鮮半島之兵力不能抽調轉用。在主觀條件上，國軍必須確實獲得友邦海空軍之支援，及軍用物資之援助，而敵後游擊武力亦能有效牽制共軍，一旦發起反攻大陸作戰，登陸初期國軍兵力需優於共軍可能參戰之全兵力，並在登陸成功後能迅速擴軍。所以在此條件，國軍對反攻有利時機之判斷有三：

一、配合聯軍並肩作戰。
二、基於聯軍全般戰略需要牽制打擊共軍。
三、我能主動開闢獨立戰場。[21]

另外，在登陸地區的選定上，考量地點有四個區域，首先如配合聯軍作戰，可從長江以北之渤海、黃海沿岸地區登陸，雖在政略方面有宣傳之效果，但可行之公算甚少。其次，如在友邦海、空軍可以充分支援下登陸，則選定滬杭地區登陸，如成功後能領有京滬杭之政治經濟要區，而此區港口良好，可壯大中華民國反攻之政治聲勢，並獲得大量物力補充。再其次，可選定福廈區，此區在戰略上價值不大，但成功容易，所需兵力較小，並可確實掩護臺灣基地。最後，可利用汕穗區登陸，因為此區共軍戰力較弱，海空軍易於掩護，如能進出大庾嶺之線，可得一較鞏固之基地，爾後向湘贛發展，可獲得大量人力、物力之補充。[22]

---

21 「反攻大陸方略草案」（1951年1月25日）。
22 「反攻大陸方略草案」（1951年1月25日）。

基於以上共軍攻臺、國軍反攻時機與登陸地點等之綜合考量，國防部在1951年初與顧問柯克不斷討論，並在獲得美方同意下，[23] 陸續完成了若干作戰計畫，其中最重要者為代號第一號、第二號及第三號之作戰計畫。依各作戰計畫內容，又可將作戰構想區分為突擊作戰、有限目標攻擊，以及大規模反攻等三種，相關比較如表1-1。

表1-1　三七五作戰執行部研擬反攻作戰計畫一覽表 [24]

區分	第一號作戰計畫	第二號作戰計畫	第三號作戰計畫
作戰構想	突擊作戰	有限目標攻擊	大規模反攻
作戰目的	1. 國軍以徵集壯丁、振奮士氣及牽制擾亂共軍。 2. 學習兩棲作戰經驗，以利爾後反攻。	1. 國軍以打擊共軍，促進大陸反共武力發展，爭取軍援。 2. 策應聯軍在遠東作戰。	1. 國軍以消滅中共政權，規復大陸。 2. 阻止蘇聯侵略。
作戰時機	兩棲作戰部隊之幹部訓練完成，再以1個月之部隊訓練與準備，作為第1次突擊部隊。	1. 應獲得美國之諒解，於我反攻之前，恢復對大陸軍事行動之自由。 2. 在國際政治關係上，應形成為聯合國在遠東軍事之一部。	1. 我地面部隊之擴充及海空軍之充實需按照預定計畫完成。 2. 聯合國正式宣布對中共制裁。 3. 其他戰場之共軍遭受牽制不能轉用。

23 「反攻大陸作戰計畫研討第3次會議紀錄」（1951年1月24日），〈反攻作戰計劃案彙輯案〉。

24 「第一號作戰計畫」（1951年3月1日），〈反攻作戰計劃案彙輯案〉；「周至柔呈蔣中正第一號作戰計畫及檢討臺灣防衛作戰注意事項並附防衛臺灣陸軍作戰指導方案」（1953年2月16日），〈作戰計畫及設防（二）〉，《蔣中正總統文物》，典藏號：002-080102-00008-007；「第二號作戰計畫」（1951年1月25日），〈反攻作戰計劃案彙輯案〉，；「第三號作戰計畫」（1951年2月1日），〈反攻作戰計劃案彙輯案〉。

區分	第一號作戰計畫	第二號作戰計畫	第三號作戰計畫
作戰時機		3. 登陸作戰及中共蘇聯趁隙襲擊臺灣，需獲得友邦海空軍之支援。 4. 對於登陸部隊及大陸反共武力所需之裝備、運輸等得到充分之接濟。 5. 登陸兵力需在不妨害臺灣保衛力量之原則下對當面共軍取得局部之優勢。	4. 友邦海空軍充分支援。 5. 友邦予以充分之經濟。
實施時間	1951 年 4 月 1 日以後	登陸準備應於 1951 年 5 月 1 日前完成	反攻準備於 1951 年 9 月 1 日前完成（或 20 個軍在本年底前完成）
作戰方式	以海、陸軍各一部，組成兩棲突擊部隊，並配合游擊部隊之活動，分期向浙閩粵沿海之重要島嶼及港灣施行突擊。	1. 以陸軍約 6 個軍為基幹，在海空軍協同下，於福建沿海地區，實行登陸，先掠取閩南，依情況進出福州地區。 2. 登陸後，為獲取人力擴張軍隊，以戰鬥團為基幹（編成幹部師 6 團），充實其裝備以隨同登陸部隊，一面作戰，一面擴軍。	1. 登陸時空軍應協同登陸軍作戰，並遮斷共軍後方之增援，徹底壓制其海空軍，海軍應控制作戰地區之海權，維持我海上運輸之安全，並支援登陸作戰。 2. 登陸後應按預定計畫迅速實施擴軍，並積極講求機動，各個擊破共軍，盡可能避免兵力吸引於城市，而削弱野戰軍之力量。

區分	第一號作戰計畫	第二號作戰計畫	第三號作戰計畫
作戰目標	1. 對臺州至海豐間共軍防禦薄弱、增援困難及壯丁較少之島或港灣，施行奇襲，對共軍防禦堅強之部分，避免正面強攻。 2. 突擊目標： 甲、島嶼目標：暫訂為玉環島、平潭島、南日島、南澳島。 乙、港灣目標：暫訂為臺州灣、溫州灣、沙埕、三都澳。 3. 為使共軍處處設防，國軍得選定共軍不及設防之處所（主要以民船、小舢舨能接近之海岸）為突擊目標。	於福建沿海地區，實行登陸，先掠取閩南，依情況進出福州地區。	1. 滬杭區登陸時：主力先掠取京滬杭，爾後相機向淮海或武漢方面進出。 2. 汕穗地區登陸時：主力先領有大庾嶺以南地區，爾後向湘贛發展，進出武漢方面。 3. 長江以北沿海地區登陸時：配合聯軍作戰進出線另定之。
使用兵力	1. 每次登陸突擊時之指揮官，以海軍軍官為主，陸軍軍官為副。 2. 陸軍部隊： 陸軍以 1 個師為最大限。 水陸兩用戰車 1 至 2 中隊。 砲兵 1 至 2 營（以四．二吋迫砲兵任之）。 工兵 1 營。 3. 海軍部隊： 艦隊 1（由第 1、2、3 艦隊輪流擔任）。 4. 空軍部隊： 直協機隊（由空軍總部編組，包括偵察、驅逐、轟炸等機種）。	1. 登陸部隊以約 6 個軍（含金門部隊）為基幹編組。 2. 空軍於登陸發起之前，應以主力先破壞福建境內之共軍空軍基地，並對江南重要水陸、交通進行戰略轟炸；登陸發起後，協同海軍警戒臺灣海峽，保持局部優勢並協助地面部隊作戰，偵炸共軍後方交通及阻擾其增援部隊。 3. 海軍以協同空軍警戒閩臺海面，並掩護支援登陸作戰。	1. 地面部隊應按預定時期，充實 12 個軍（或擴編為 20 個軍）為基幹之裝備及兵力。 2. 海軍充實現有艦隊，並加強其驅潛、掃雷擊兩棲作戰能力。 3. 空軍充實 8 又 3 分之 1 大隊。

從表1-1 三七五作戰執行部所研擬之反攻作戰計畫一覽表中，可以將1951 年國防部所構思的作戰計畫作一個全面性的瞭解。首先，所有計畫都與韓戰有相當關連，第一號作戰計畫以突擊作戰為構想，其最主要目的就是要牽制共軍，使共軍兵力無法專心於朝鮮半島上，甚至能進一步緩和中南半島的情勢，[25] 其次才是讓國軍學習及累積兩棲作戰的能力以及振奮士氣。因此，第一號作戰計畫所使用的兵力及作戰的範圍是局部小規模突擊性質，不求占領敵區，而以襲擾為目的。在第二、三號作戰計畫中之作戰時機，友邦的態度成為關鍵，換言之必須以美國的態度來決定最後能否反攻。如果沒有美國的同意及協助，國軍根本無法渡過臺灣海峽，更遑論去實踐第二、三號作戰計畫，如果政府一意孤行，那第七艦隊恐將駛離臺灣海峽，將會直接影響到臺灣的安全。然而，就算美國同意協助國軍反攻，國軍也必須先行完成兵力整建及相關動員，才有能力遂行上項計畫。

為何中華民國政府明知三七五作戰計畫中充滿各種變數與障礙，但仍制訂各項作戰計畫呢？其目的當然是希望利用韓戰僵持的局面拖美國下水，因為無論是突擊作戰、有限目標攻擊，還是大規模反攻等，客觀事實都是敵大我小、敵優我劣的狀況。這個時期，

25 藍欽認為對大陸沿海突擊，可減輕中共對中南半島所施之壓力，阻礙敵人與該一戰場上之聯繫，並且甚至於可以牽制若干中共部隊之開往韓國。而一次成功突擊，也可以提高遠東地區內任何非共地區的士氣。卡爾 ・L・藍欽原著、徵信新聞報編譯室譯，《藍欽使華回憶錄》（臺北：徵信新聞報印行，1964），頁 78-79。

國軍仍處於被動防禦，尚不具有發動攻擊的能量，如果無法拖美國下水將不會成功。[26] 因此，研擬上述計畫的目的就是希望讓美方知道中華民國政府的意志與目標。另外，為保密及防範共諜偵知我反攻計畫內容，國防部還陸續擬定了第四、五、六號作戰計畫，以混淆並達到欺敵之作為。[27]

第二節　「五五建設計畫」

第七艦隊協防臺灣之後，臺灣海峽雖受到中立化的限制，但國防部仍低調秘密的積極研擬各種反攻作戰計畫。其中以蔣介石在1952年6月10日以機秘（甲）字第255號手令要求國防部擬定「反攻目標二十個地區」，並於一年內完成計畫及準備兵棋演習最為重要。在蔣的命令下，國防部成立「五三計畫」組，負責策定反攻作戰之遠程計畫，以供反攻作戰之需要。因此，三七五執行部的階段性任務到此結束，由「五三計畫」組接手下一階段的新任務。[28]「五三計畫」組成立之著

---

26 「反攻大陸作戰計畫研討第3次會議紀錄」（1951年1月24日）。

27 由山東半島登陸之計畫：「第四號作戰計畫」（1951年6月1日），〈反攻作戰計劃案彙輯案〉，《國軍檔案》，總檔案號：00042021。東南底定後，再掠取平津之計畫：「第五號作戰計畫」（1951年6月1日），〈反攻作戰計劃案彙輯案〉。東北作戰計畫：「第六號作戰計畫」（1951年2月1日），〈反攻作戰計劃案彙輯案〉。「查奉會前擬第一號、第二號、第三號等三個計畫經呈報鈞核經加考慮該三個計畫編號無多確保機密不易，為其掩護計，茲再擬第四號、第五號、第六號等三個計畫」（1951年6月1日），〈反攻作戰計劃案彙輯案〉。

28 三七五執行部為臨時任務編組，所擬計畫與國防部常有出入，為求統一，由五三計畫組接手三七五執行部之相關工作，以求事權

眼，目的在規劃實施有限度反攻作戰，打擊共軍，以擴建國軍實力，準備爾後攻勢作戰，並採分區策定反攻登陸作戰計畫，以適應局勢需要。[29]

「五三計畫」組先後草擬四二三四號「計畫狀況判斷」，四二三〇、四二六〇號「戰略地形判斷」，與四二二號「全般判斷」等各案，因分區擬定進度緩慢，自1954年4月起，為配合全般狀況，將有關目標合併為反攻華南地區作戰計畫。[30] 1955年1月10日參謀總長彭孟緝考量本計畫為時過久，為保防起見，建議將原代名「五三計畫」之反攻大陸計畫，更改代名為「五五建設計畫」。[31]

「五五建設計畫」在作業期方面分為四個階段：第一階段「產生聯合戰略判斷」、第二階段「產生若干戰役計畫」、第三階段「產生各戰役計畫之兩棲作戰計畫」、第四階段「實施兵棋推演與測驗」。[32] 國防部於1955年2月23日向蔣介石呈報「聯合戰略判斷」，同年6月20日呈報「華南地區戰役計畫」（五五九一戰

統一。「案由：臺防總部為加強三七五計畫執行組請求」（1952年8月7日），〈三七五第一號廈門地區作戰案〉。

29 〈反攻登陸計畫「五五建設計畫」〉（1955年1月10日），《國軍檔案》，檔號：00042954。

30 「關於五五建設計畫之華南戰役等」（1955年7月22日），〈反攻登陸計畫「五五建設計畫」〉，《國軍檔案》，總檔案號：00042954。

31 〈反攻登陸計畫「五五建設計畫」〉（1955年1月10日）。

32 「一關於令飭國防部擬反攻大陸計劃（五五建設計劃）一案經國防部先後呈報『盟國有限度支援下反攻』及『配合盟國反攻』二種情勢下之各種計畫均經簽奉鈞座核定復示有案」（1957年4月9日），〈反攻登陸計畫「五五建設計畫」〉，《國軍檔案》，總檔案號：00042955。

役計畫）之第一階段作戰計畫及兩棲作戰計畫，復於1956年2月4日呈報「獨立反攻計畫」（五五〇四）。[33]

國防部所研擬的「聯合戰略判斷」係為當時一切建軍及作戰計畫之依據，亦可謂反攻軍事最高基本方針與政策，[34] 其中最重要者有三項：

第一、反攻時機及可能性之分析：

一、獨立作戰在未達成應具備條件以前實行之可能性不大。

二、配合盟軍作戰，如國際形勢無意外變化，實現之可能性亦不大。

三、受盟國支援作戰，以自力更生之力量，並於外交上獲得盟國之協助與支援，則實現之公算較大。

第二，戰略目標之選定：

一、選定華北地區為初步戰略目標，需以配合盟軍作戰為前提，並須於盟軍在遠東採取攻勢及取得韓、日為基地，始有實現可能，實施本作戰所需時間概定為1-2年。

---

33 「一關於令飭國防部擬反攻大陸計劃（五五建設計劃）一案經國防部先後呈報『盟國有限度支援下反攻』及『配合盟國反攻』二種情勢下之各種計畫均經簽奉鈞座核定復示有案」（1957年4月9日）。

34 「一關於令飭國防部擬反攻大陸計劃（五五建設計劃）一案經國防部先後呈報『盟國有限度支援下反攻』及『配合盟國反攻』二種情勢下之各種計畫均經簽奉鈞座核定復示有案」（1955年2月23日），〈反攻登陸計畫「五五建設計畫」〉，《國軍檔案》，總檔案號：00042955。

二、選定華東地區為初步戰略目標，如獲得盟軍有力支援，利用盟軍沖繩基地，則實施之可能性較大，實施本作戰時間更長，概定為2-3 年。

三、選定華南地區為初步戰略目標，於獨立作戰或受盟國支援作戰，時機均可實現實施本案作戰所需時間更長，概定為3-5 年。

第三，適應反攻能力之分析：

一、基於中美共同防禦條約，我反攻大陸時，對臺灣防衛之顧慮較小，因而現有兵力，除必要留駐者外，可全部使用於反攻作戰。

二、依國軍現有兵力，似以能獲盟國支援而反攻為有利，但一切準備仍應以獨立反攻作戰為主。

三、後勤支援在防衛臺澎作戰尚須加強，反攻時更宜加強準備。[35]

由於「五五建設計畫」作業的時間較長（計畫研擬自1952 年開始，期間數次向蔣介石提報並歷經多次修正各分區反攻登陸計畫，至1957 年年底全案才完成），期間橫跨了韓戰結束，以及〈中美共同防禦條約〉簽訂的過程。因此，國防部「聯合戰略判斷」也隨

35 「一關於令飭國防部擬反攻大陸計劃（五五建設計劃）一案經國防部先後呈報〔盟國有限度支援下反攻〕及〔配合盟國反攻〕二種情勢下之各種計畫均經簽奉鈞座核定復示有案」（1957年 4 月 9日），〈反攻登陸計畫「五五建設計畫」〉，《國軍檔案》，總檔案號：00042955。

時空背景的變遷而改變，諸如反攻時機、戰略目標選定，以及反攻能力分析等都在適時修正。從檔案所顯現的資料中，確定「聯合戰略判斷」為「反攻大陸」之最上層指導，其中反攻之最佳時機，就是世界大戰再起，中華民國政府配合盟軍進行反攻；另一時機就是獨立反攻，但依國軍實力，則必須得到盟國支援才有較大成功之公算，否則勝算亦不高。但是「多算勝，少算不勝」，為能爭取機先，國防部仍先後完成「反攻目標正、次各10 個地區」的計畫研擬（詳如表1-2），以等待時機來臨。

表1-2　國防部聯合作戰計畫委員會研擬反攻登陸作戰計畫一覽表[36]

區分	目標	計畫代號	計畫類別	備考
本部擬訂			反攻軍事戰略判斷	
正目標	1. 泉州—廈門	5504[37]	獨立反攻	
		5591[38]	盟國有限度支援	

36 〈為報告五五計畫案已草擬完成並遵照批示修正情形由〉（1957年12月28日），〈反攻登陸計畫「五五建設計畫」〉，《國軍檔案》，總檔案號00042955。

37 5504作戰計畫代名為「長安戰役計畫」。「為呈報本部反攻軍事戰略判斷（修正本）一份恭請鑒核由」（1957年8月31日），〈反攻登陸計畫「五五建設計畫」〉，《國軍檔案》，總檔案號：00042955。

38 5591作戰計畫代名為「中興戰役計畫」，本計畫是1955年4月30日由戰略計畫委員會主任委員陸軍中將侯騰、起草委員陸軍中將徐笙、李樹正、葉成、彭戰存等人作業。「國防部戰略計畫委員會呈蔣中正五一九一戰役計畫並附兵力檢討等各式圖表及五一九二戰役計畫一般概念」，〈作戰計畫及設防（二）〉，《蔣中正總統文物》，典藏號002-080102-00008-012。

區分	目標	計畫代號	計畫類別	備考
正目標	2. 福州—馬尾—三都澳		參謀研究	
	3. 溫州—海門—三門灣			奉准免擬計畫
	4. 定海—象山—鎮海	5546	配合盟軍作戰	
	5. 海澄—漳州—詔安			併入泉州—廈門計畫
	6. 汕頭—湖安—黃崗[39]	5596	盟國有限度支援	
	7. 汕尾—海豐	5592	盟國有限度支援	
	8. 惠陽—淡水—墩頭灣	5592	盟國有限度支援	
	9. 廣州—虎門[40]		參謀研究	奉准免擬計畫
	10. 海南島[41]	5545	配合盟軍作戰[42]	

39 5596作戰計畫代名為「興國戰役計畫」。「為呈報國軍對潮汕地區作戰參謀研究一份請鑒核由」（1958年 4 月 2 日），〈反攻登陸計畫「五五建設計畫」〉，《國軍檔案》，總檔案號：00042956。

40 本作戰計畫係為參謀研究計畫，國防部於 1958年 2月 3日簽核，國防部認為廣州雖為反攻初期之有利戰略目標，但以國軍海空軍支援及後勤支援能量之限制，實施獨立反攻時，不宜選為主登陸地區，並建議在獨立反攻時以廣州、虎門為主登陸之案，可不予考慮。「為策定對廣州虎門地區作戰之參謀研究恭請鑒核由」（1958年 2月 3日），〈反攻登陸計畫「五五建設計畫」〉，《國軍檔案》，總檔案號：00042955。

41 5545作戰計畫代名為「永安戰役計畫」。「為呈報本部反攻軍事戰略判斷（修正本）一份恭請鑒核由」（1957年 8 月 31 日），〈反攻登陸計畫「五五建設計畫」〉，《國軍檔案》，總檔案號：00042955。

42 1954年 2月 3日蔣介石思考以雷州半島為反攻大陸開始地點，自記：「昨日對於反攻大陸開始地點感悟，對美國之戰略以海南島與越南能發揮決定效果，只有在雷州半島為第一灘頭陣地，以此為基點向兩粵進展，且為匪區之最側右翼，利用海空軍作有力之掩護，一面截斷海南匪部之交通，一面威脅南甯，隨時可以遮斷其對越南共匪之接濟，此計或易為美國所接受乎？」秦孝儀總編纂，《總統蔣公大事長編初稿》，第 13 卷（臺北：中正文教基金會，2008），1954年2月3日，頁 21。

<table>
<tr><th>區分</th><th>目標</th><th>計畫代號</th><th>計畫類別</th><th>備考</th></tr>
<tr><td rowspan="6">次目標</td><td>1. 雪白—陽江—茂名</td><td></td><td>配合盟軍作戰</td><td></td></tr>
<tr><td>2. 龍門—欽州</td><td></td><td>參謀研究</td><td></td></tr>
<tr><td>3. 北海—合浦</td><td></td><td>參謀研究</td><td></td></tr>
<tr><td>4. 海安—徐聞</td><td></td><td></td><td>併海南島地區計畫內</td></tr>
<tr><td>5. 啟東—南通</td><td></td><td>參謀研究</td><td></td></tr>
<tr><td>6. 海州、鹽城、東臺、日照 [43]</td><td></td><td>參謀研究</td><td></td></tr>
<tr><td rowspan="4">次目標</td><td>7. 威海衛—海陽</td><td>5544</td><td>配合盟軍作戰</td><td></td></tr>
<tr><td>8. 煙臺—龍口—青島</td><td>5544</td><td>配合盟軍作戰</td><td></td></tr>
<tr><td>9. 秦皇島—山海關</td><td></td><td>參謀研究</td><td></td></tr>
<tr><td>10. 天津—大沽 [44]</td><td></td><td>參謀研究</td><td></td></tr>
<tr><td>本部擬訂之目標</td><td>乍浦—金山衛</td><td></td><td>配合盟國作戰</td><td></td></tr>
<tr><td>附註</td><td colspan="4">本案奉總統 1952 年 6 月 10 日機秘（甲）字第 255 號手令辦理。</td></tr>
</table>

從「聯合戰略判斷」及表1-2 國防部聯合作戰計畫委員會研擬反攻登陸作戰計畫一覽表中，可以將作戰計畫構想區分為三類：一為獨立反攻，二為盟國有限度支援，三為配合盟軍作戰。對於盟國有限度支援，以及配合盟軍作戰兩者之作戰構想，存在許多客觀不確定的因

43 本作戰計畫係為參謀研究計畫，國防部於1957年11月26日簽核。「為呈報海州、鹽城、東臺、日照及啟東南通附近地區作戰之參謀研究一份恭請鑒核」（1957年 11 月 26 日），〈反攻登陸計畫「五五建設計畫」〉，《國軍檔案》，總檔案號：00042955。

44 本作戰計畫係為參謀研究計畫，國防部於1958年1月25日簽核，國防部建議限於戰力及海空基地，在現態勢之下，無在本地區實施登陸之可能，國軍反攻大陸初期不宜以此地區為登陸目標。「為呈報對秦皇島大沽地區作戰之參謀研究一份恭請鑒核由」（1958年1月25日），〈反攻登陸計畫「五五建設計畫」〉，《國軍檔案》，總檔案號：00042955。

素，因此在國防部的評估中認為成功公算不大，所以整個計畫置重點於獨立反攻部分。對於政府當時的處境，蔣介石在1953 年2 月3 日美國艾森豪總統宣布解除中華民國政府對大陸作戰限制之決定時也有感而發。蔣介石一方面讚揚艾森豪這項舉措合理、光明，凡世界愛好和平，擁護正義之自由國家，皆應一致支持。[45] 然而當天日記中卻寫下「臺灣解除中立化」後，國家應當自立自強，不該事事仰賴美國，語意中透露可能沒有外援的困難與無奈的語氣。[46]

依照「聯合戰略判斷」，如果沒有強而有力的盟國支援，在戰略目標的選定上，以華南地區作為獨立作戰或受盟國支援作戰較為適宜，所以從表1-2 反攻登陸計畫正目標登陸地點的選定上，以「泉州—廈門」為目標的計畫就有二項，一為代號「五五〇四計畫」的獨立反攻計畫，一為代號「五五九一計畫」的盟國有限度支援計畫，以下就這以這兩項計畫之文本摘要做一比較。

---

45 秦孝儀總編纂，《總統蔣公大事長編初稿》，第 12 卷，1953年 2 月 3 日記事，頁 25。

46 1953年 1月 31日蔣介石得知美國總統艾森豪將在對國會報告之諮文中說明解除臺灣中立化政策很高興，但對於美方片面決定，不先預商則略有微詞，並自我解嘲，此乃美國對華傳統之習性，應予糾正，惟對此一政策，吾人認為正確，而予以贊許。秦孝儀總編纂，《總統蔣公大事長編初稿》，第 12 卷，1953年 2 月 3 日記事，頁 27。

表1-3　泉州—廈門反攻登陸作戰計畫構想比較表[47]

區分	五五○四計畫	五五九一計畫
作戰構想	獨立反攻	盟國有限度支援
作戰目的	先行殲滅閩粵二省共軍主力及增援部隊規復閩粵二省要域建立大陸作戰基地準備爾後攻勢。	反共軍在盟國海空軍及運輸艦艇有限度支援下，於閩粵沿海地區登陸，建立攻勢基地，迅速擴張戰果。
作戰時機	1. 擴軍目標如期完成，後勤設施與渡海工具勉強能配合作戰之要求。 2. 對大陸進行政治攻勢與心理戰及發展地下武力已造成反共革命勢力。 3. 中共內部傾軋政權動盪。 4. 中共與蘇聯有事被牽制在東南亞，不能轉移。 5. 臺灣基地及海峽安全依中美盟約共同負責。 6. 國際局勢持續冷戰尚無爆發現象，盟國對我獨立反攻，雖不支持，然原來政策對我之援助仍可繼續獲得，蘇聯雖對中共援助，但不致參戰。	1. 中共擴大東南亞叛亂，盟國為挽救危機，將以必要之海空軍及後勤支援，協助國軍於閩粵沿海登陸，反攻大陸。 2. 國軍擴編於 1957 年春完成陸軍 32 個師、空軍 12 個聯隊、海軍 6 個艦隊，另裝甲 3 個師、陸戰隊 2 個師。
實施時間	預定為 1958 年夏季（依狀況得提前或延緩實施之）本戰役時間概訂為一年。	1957 年 4 月至 11 月，全戰役時間為 8 至 12 個月。
作戰方式	於福建沿海突擊登陸略取閩粵兩省，擴建國軍發展基地繼續爾後攻勢。	第一階段，自廈門南北地區登陸，殲滅中共武裝部隊，至閩南基地之建立，及閩西要地之占領。（1957 年 4 至 5 月） 第二階段，領有閩西閩南地區後，繼續向粵省進出，殲滅共軍武裝部隊，並擴張戰力。（1957 年 6 至 7 月） 第三階段，攻占粵北，繼續殲滅共軍，戡定閩粵兩省，

47 「黃鎮球彭孟緝呈蔣中正五五○四戰役計畫要點及審擬意見」（1956年 4 月 2 日），〈作戰計畫及設防（三）〉，《蔣中正總統文物》，典藏號：002-080102-00009-001；「國防部戰略計畫委員會呈蔣中正五五九一戰役計畫並附兵力檢討等各式圖表及五一九二戰役計畫一般概念」。

區分	五五〇四計畫	五五九一計畫
		擴張戰力，準備爾後之作戰。（1957年8至11月）
作戰目標	泉州－廈門	泉州－廈門
使用兵力	1. 突擊部隊（含後續部隊）：步兵師18、裝甲兵師2、陸戰隊師2、傘兵總隊2。 2. 海軍：作戰艦隊4、登陸艦隊1、登陸艇隊1、後勤艦隊1。 3. 空軍：戰鬥聯隊5、戰轟聯隊2、輕轟聯隊1、空運聯隊1、偵察聯隊1、全天候戰鬥中隊3、救護中隊1。	一、陸軍部隊 軍團司令部4 （含直屬部隊） 軍司令部14 （含直屬部隊） 步兵師42、裝甲師3、傘兵團1 二、海軍部隊： 1. 本國海軍部隊 作戰艦隊4（艦81）、登陸艦隊1（艦22）、登陸艇隊1（艇11）、
使用兵力	4. 預備隊：步兵師9、裝甲兵師3。	後勤艦隊1（艦66）、運輸船舶（LST363）、陸戰師2 2. 盟國海軍部隊 （擔任掩護及打擊、砲火支援、潛艇獵擊等任務，其派遣兵力由盟國決定） 三、空軍部隊 1. 本國空軍部隊 戰鬥聯隊2、戰鬥轟炸聯隊5、輕轟炸聯隊2、中型轟炸聯隊2、空運聯隊3、偵察聯隊1（欠2中隊）、全天候戰鬥中隊（獨立）3、聯絡及海上救護中隊2 2. 盟國空軍部隊（其派遣兵力由盟國決定）
附註		1. 表列全戰役所需之總兵力，係國軍現有兵力與不足兵力之總和。 2. 本戰役必要之後勤支援與陸海空軍所需與作戰損失之重裝備及艦船飛機等，需由盟國適時供給。

不過，蔣介石對於國防部所完成「五五〇四戰役計畫」草案甚不滿意，並在公文上直接批示：

王總長：此「五五〇四戰役」之作戰構想與計畫作為仍為過去參謀作業之習性，其邏輯思維的腦筋，無異紙上談兵，觀其所想所擬，不僅與將來實施時一切假定、判斷，渺茫無據，而且對目前當面之敵情、地形、道路、交通與實際情形相差太遠。凡是作戰構想，必須先著眼於困難與不能的事，實為依據，而不能僅憑主觀之假定其為不能者，所謂一廂情願之心理而判定其計畫，特別對於敵我軍隊實力之比較，及其地形與道路兩側工事與兵力可能之佈署，在在足使國軍前進與截斷我後方交通道路之可能，甚至被敵包圍殲滅，並非不可能之事。故對於敵軍特性、慣技等條件，在計畫作為與測驗時更應注意。今後一切計畫作為：第一，必須依據情報確實之資料與綜合判斷。第二，必須依據後勤支援最大可能之力量，尤其是屬於海運各種船舶工具能量，切實可靠之具體資料為依據。第三，屆時三軍各軍種在聯合作戰中，各〔個〕別可能配合之能量與支援程度為依據，必須以上三項資料，充分蒐集完備，方可著手草擬計畫，切勿僅如往日，專憑假定與推斷之習慣與方法，以為立案之準則，故該計畫仍應重新研討，否則不妨先行測驗是否適合可行，再作決定與修改，亦無不可。[48]

---

48 「總統本（十一）月一日批示未列號手令係批示去（45）年4月9日簽呈之獨立反攻計畫（即五五〇四戰役計畫之作戰構想與計畫作為）此案查明已由總統逕交王總長本府參軍長對本案簽呈

國防部所擬「五五〇四戰役計畫」與蔣介石所想望的並不一致，「五五〇四戰役計畫」的精神並不是純以軍事力量從事反攻，其最高原則是希望有效運用「三分軍事七分政治」之原則，以及做到「三分敵前七分敵後」的目標，換言之，政治反攻比例大於軍事反攻。[49] 從作戰目的以先收復閩、粵二省建立大陸作戰基地準備爾後攻勢來看，國軍獨立反攻必須依賴大陸內部局勢的變化，如果沒有裡應外合，成功機率不高。也正因為如此，蔣介石非常不滿意「五五〇四戰役計畫」，並要求國防部在研擬計畫時必須多加留意情報、後勤及聯合作戰等相關因素，而不是紙上談兵。

另外，「五五九一戰役計畫」與「五五〇四戰役計畫」兩者選定之作戰目標相同，但採用之資源不同。「五五九一戰役計畫」立案假定中共擴大對東南亞的影響，並擴張共產版圖。而國軍在此情勢下，得到盟國有限度的海空軍及運輸艦艇的支援下進行反攻，這樣的時空背景當然比獨立反攻有利，但其癥結就是兵力擴編，國軍反攻之後不足的兵力必須利用在閩粵地區作戰期間獲得想要兵力，而海空軍所需武器裝備則必需由盟國於1956年年底前完成撥配。[50]

不日即可由國防部送還附呈原稿簽一併呈閱」（1957年11月13日），〈反攻登陸計畫「五五建設計畫」〉，《國軍檔案》，總檔案號：00042955。

49 「黃鎮球彭孟緝呈蔣中正五五〇四戰役計畫要點及審擬意見」（1956年4月2日），〈作戰計畫及設防（三）〉，《蔣中正總統文物》，典藏號 002-080102-00009-001。

50 「國防部戰略計畫委員會呈蔣中正五五九一戰役計畫並附兵力檢討等各式圖表及五一九二戰役計畫一般概念」。

國軍反攻第一個難題就是要解決渡海工具不足的問題。為了獲得與滿足渡海工具，國軍現階段建軍目標首在完成2 個軍的渡海工具及3 個噴射機機場之增建，[51] 以達到登陸作戰的第一個門檻。所以無論獨立反攻或盟國有限度支援之反攻計畫，在現況下所受到之限制因素很多，例如美方的態度、軍援，以及國家的人力、物力與財力等等都必須有所準備才行。1953 年2 月1 日蔣自記：「審閱葉部長與愛克（艾森豪）、杜勒斯及雷德福之報告：丁、不願我有過分之要求；戊、不願我多征編臺灣兵；己、望我以小數軍隊反攻大陸，獲取民心與兵源；庚、對我空軍、海軍之援助不能多加供給。」[52] 以及2月26日自記:「對於本年大事預定之重要問題: 甲、國際形勢之預測，乙、反攻大陸之方略與地點，丙、反攻兵力與經費之籌畫，丁、對美援希望之事項等。」[53] 從蔣介石的日記所述，政府利用與美國各種管道，花了許多力氣，但是美方對中華民國政府反攻大陸之想法視之如毒蛇猛獸，避之唯恐不及，以致諸如反攻準備所需之美援、兵力等都必須受制於美方，因此反攻計畫的研擬充滿各種變數，而這些變數很多時候是操之在（美方），而非操之在我（國軍）。

---

51 「黃鎮球彭孟緝呈蔣中正五五〇四戰役計畫要點及審擬意見」（1956年 4 月 2日）。

52 秦孝儀總編纂，《總統蔣公大事長編初稿》，第 12 卷，1953年2月 1日記事，頁 21。

53 秦孝儀總編纂，《總統蔣公大事長編初稿》，第 12 卷，1953年2月 26日記事，頁 21-22。

第三節　「光作戰計畫」

以二次大戰期間之前日軍所組成的軍事顧問團（簡稱白團），在臺以「軍學研究會」（實踐學社）作為掩護，從事國軍將校階層的教育訓練（後有專章詳述）。蔣介石同時也指示：「該會擬訂反攻作戰計畫作為黨政軍幹部聯合作戰研究班後期教育之基礎。」1953 年 5 月白團完成反攻作戰計畫（代名為「光作戰計畫」），為使本案能供國軍參考，於 5 月 22 日曾請副參謀總長蕭毅肅及次長徐培根等人到實踐學社聽取報告，報告後咸認為可行。因此白團進一步建請蔣介石蒞臨聽取簡報，以使本計畫更能切合實用。[54] 1952 年 6 月 11 日蔣介石蒞臨實踐學社，聽取白鴻亮等人對反攻大陸「光字計畫」的簡報。「光計畫」區分甲、乙兩案，甲案以中華民國政府單獨反攻大陸為構想進行準備，初期以建立華南要域使成為光復整個大陸之基地，預定5年完成。乙案係先作2 年之作戰準備，以適應國際局勢之變化與配合民主國家進行反攻。[55]「光計畫」簡報結束後，蔣介石很滿意這個計畫，並在日記中表示：「其方針與余原意相同，今後準備工作應積極指導。」[56] 另外，對於登陸作戰最重要的載具問題，特別指示周至

54 「彭孟緝呈蔣中正光作戰計畫要圖及計畫大綱」（1953年 5月 23日），〈實踐學社（二）〉，《蔣中正總統文物》，典藏號：002-080102-00127-003。

55 「彭孟緝呈蔣中正光作戰計畫要圖及計畫大綱」（1953年5月23日）。

56 秦孝儀總編纂，《總統蔣公大事長編初稿》，第 12 卷，1953年6月 11日記事，頁 123。

柔，必須儘速研擬製作準備小型機帆船與訓練操舟人才的計畫，以解決登陸作戰的首要問題。[57] 透過表1-4 及1-5 可概略瞭解「光作戰計畫」之主要內容。

表1-4　「光作戰計畫」大綱概要簡表[58]

區分	概要
作戰目的	摧毀中共偽政權，消滅其武力，光復大陸解救同胞，復興三民主義的中華民國。
作戰方針	在陸海空軍三軍緊密協同下，先行反攻華南，爾後逐次向北擴大地域，將共軍消滅，並摧毀其偽政權，迅速戡定全國。為此須以堅強之武力與活潑之政治謀略，密切運用破壞中共政權，尤其共黨之組織，逐漸增強我之戰力。
預定日期	預備於 1958 年春季發動
作戰期程	第一期華南要域之戡定作戰（6 個月至 1 年） 第二期揚子江以南要域之戡定作戰 第三期以降全國土之戡定作戰
使用兵力	如表 1-5

表1-5　「光作戰計畫」使用兵力預定表[59]

<table>
<tr><th colspan="2" rowspan="2">區分</th><th colspan="3">陸軍</th><th rowspan="2">空軍</th><th rowspan="2">海軍</th><th rowspan="2">船舶及空運運輸力</th></tr>
<tr><th>從臺灣</th><th>現地動員</th><th>計</th></tr>
<tr><td rowspan="2">第一期</td><td>初期</td><td>步兵師 52
裝甲師 8</td><td></td><td>步兵師 52
裝甲師 8</td><td>全兵力
第一線
1,650 機</td><td>全兵力</td><td rowspan="2">一般商船
15 萬噸
LST、
LSM
20 萬噸
小型舟船
8,500 隻
運輸機
300-500 架</td></tr>
<tr><td>末期</td><td></td><td>步兵師
20</td><td>步兵師 72
裝甲師 8</td><td>同上
應乎所要，要求美援更增強其力量</td><td></td></tr>
</table>

57 秦孝儀總編纂，《總統蔣公大事長編初稿》，第 12 卷，1953年7月 5日記事，頁 143。

58 「彭孟緝呈蔣中正光作戰計畫要圖及計畫大綱」（1953年5月23日）。

59 「彭孟緝呈蔣中正光作戰計畫要圖及計畫大綱」（1953年5月23日）。

<table>
<tr><th colspan="2" rowspan="2">區分</th><th colspan="3">陸軍</th><th rowspan="2">空軍</th><th rowspan="2">海軍</th><th rowspan="2">船舶及空運運輸力</th></tr>
<tr><th>從臺灣</th><th>現地動員</th><th>計</th></tr>
<tr><td rowspan="2">第二期</td><td>初期</td><td rowspan="2"></td><td>步兵師20（共40師）</td><td>步兵師92
裝甲師8</td><td rowspan="2"></td><td rowspan="2"></td><td rowspan="2"></td></tr>
<tr><td>末期</td><td>步兵師60（共100師）</td><td>步兵師152
裝甲師8</td></tr>
<tr><td>第三期以後</td><td colspan="7">依當時之狀況而定</td></tr>
<tr><td>備考</td><td colspan="7">本表之外，亘作戰準備期間，尚期待在大陸強化之游擊隊及李彌部隊等之戰力。
臺灣防衛兵力，以師管區部隊及防空部隊（高射砲1,500門雷達30）為基幹。</td></tr>
</table>

白團成員曾參與二次大戰之侵華戰爭，對日軍在大陸作戰都有豐富經驗。因此，蔣介石希望借重白團成員來完成一個較為可行，可供實踐的反攻計畫。「光作戰計畫」計畫內容非常龐大且鉅細靡遺，在綱要中包括了作戰開始相關基本條件的準備，諸如精神動員、動員準備、陸海空軍訓練、渡海輸具、情報防諜、宣傳、游擊戰、通信聯絡，以及後方勤務等都有完整嚴密的計畫。[60] 本計畫後由黨政軍幹部聯合作戰研究班作戰組范健教官 [61] 指導該研究計畫，為使本計畫能持續運用參考，1954年之後仍有若干修訂，並陸續完成「四十七年作戰計畫」（代字為「鐵拳計畫」）；以及在五年準備進行中，依國際情勢之變化，完成接受美國海空軍之

60 「彭孟緝呈蔣中正光作戰計畫要圖及計畫大綱」（1953年5月23日）。

61 范健，原名本鄉健，舊日軍階級為陸軍砲兵大佐，來臺擔任戰爭之指導、大軍統帥及戰史，並為第一次陸海空軍聯合演習計畫負責人。黃慶秋編，《日本軍事顧問（教官）在華工作紀要》（臺北：國防部史政局，1968），頁10-21。

支援而反攻大陸之作戰計畫稱為「四十五年作戰計畫」（代字為「大風計畫」）等。[62] 有關「鐵拳計畫」與「大風計畫」兩案係實踐學社聯合作戰研究班第1期研究員基於反攻作戰之設想，在白團教官指導下，分組研究所策定之演習用研究案，其與「光作戰」兩案有部分差異，其異同為：1、兩案均以先戡定福建大灘頭陣地，以作為光復江南之基盤。2、兩案均假想依中美協定在美海空軍之支援下實施。3、「大風計畫」預定於1956年春實施，「鐵拳計畫」則在1958年。4、兩計畫所使用之兵力，「大風計畫」為11個軍編成2個方面軍，「鐵拳計畫」為15個軍編成3個方面軍，其指導要領略有出入。[63] 簡言之，「光作戰計畫」及其爾後之相關修正計畫，還是需視美方對中華民國政府反攻大陸之態度與提供之資源多寡作為主要的考量。

第四節　「開案」

1953年12月26日國防部完成了一份「1954年至1955年中華民國特別軍援計畫」，[64] 這項計畫緣起

62 「彭孟緝呈蔣中正策定民國四十五年作戰計畫研究及鐵拳計畫與大風計畫曲線表」（1954年2月6日），〈實踐學社（二）〉，《蔣中正總統文物》，典藏號：002-080102-00127-006。

63 「彭孟緝呈蔣中正大風暨鐵拳計兩畫內容摘要及兩案異同點分析」（1954年6月13日），〈實踐學社（二）〉，《蔣中正總統文物》，典藏號：002-080102-00127-006。

64 「1954年至1955年中華民國特別軍援計畫（開案）」（1953年12月26日），〈美國對我特別軍援（開案）軍協部分〉，《國軍檔案》，總檔案號：00046081。

於1953 年5 月周至柔在獲知美國太平洋防區總司令雷德福上將不久將就任美國參謀首長聯席會議主席，並於6 月初將訪臺。為把握這次機會，國防部完成一份「中國國軍反攻大陸作戰準備計畫概要（兵員與裝備部分）」，[65] 準備利用機會直接向雷德福提出。並於5 月25 日由陳誠主持，召集何應欽、葉公超、嚴家淦、郭寄嶠、王世杰、黃少谷及周至柔、蕭毅肅及國防部各次長等人研究，最後建議蔣介石以總長周至柔私人身分用私函將該計畫送交雷德福。[66] 6 月 4 日蔣介石召集周至柔、葉公超，商議決定將一份保衛臺灣與反攻大陸，以及軍經配合增援數目案，與游擊傘兵計畫等一併提交雷德福上將。[67] 而這份計畫名稱為「中國國軍反攻大陸作戰準備計畫概要（兵員與裝備部分）」，其中提到欲於1956 年年底以前完成之一項特別計畫。此計畫原訂1956 年完成，現提前至1955 年年底完成，為求保密將此計畫以「開」字作為代號，後稱為「開案」。[68]

---

65 這份計畫是 1953年 5月 4日參謀總長向「中央黨部第七屆二中全會提案中國國軍反攻大陸準備計畫概要—兵員與裝備部隊」之提報資料。「國防部呈蔣中正國軍反攻作戰指導方案及國軍反攻大陸作戰準備計畫概要兵員與裝備部分」（1953年 5月 4日），〈作戰計畫及設防（二）〉，《蔣中正總統文物》，典藏號：002-080102-00008-008。

66 「敬稟者茲有兩事奉陳」（1953年 5月 28日），〈周總長函雷德福上將洽商反攻大陸計畫及軍經援〉，《國軍檔案》，總檔案號：00042983。

67 秦孝儀總編纂，《總統蔣公大事長編初稿》，第 12 卷，1953年 6月 4 日記事，頁 118-119。

68 「葉部長公超四十三年一四日至美國參謀首長聯席會議主席雷德福上將函譯文」（1954年 1 月 4 日），「葉部長公超四三年一月四日致美國聯參會主席雷德福上將關於「開案」之修正本」，〈美國對我特別軍援（開案）軍協部分〉，《國軍檔案》，總檔

「開案」計畫之目的，就是計畫在1955 年年底以前，在臺灣完成一戰略性兵力之訓練與準備工作，俾能策應遠東地區若干可能發生之變化，包括對中國大陸作有限度的反攻在內。蔣介石認為目前中共之實力與其所占之優越地位，及其可於同一時間發動攻擊一個據點以上之能力都大有進步，因此臺灣之軍隊必須在最短期間內予以訓練與裝備完成，始可達成其所負擔之戰略任務。[69] 同年 12 月 28 日蔣介石接見雷德福時，並面交特別軍援計畫，即「開字計畫」（「開案」）予雷德福，其自記：「朝課後，準備談話資料，先與勞勃生談話，再與雷德福談話，即以特別軍援計畫面交，并說明其價值數目，總計十三億美金，並不過大，彼亦承認余意。但其聞說經常軍援之三億在外，則忽現驚駭之色，認為此數太大，余乃和悅解釋，如其政府之政策，對華改變積極時，則此數當不為太大，否則政策消極，如今年或更消極，則可延長年期，余自不強求，但希望亦能依此計畫為軍援之目標，不論延展至二年、三年，總要有一總目標，不致軍援成為無目的之物也。彼乃聲明，以私人非正式之文件而接收之。余對此又多得一教訓與恥辱矣。」「午課後記事畢，以今晨對雷談話尚有未盡之詞，且認為恥辱，故心神不安，但毫無愧怍之意，以為

案號：00046081。

69 蔣介石認為中國如有這支戰略性軍隊，將來用於側面攻擊中國南部，將可分散並牽制中共軍力若干師，使其不得調往越南。「葉部長公超四十三年一四日至美國參謀首長聯席會議主席雷德福上將函譯文」（1954年 1 月 4 日），「葉部長公超四三年一月四日致美國聯參會主席雷德福上將關於「開案」之修正本」，〈美國對我特別軍援（開案）軍協部分〉。

提此計畫是余應有之權利與本分，惟對雷之難色，則更識其人之不大與無量而已。」[70] 另外在上月反省錄中也記到：「月杪向雷德福提出軍援特別開字計畫，雖受羞辱，但於心無愧，且必須如此有目標之整個計畫，方不失其軍援之意義，而且終將實行也。」[71] 從蔣日記可以歸納出，這項特別軍援計畫金額高達13 億美元，並且排除例行軍援之金額，當雷德福聽到這個計畫及金額之後，表現出驚訝的表情，並且還表示這份計畫需視為非正式之文件後，才肯收下這份計畫。然而此舉讓蔣很受傷，並自記表示，爭取軍援以建立一支隨時可以投入作戰的戰略部隊是必要的、積極的政策，並且是刻不容緩。基於這樣的理由，雖受羞辱但問心無愧。但若真如此，蔣介石就不會提到其心神不安，患得患失的表現了。「開案」概要表如表1-6 及表1-7。

70 秦孝儀總編纂，《總統蔣公大事長編初稿》，第 12 卷，1953年12月 28日記事，頁 262-263。

71 秦孝儀總編纂，《總統蔣公大事長編初稿》，第 12 卷，1953年12月 31日記事，頁 263。

表1-6　1954年至1955年中華民國特別軍援計畫（「開案」）概要表[72]

區分	內容概述
目的	建議於1955年年底以前，在臺灣建成一支最低限度的戰略性武力，俾能策應遠東地區若干可能之急變，包括對中國大陸作有限度的反攻在內。
實施時間	一、增員訓練之實際行動，自1954年7月1日開始，至1955年12月31日完成。 二、1954年7月日至6月30日，為獲得中美協議及完成一切細部計畫與實施本計畫所需初步設施之完成時間。 三、美援支持須與本案之軍援平行配合。
軍援性質	一、本計畫之性質為1952至1955會計年度一般軍援以外之特別軍援。因此，凡在一般軍援內已有者概不計入特別軍援。 二、本計畫應增加之海軍艦船，請美方以撥借方式行之，不入列特別軍援之概算項內。
建軍目標	一、陸軍： 包括現有部隊在內，共編成4個野戰軍團，共轄12個軍，內包括36個步兵師，4個裝甲師，此外另建立1個傘兵師。 二、海軍： 現有之6個艦隊數字不變，惟其主要軍艦應予充實並將登陸運送船隻之噸位增至44萬4千噸，同時將現有艦隻中之老舊，不堪修理及配件缺乏之非美式艦隻，予以除役，其編成如下： 第1艦隊　驅逐艦DD 6艘（其中2艘正向美國接收中）。 第2艦隊　護航驅逐艦DE 16艘（現有6艘）。 第3艦隊　掃雷艦AM 12艘、AMC 8艘、佈雷艦CMC 6艘，共22艘（現有AM 8艘、CMC 2艘）。 第4艦隊　砲艦FG 9艘、巡邏砲艦PGM、PCC、PC 15艘，共24艘（現有堪用PG 9艘、PGM 5艘）。 以上四個作戰艦隊共5萬9,600噸。 登陸艦隊　以一次能運送一個標準式野戰軍團實施兩棲登陸為目標，除中國商船可臨時徵用24萬噸外，尚須列入海軍登陸艦隊者35萬7,500噸計： 登陸指揮艦AGG 4艘（現有艦隻可改裝2艘）。 中字型登陸艦LST 40艘（現有10艘）。 美字型登陸艦LSM 30艘（現有10艘）。 火箭艦LSM 4艘（現無）。 人員運輸艦APA 7艘（現無）。

72 「1954年至1955年中華民國特別軍援計畫（開案）」（1953年12月26日）。

區分	內容概述
建軍目標	貨物運輸艦 A KA 7 艘（現無）。 登陸船塢艦 LSO 4 艘（現無）。 後勤艦隊　因登陸艦隻之一部可肩負後勤任務，故除現有堪用 12 艘外，僅另增修理艦 ARL 兩艘連同現有共 2 萬 6,700 噸。 陸戰隊　仍保持現有之 2 個旅。 三、空軍： 將第一線飛機之編制數由 556 架擴增至 767 架，同時將現有部隊中之型式老舊，性能低劣及零件缺乏之飛機，一律予以淘汰換新。 第一線之部隊單位，應由 8 又 3 分之 1 大隊擴增至 10 個大隊另 3 個獨立中隊，作戰飛機經常保持編制數 767 架。其編成及機種型如表 2-7。
達成方法	在未實施反攻以前，為使政府財政不致超過其負擔起見，應將建軍目標之各部隊分為「常設部隊」與「動員編成部隊」；其人員分為「常設人員」與「動員召集人員」。並依「常設部隊及常設人員」、「動員編成部隊及動員編成人員」、「增員訓練」、「武器裝備支持」及「軍協支援」等五大項進行整編。
特別軍援之明確範圍	一、裝備部分 1、陸軍： 常設部隊之 1 個傘兵師及動員編成部隊之 1 個中國標準野戰軍團又 1 個軍之武器裝備。 2、海軍： 在「中國海軍特別軍援艦型數量及到達時間預定表」所列之各型艦隻，全部列入特別軍援。但該表內 1954 年 1 月至 6 月之時間內所列入之 14 艘，因已獲得美方通知準備接收應除外，又凡在 1955 會計年度之一般軍援內可以獲得者應除外。（1955 年度按尚未獲得美方同意）。 3、空軍： 戰鬥機 F-86，1 個大隊 戰鬥轟炸機 F-84，1 個大隊 中型轟炸機 B-47（或 B-29），1 個中隊 輕轟炸機 B-26，1 個大隊 運輸機 C-119，1 個大隊 偵察機 RB-29，1 個中隊 以上各型飛機共 312 架（包括換新飛機在內）及新增下列地勤部隊之全部裝備： 基地勤務大隊，2 個。 修護補給大隊，2 個。 氣象區臺，2 個。 醫務中隊，2 個。 又上列各型飛機數，係將一般軍援五二至五四案之已獲准數及五五草案內之中方提議數一併除外。

區分	內容概述
特別軍援之明確範圍	二、軍協部分 1、凡配合陸海空軍擴增兵力所需之一切設施及油料消耗等均屬之，但應擴增之訓練設施： 陸軍：以同時容納 5 萬人為滿足（現有設施已可容納 2 萬人，五五軍援草案已列 1 萬人均在外）。 海軍：以同時容納 7 千人為滿足。 空軍：以同時容納 6 千人為滿足。 2、上述增員訓練期間共 6 萬 3,000 人之維持費。 3、擴軍所需增員 34 萬 1,700 人（內陸軍增員 30 萬人，海軍增員 2 萬 6,000 人，空軍增員 1 萬 5,700 人）之全部被服裝具（動員擴軍時立有足夠數量可以使用。 註：本案之軍援範圍係以中國政府所提出之五五軍援建議案全部為美國政府所接受為條件。倘美方未予全部接受，則本案所列之軍援範圍自有加以調整之必要。
概算	特別軍援之明確範圍，概算所需金額如下： 一、裝備部分： 陸軍：約美金 10 億 4,844 萬餘元。 海軍：僅計維護設備約美金 195 萬餘元。 空軍：約美金 1 億 5,808 萬餘元。 以上三項共約美金 12 億 848 萬餘元。 二、軍協部分： 陸軍：約美金 6,338 萬餘元。 海軍：約美金 3,833 萬餘元。 空軍：約美金 3,384 萬餘元。 以上三項共約美金 1 億 3,556 萬餘元。 以上裝備及軍協兩部分總計約美金 13 億 4,404 萬餘元。

表1-7　「開案」空軍編成及機種型式一覽表[73]

品項	型式	編組		數量	備考
戰鬥機	F-86	3 大隊		225 架	
戰鬥轟炸機	F-84	3 大隊		225 架	
中型轟炸機	B-47	1 大隊	2 中隊	32 架	
巡邏轟炸機	P-4Y		2 中隊	32 架	
輕型轟炸機	B-26	1 大隊		64 架	或其他機型
運輸機	C-46	2 大隊		64 架	
	C-119				
偵察機	RB-29	2 中隊		18 架	
	BT33				
全天候攔截機	F-94	1 中隊		25 架	

73 〈1954年至1955年中華民國特別軍援計畫（開案）〉（1953年12月26日），〈美國對我特別軍援（開案）軍協部分〉。

從表 1-6 文本摘要中瞭解這一特別軍援計畫，總金額高達美金13 億 4,404 萬餘元，超越了1950 年美國重啟軍援至1954 年 6 月底軍援 11 億 9,400 餘萬美元的金額，[74] 接近 1951 至 1965 年美援的總數之多。[75] 美援期間，對臺美援約占美國對東亞地區每年援助總額的 15% 至 25% 之間，[76] 對臺灣經濟影響巨大而且深遠。[77] 同時，這筆鉅額的特別軍援計畫還排除年度例行軍援，[78] 因此，蔣介石提出計畫之後，抱著非常大的希望，並且持續關切與推銷這項特別軍援計畫。[79] 然而，從1953 年底將計畫交付雷德福開始，至1954 年一整年

---

74 11億 9,400餘萬美元的美援，軍援約占三分之二，數目約為 7億 9 千餘萬美元；經援配合美援（所謂軍協）部分，尚不包括在內。薛月順編輯，《陳誠先生回憶錄——建設臺灣》，上冊，頁 391。

75 美國自 1951年開始至 1965年為止，對臺灣的經援計有 14億美援及 26億 3千 4百萬的贈予性軍援。贈與性軍援包括國軍國軍所需之裝備、零附件等。國防部史政編譯局編，《美軍在華工作紀實．顧問團之部》，頁 109。

76 約合每人每年 10 元美元，15 年間，美援中之資本援助占臺灣資本形成毛額 34%，且在外貿上，每年彌補財貨或勞務入超額約 91%。Neil H. Jacoby, *U.S. Aid to Taiwan* (New York: Frederick A. Praeger, 1967), p. 11; pp. 38-54.

77 就美援對外匯的貢獻而言，由於 1958年以前臺灣的出口不多，每年最多只有二億美元，而每一年一億美元的美援，所占的比例甚高，對當時進口資金的支援、國際收支的平衡，都是重要的關鍵。李國鼎、陳木在合著，《我國經濟發展策略總論》，上冊，（臺北：聯經出版，1988），頁 24。

78 年度經常性軍援數目約 3億美元，Jie Chen, *Ideology in U.S. Foreign Policy: Case Studies in U.S. China Policy* (Westport, Conn.: Praeger, 1992), p. 44.

79 「葉部長公超四十三年一四日至美國參謀首長聯席會議主席雷德福上將函譯文」（1954年 1 月 4 日），〈葉部長公超四三年一月四日致美國聯參會主席雷德福上將關於「開案」之修正本〉，〈美國對我特別軍援（開案）軍協部分〉，《國軍檔案》，國防部藏，總檔案號：00046081。

期間，蔣介石在日記中不斷寫下對「開案」的想法和期待。1954 年 1 月 2 日上星期反省錄：「年初心理似覺有一種新希望在前引導，並不如往年之憂慮。而惟一目的乃在特別軍援計畫之成功，但國際環境只在拖延時間，未可樂觀耳。」[80] 為使美方正視本案，蔣介石採用多方管道，在 1 月 4 日召見嚴家淦、周至柔、葉公超等人之後，指示經援、軍援相關問題：「召見至柔，對蔡斯（William C. Chase）交特別軍援計畫辦法，并指示公超修正特援計畫序言，以策應遠東各地變亂之準備為主旨，而以局部反攻大陸亦在其內附帶說明之。」[81]

葉公超受命後，於 3 月 23 日致函雷德福：「閣下當憶及前次訪臺時，蔣總統曾與閣下論及『開』案，及後，本人並曾將該案全文，連同本人箋函一件併達閣下。本人茲奉總統之命詢明閣下曾否獲暇研究該案，并是否願將卓見告彼。如承以密函逕復，尤為彼所深盼。」[82] 為了說服美方，蔣要求國防部於 4 月間完成〈「開案」有限度反攻華南作戰研究〉，本案將視遠東局勢之發展，及「開案」準備完成之時間，概定於1956年夏季以後，為開始作戰時間。全案區分兩階段作戰，作戰期程概定 5-9 個月完成華南地區之占領。[83] 4 月 30

80 秦孝儀總編纂，《總統蔣公大事長編初稿》，第 13 卷，1954年1月 2日記事，頁 2。

81 秦孝儀總編纂，《總統蔣公大事長編初稿》，第 13 卷，1954年1月 4日記事，頁 2-3。

82 秦孝儀總編纂，《總統蔣公大事長編初稿》，第 13 卷，1954年2月 3日記事，頁 48-50。

83 〈「開案」有限度反攻華南作戰研究〉（1954 年 4 月），《國軍檔案》，總檔案號：00041951。

日接見蔡斯與陸戰隊編組顧問米勒提到「開案」，蔣認為蔡斯等不能自行決定，應該還在等待美方的指示，所以未有回應，不是意外之事。[84] 雷德福對於3月23日葉公超所致信函，在5月4日也有所回應。雷德福表示，對於維持24個不足額師之意見，頗感興趣。但要運用這24個師，必須維持訓練的指揮及參謀機構，而這一計畫已考慮此項的可能性，對此一點尤表贊同。然就此點徵詢美軍顧問團團長蔡斯意見，蔡斯對此計畫於開始及日後繼續所需之費用，尚有若干意見，在此情形下，目前不宜在華府有進一步之行動。[85]

5月11日，蔣介石對於美國總統艾森豪特使符立德（James A. Fleet），以及美國國防部次長麥克尼（Wilfred J. McNeil）即將來訪，特別在日記中寫下應該直接告知符立德「開案」事宜：「指示對符理德商談軍援要旨，應直接提出開字計畫付之討論，以此為中心也。」[86] 13日接見符立德及麥克尼時，還特別提起開計畫與外圍島嶼之重要性，使其特別注重。[87] 5月24日與符立德第四次談話中，再次強調「開案」對臺灣的重要性，蔣認為美方加強臺灣反共實力之初步辦法，就

---

84 秦孝儀總編纂，《總統蔣公大事長編初稿》，第13卷，1954年4月30日記事，頁87-88。

85 「美國參謀首長聯席會議主席雷德福上將致葉部長函）」（1954年5月4日），〈一九五四年至一九五五年中華民國特別軍援計畫（二））〉，《蔣經國總統文物》，國史館藏，典藏號：005-010202-00004-003。

86 秦孝儀總編纂，《總統蔣公大事長編初稿》，第13卷，1954年5月11日記事，頁86。

87 秦孝儀總編纂，《總統蔣公大事長編初稿》，第13卷，1954年5月13日記事，頁77-78。

是幫助我「開案」之實現，而後我對於抵抗共黨，才能在此基礎上發展，請其務必向艾森豪總統說明「開案目的僅在防守臺澎及其外島，並非可用以反攻大陸之大計劃，防衛之餘，如再有力量，則可隨時隨地應美國之調用。如將來時局許可美國能同意我反攻大陸時，則此軍力亦可成為小型之基礎，不致臨渴掘井也。」[88] 總之，在此小型軍力建立之後，無論在戰略政略方面，均將隨從美國之後，而決不會擅自行動，請艾總統對蔣加以信任。[89] 蔣不斷強調這支戰略部隊未得到美方同意之前，僅為防守臺澎及外島之用，除非美方同意，否則不做他用。事實上，當時艾森豪也認為蔣介石應承認：將沿海島嶼據點，「作為前哨，而非大本營」（outposts, not citadel）之用途。兩者之意向，自此終於有了交集。[90] 7 月 3 日蔣介石為符立德等一行餞行晚宴上，席間符立德表示對「開案」之整軍計劃甚表贊同，[91] 正在促請華府考慮之中，至此，蔣的低調與卑微的期盼終於有了稍微正面的回應。[92]

88 秦孝儀總編纂，《總統蔣公大事長編初稿》，第 13 卷，1954年5月 24日記事，頁 103-104。

89 秦孝儀總編纂，《總統蔣公大事長編初稿》，第 13 卷，1954年5月 24日記事，頁 103-104。

90 Gordon H. Chang, *Friends and Enemies: The United States, China, and the Soviet Union, 1948-1972* (Stanford: Stanford University Press, 1990), p. 134.

91 符立德的認知蔣介石除現有 2 個兵團包括 24 個步兵師外，尚應有 1 個兵團包括 10 個不足額師。〈對美外交（十二））〉（1954年 7 月 3 日），《蔣中正總統文物》，典藏號：002-0801060-00034-015。

92 秦孝儀總編纂，《總統蔣公大事長編初稿》，第 13 卷，1954年7月 3日記事，頁 136。

9月21日蔣介石為軍援事宜，接見藍欽（Karl Lott Rankin）及蔡斯（William C. Chase），促彼等將其意見轉告美國政府：「指示其軍協一億美圓之急迫需要，時間已過三個月，不可再事延宕，故特為面屬轉告其政府以余之意見，及至最後，彼稱昨雷德福來電稱對華軍援一如去年，尚無新政策改變其意，等於開案之特別援助無法實施也。余乃嚴正責備，美政府政策對中國之無視與欺侮太過，今日世界反共之戰事惟在我金門、大陳對戰，往昔韓越一有戰事，美國立即以最優先往援，而我金門情勢如此，而美則反而斷絕接濟，即前已答應之F86機亦杳無消息，殊太不忍，屬其轉報政府為要。」[93] 蔣對於九三砲戰以來，美方處理的態度對照於韓、越戰事，至為不滿。而「開案」又無新的進展，[94] 蔣認為美方對中華民國政府欺侮太過。而在9月23日外交部次長沈昌煥與藍欽的談話記錄中，藍欽也提到：「貴國總統曾謂，美國對臺灣漠不關心。」[95] 此次談話中，藍欽對「開案」提出看法，直指「開案」有兩大缺點：

---

93 秦孝儀總編纂，《總統蔣公大事長編初稿》，第 13 卷，1954年9月 21日記事，頁 177-178。

94 蔣介石與杜勒斯談話中略提「開案」，但無反應。特將此事高告知宋美齡。〈蔣中正至宋美齡函（七）〉（1954年 9月 10日），《蔣中正總統文物》，典藏號：002-040100-00007-047。

95 此次談話紀錄，沈昌煥指示轉發總統府秘書長張羣、行政院秘書長陳慶瑜，以及國防部代參謀總長彭孟緝。「查美國大使藍欽曾於本月二十三日來部晤談，曾談及協案與開案」，〈中外會談紀錄〉（1954年 9月 25日），《國軍檔案》，總檔案號：00000501。

一、擴充海軍之計畫過於龐大——大量擴充海軍，所費不貲，且非數年時間不為功，本人相信將來中美將並肩作戰，目前貴國海軍基礎脆弱，美國已擁有強大之海軍，貴方似可不必做此糜費金錢而需時甚久之舉。

二、空軍之擴軍計畫亦龐大，估計其所需用費併同海軍方面所需者約達十五億美元。貴國空軍基礎較海軍為優，殆無疑問，但自美方觀點，貴國空軍充實後，故可擔任戰術性任務，以配合陸、海軍作戰，若欲與美國空軍一樣擔負戰備性以外之各種任務，則不易辦到。現貴方已有基礎穩固人力雄渾之陸軍，如貴方強調陸軍以增加其戰力之必要，諒亦為我政府所接受。本人對貴國陸軍深具信心，將來若在美方海空軍及補給支援下登陸華南當可擊敗匪軍。[96]

換言之，美方對我「開案」乃採敷衍性的作法，先前也就因為美方在國軍反攻的態度上搞曖昧，蔣介石才會提出「開案」，希望建立一支戰略部隊，隨時可以遂行任務。現在美方反而表示說：海空軍擴軍過於花錢且曠日廢時，國軍將來進行反攻作戰時將可獲得美海空軍支援，以此論調搪塞中華民國政府，其態度可見一斑。

96〈查美國大使藍欽曾於本月二十三日來部晤談，曾談及「協案」與「開案」〉（1954年9月25日），《國軍檔案》，總檔案號：00000501。

等待不到美方善意回應，蔣介石再度爭取主動。10 月 26 日致電葉公超，「要求再向美方交涉爭取並對開案提出補充事項，事項如下：甲、開案步兵三十六個師如不能全數照辦，望能先得半數，即其現允二十一個師，以三十六個師計算，則尚缺十五個師。今年先能補足六個師，共為二十七個師（前所交涉二十四個師自當在內）。乙、海軍部分望能再撥驅逐艦四艘，補足其前已允之六艘，又登陸艇（中字號）現在能用者只有九艘，而美顧問團，凡是外島運輸不許我雇用商船，必須由海軍負責專運，因之對外島應急運送之物品，堆積延擱，照目前能力，三個月內亦不能運完，故至少須撥補我中字號登陸艇卅艘方能應急。丙、海軍陸戰隊完成一師半之編制，現在只足一個師，早已由美顧問團同意，而至今尚未得其國防部命令，以致延擱不能改正，亦望從速決定。此皆可以直告雷德福將軍，務希其設法速辦為盼。」[97] 蔣採取部分妥協，以減少特別軍援裝備的量，希望能得到美方的善意。此時陸軍第三次整編已編成2 個軍團21 個師，如以特別軍援擴軍之軍師數量36 師來看，那麼美國還要再增加國軍 15 個師，顯然有違過去美國堅持 21 個師的立場與原則，[98] 海、空軍的情況也是如此，美方當然不會同意。[99]

97 秦孝儀總編纂，《總統蔣公大事長編初稿》，第 13 卷，1954 年 10月 26日記事，頁 206-207。

98 「三十九年至四十三年國軍軍師部隊整編概況表」，〈國防部參謀總長職期調任主要政績（事業）交代報告〉（1954年 6 月），《國軍檔案》，總檔案號：00003712，附錄一。

99 1954年 10月 25日葉公超與顧維鈞在華盛頓同訪雷德福，雷德蔣介石始終沒有放棄爭取「開案」特別軍援的獲得，12 月10 日再致電葉公超，強調對於開案計畫，我方始終不宜放鬆為要。[100] 同時在12 月 2 日國防部完成「開案」軍協部分需求案—代名為「協案」的計畫，這份計畫乃是「開案」軍協部分的修正版。因為我方「開案」原訂時程自1954 年7 月1 日開始實施，但到了1954 年底仍未獲得美方之答覆，所以提出「開案」軍協部分的需求，原「開案」軍協部分計1 億 3,556 萬餘元，修正為1 億 1,261 萬餘元，實施時間也從18 月縮短為12 個月，預定從1955 年1 月至1955 年12 月結束。[101]

對於「協案」修正案，美軍顧問團蔡斯於12 月27 日函覆國防部，其函覆有兩大部分，第一部分是強調對「協案」沒做審閱。蔡斯認為從「協案」計畫中清楚發現：1、現有資源似未能充分利用。2、所請求之數量似未能與需要數成比例（尤其是油料一項，請求數量超出目前全國全部陸軍部隊之消耗量）。第二部分，對「協案」修正計畫逐項審閱之後，發現幾項問題：1、所建議之訓練是否能在不嚴重妨礙現行陸軍訓練下實施，頗

福以當面告知「開案目前美國恐無法接受。「葉公超電蔣中正據雷德福將軍稱開案目前美方無法接受另美國防部只願支持我軍二十一個足額師之裝備若我需獲得正常軍援外之援助需經一定程序方能決定等美軍援事」（1954年 10月 27日），〈對美關係（六）〉，《蔣中正總統文物》，典藏號：002-090103-00007-321。

100 秦孝儀總編纂，《總統蔣公大事長編初稿》，第 13 卷，1954 年 12月 10日記事，頁 259。

101 「『開案』軍協部分需求案—代名為『協案』」（1954年 12月 2日），〈美國對我特別軍援（開案）軍協部分〉，《國軍檔案》，總檔案號：00046081。

為懷疑。2、對運用有限經費以採購並屯儲34 萬1,700人之裝備，欠難同意。3、對必須建築營房以供充員兵12 個步兵師全部 3 萬 7,993 人之居住，欠難同意。4、舉凡服裝、個人裝具以及給養包括食品、薪餉及油料等項之全部費用每人每年在訓練上已超出860 元美金之多，此一費用尚未包括營房、訓練等費用，則已超過現有陸軍部隊之經費。[102] 從蔡斯回覆的意見，也就是要明白告訴中華民國政府，美方不同意也不支持這項修正案，蔣介石一心想建立的這支最低限度戰略部隊也就胎死腹中了。

第五節　反攻作戰的可能性分析

1950 年代初期，國軍研擬許多軍事反攻的計畫，但從這些計畫文本中卻無法理解國軍擁有60 萬人以上之軍隊，且在韓戰之後美國杜魯門總統也派遣第七艦隊協防臺灣，國軍在有軍隊、有後盾的情況下，為何沒有出現大規模的軍事反攻行動，中華民國政府與軍隊到底有哪些窒礙難行的因素？讓我們再一次檢視這些軍事反攻的計畫文本，並試著從中華民國政府的處境、美國的態度、共軍的能力，以及國軍在反攻登陸作戰應具備的條件等方面，來解析反攻作戰的可能性。

102 "Comments on Revised Hsien Plan", December 27, 1954，〈國防部與美軍顧問團文件副本彙輯〉，《國軍檔案》，總檔案號：00003208。

一、中華民國政府的處境

韓戰之前臺灣安全受到中共嚴重威脅，共軍磨刀霍霍隨時有進犯臺灣的可能，對於在臺灣的中華民國政府可以支撐多久，多方揣測，但多屬悲觀。此時的中華民國政府自我防衛尚有問題，「反攻大陸，消滅萬惡共匪，解救大陸同胞」等口號，純屬精神層面，鼓舞士氣所用。韓戰之後，第七艦隊協防臺灣，讓臺澎地區安全得到協助。[103] 這樣的情勢變化鼓舞了蔣介石，同時也給國軍帶來了希望。[104] 因此國軍所研擬的各種反攻計畫，包含了突擊作戰、有限目標攻擊，以及大規模反攻作戰等反攻模式。前述計畫在立案假定上，都是以美方第七艦隊持續在臺海上巡弋並協防臺灣為前提，[105] 這樣的假定，是將臺灣的安全建立在美方對臺的政策與利益之上。而第七艦隊協防範圍與時機，僅限於臺澎遭

103 在「中國國防部對中國國軍與美國第七艦隊共同保衛臺灣協同作戰計劃之意見」中，有關作戰目的：「一、中國國民政府以確保臺灣為收復大陸之基地。美國政府防衛臺灣被侵之目的為維持太平洋區域之安全，但中國政府堅信惟有收復大陸始可獲取太平洋永久安全與和平，惟目前雙方之目的相同，因此中美兩軍需要密切協同作戰以期有效達成任務。（本件內地名「臺灣（FORMOSA）包括澎湖列島及所有臺灣行政管轄之沿海島嶼」。「中國國防部對中國國軍與美國第七艦隊共同保衛臺灣協同作戰計劃之意見」（1950年 7月 30日），〈中美共同協防作戰計劃案〉，《國軍檔案》，檔號：541.3/5000.2。

104 李潔明著、林添貴譯，《李潔明回憶錄》，頁 54。

105 在國防部反攻大陸作戰計畫第 3次會議中，與會將領發言踴躍，對於蔣介石指示三案：第一號作戰計畫（突擊作戰）、第二號作戰計畫（有限目標攻擊）、第三號作戰計畫（大規模反攻），考慮因素甚多，最低限度之條件即要求第七艦隊不能撤離臺灣，如我自動要求解除中立化，或以行動突破中立化進攻大陸，實施第一、二作戰計畫時，則第七艦隊一定不協助而撤離，臺灣非不能拖美國下水，而反減弱美軍援力量。「反攻大陸作戰計畫研討第 3次會議紀錄」（1951年 1月 24日）。

受共軍攻擊，國軍進行防衛作戰時，美軍才會進行協防。[106] 然而，假設中華民國政府吹起反攻號角，事前若無美方的同意，美方並不會支持這項行動。換言之，第七艦隊將會駛離，臺澎安全立即成為問題，這將使中華民國政府無法傾全力進行反攻大陸的各種作戰。[107]

二、美國在亞太的利益

在韓戰之前，麥克阿瑟即意識到臺灣如落入到共產集團手中，將會危及美國在亞太地區的利益。麥克阿瑟認為就蘇聯戰略考量而言，臺灣將是非常適合設置成為蘇聯亞洲區之海軍前進基地。[108] 另麥克阿瑟根據華盛頓及東京軍事情報機構所提供的情資，若臺灣被共產勢力佔領，蘇聯將會讓後勤體系藉由西伯利亞鐵路從土耳其、貝加爾湖、哈薩克一路向東延伸，進入中國大陸後經天津一線，一路向南到上海並到臺灣，藉由此線向

106 如臺灣遭受攻擊，第七艦隊已奉令執行軍事行動，以阻止進犯部隊對臺灣澎湖之侵犯；臺灣沿岸 10浬以內為「內防區域」，由國軍負主要責任。"Commander Seventh Fleet Plan for Conducting Operations to Prevent the Invasion of Taiwan and the Pescadores; forwarding of., August 13, 1950, Files Number: A16-1，〈中美共同協防作戰計劃案〉。

107 杜魯門總統於 1950年 6月 27日決定，麥克阿瑟有權力運用遠東兵力可以阻止海峽兩方互相攻擊。除了總統之外，沒有人可以下達同意臺灣向中國大陸發動攻擊的命令。"Note by Secretaries to the Joint Chiefs Staff on Defense of Formosa Reference: J. C. S. 1966/38", August 4, 1950, J. C. S. Part II, 1946-1953, Files Number: J. C. S. 1966/51, pp. 242-244.

108 "A Report by the Joint Strategic Survey Committee on General Policy of the States Concerning Formosa", July 26, 1950, J. C. S. Part II, 1946-1953, Files Number: J. C. S. 1966/34, pp. 153-154.

東提供後勤支援。[109] 如果情勢如此發展，臺灣淪陷將使日本與菲律賓之間島鍊連結產生斷裂。為維護美國在這個區域的利益，美國必須確保臺灣不落入共產勢力的掌控，有鑑於此，麥克阿瑟建議儘速對臺灣軍力進行調查。[110] 韓戰之後，美方為更瞭解中華民國在臺澎地區的戰力，特別在1950 年8 月5 日至26 日間，由東京派遣一支由陸海空軍依比例所組成的調查團，到臺灣進行調查。本調查團總共由37 位軍官組成，調查結束後，完成一份「中華民國軍隊所需軍援調查報告」（代名：FOX REPORT）。[111]「FOX REPORT」對美國參謀首長聯席會有兩項建議：一為中華民國國軍物資短缺，建議由美國國防部派出部會等級的調查團隊進行調查並提

109 "A Report by the Joint Strategic Survey Committee on General Policy of the States Concerning Formosa", July 26, 1950, pp. 154-155.

110 關於此項建議，在 1948年 11月國共戰爭戰局逆轉開始，美方就已開始討論。相關討論如下：1、「臺灣對美國極具戰略重要性」（17 August, 1949, Files Number: J. C. S. 1966/17）。2、「假設臺灣被共產勢力奪取，將嚴重影響美國安全。」（24 November, 1949, Files Number: J. C. S. 1966/1）。3、「以美國軍事利益而言，臺灣持續成為反共基地對美國是極為有利。」（2 May, 1950, Files Number: J. C. S. 1966/25）4、「未來狀況發展，是否會導致臺灣成為影響國家安全的因素」（22 March, 1949, Files Number: J. C. S. 1966/11；17 August, 1949, Files Number: J. C. S. 1966/17）。"A Report by the Joint Strategic Survey Committee on General Policy of the States Concerning Formosa", July 21, 1950, J. C. S. Part II, 1946-1953, Files Number: J. C. S. 1966/34, p. 150.

111 "Fox Report", September 11, 1950, J. C. S. Part II, 1946-1953, p. 1. "Fox Report"，應是以美軍調查團團長福克斯（Fox, Alouro P.）將軍之名作為報告名稱，而福克斯係為麥克阿瑟之參謀長。見卡爾．L．藍欽原著，徵信新聞報編譯室譯，《藍欽使華回憶錄》，頁 56，以及陶文釗主編，《美國對華政策文件集》，第二卷，上冊（北京：世界知識出版社，2003），頁 67。

供適用的軍援；另一為國軍所欠缺之零附件。[112] 換言之，美國軍方認為國軍之軍隊欠缺後勤能力，而此因素將嚴重影響國軍戰力。而另一項美方的考量就是第七艦隊協防的強度為何？[113] 此事牽涉到美國對臺灣協防的決心。1950 年 8 月藍欽甫至臺北就任時就曾函詢美國政府對於幫助中華民國防衛臺灣的承諾是否肯定？顯示當時美國對協助防衛臺灣的態度並不堅定。藍欽建議美國當局，一個無法長時期承諾的政策，將被中華民國政府解釋為美國的意圖只是繼續支持中華民國政府到韓戰結束，或完成對日和約以後即告終止。[114] 換言之，在前述事項完成之後，美國還冀圖承認中共，這也將讓美國無法獲得中華民國政府的信任。

三、共軍能力

共軍能力的強弱將直接影響臺灣的安全。1950 年 8 月美軍調查團在臺灣進行調查時，同時也蒐集共軍相關軍事情報，並在「FOX REPORT」中也提到當時中共對解放臺灣之兵力、作戰能力與兵力部署方面的情資，適切的提供國、共以外第三者的觀察。[115]「FOX REPORT」提到，即使中共宣稱無視美國第七艦隊協防臺灣的事實，仍要解放臺灣。但以現實狀況評估，中

---

112 "Fox Report", September 11, p. 2.

113 「1950年 8月 29日藍欽致海軍少將賈樂德函」，卡爾．L．藍欽原著，徵信新聞報編譯室譯，《藍欽使華回憶錄》，頁 59-60。

114 卡爾．L．藍欽原著，徵信新聞報編譯室譯，《藍欽使華回憶錄》，頁 56。

115 "Fox Report", September 11, 1950, p. 2.

共不會對臺發動攻擊，除非蘇聯提供海、空軍之協助。中共如果要對臺澎進行攻擊，將會從大、小金門進行攻擊。而就中共兵力方面來看，共軍地面部隊在浙江及廈門周遭地區已駐防 10 個軍及相關後勤單位；在海上能力方面，已有足夠的舢舨、木筏及平底船，以利共軍進行第一波海上攻擊。共軍對金門進行海面攻擊前，將會出動空軍協助第一波登陸攻擊。[116] 在東南沿海對臺澎地區的當面共軍之兵力，計有陸軍 20 個軍，約 60 個師，總數約 63 萬 5 千人（包含後勤單位）。這些部隊駐紮範圍從上海到廣東，大都集中在廈門、福州一帶。60 個師中將會有 25 個師在攻擊發起後留在當地進行戒備，大約 35 個師及後勤單位可對臺灣發起攻擊。攻擊部隊（含後勤人數）大約 36 萬 8 千人，共軍兵力部署如圖1-1。而海上運輸之載具方面，可供渡海之載具可供運送 19 個師。運送載具包含登陸艇（美規或改造格式）、蒸汽船、摩托舢舨、風帆舢舨，總數約 1 萬 3,618 艘。[117] 美軍評估，影響共軍登陸攻擊最大之因素為天候因素，其他包括掩護登陸作戰艦艇有30 艘，包含 1 艘驅逐艦、4 艘巡防艦，極有可能會有掛共軍旗幟的蘇聯潛水艇參戰，[118] 中共在東南沿海之運輸載具及

---

116 "Fox Report", September 11, 1950, p. 8.

117 依據美國第 7 艦隊司令史樞波（Arthur D. Struble）的敵情判斷，中共第一次進犯企圖使用之各種型式船隻，能搭載約 7 萬人。"Commander Seventh Fleet Plan for Conducting Operations to Prevent the Invasion of Taiwan and the Pescadores; forwarding of., August 13, 1950, Files Number: A16-1/000104, p. 2，〈中美共同協防作戰計劃案〉。

118 "Fox Report", September 11, 1950, p. 9.

港口分布圖 1-2。而美方據可靠情報指出，中共空軍約有289 架戰機，大多數為戰機或輕型轟炸機，可運用於先期攻擊或聯合作戰時使用。這些戰機可在東南沿海機場駐紮，近期內沿海機場有大量的構工及維修行動，若再加上蘇聯提供的戰機，共軍有可能會多出100 架以上戰機參加作戰。[119]

圖 1-1　1950 年 8 月共軍在東南各省之兵力部署圖 [120]

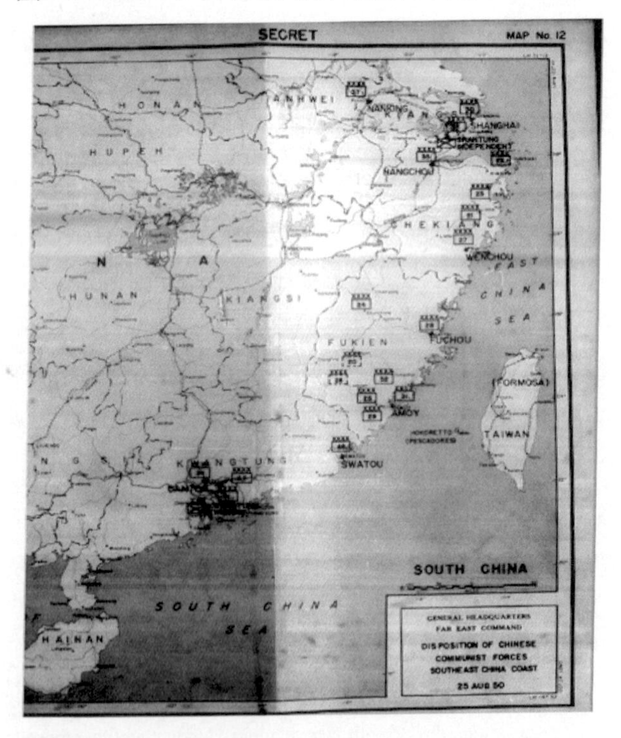

119 "Fox Report", September 11, 1950, p. 9.

120 "Fox Report: Disposition of Chinese Communist Forces Southeast China Coast", August 25, 1950, J. C. S. Part II, 1946-1953, Map No. 12.

圖 1-2　1950 年 8 月中共在東南沿海之運輸載具及港口分布圖[121]

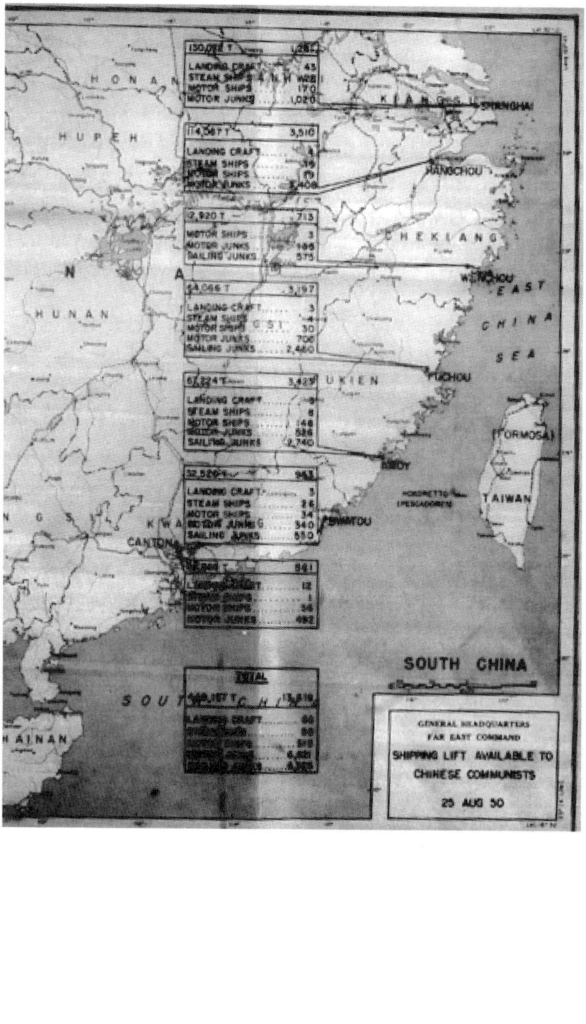

121 "Fox Report: Shipping Lift Available to Chinese Communists", August 25, 1950, J. C. S. Part II, 1946-1953, Map No. 13.

另外，除了美方對中共攻臺可能的兵力判斷之外，1951 年國軍也依據情報對中共與蘇聯在遠東的兵力進行研判。國軍評估共軍在華北、東北及朝鮮半島之兵力不能抽調轉用於東南沿海登陸反攻時，共軍可能參戰之兵力，除華東及東南地區現有兵力 24 個軍外，尚可由西北及西南兩區抽調 4 至 6 個軍，共 28 至 30 個軍可以進行作戰。[122] 而空軍第一線兵力有空軍司令部所轄空軍 2 個師，計各型飛機共 473 架。海軍方面，中共海軍現有艦艇總噸位約 5 萬 7,000 餘噸，主力艦包含輕巡洋艦 1 艘、護航驅逐艦 5 艘、砲艦 10 艘、掃雷艦 6 艘、武裝登陸艇 12 艘，以及若干小艦艇。同時蘇聯也正為中共海軍訓練潛水艇人員，並於中國沿海建立潛艇基地，並於本年內開始建立小型潛水艇隊。[123] 綜上所述，如果中共得到蘇聯的奧援，共軍可能無視第七艦隊協防的事實大膽進攻臺灣，但朝鮮半島戰情的膠著，以及第七艦隊協防的事實，實際上中共並未如預期般對臺灣發動攻擊。[124]

122 「關於匪軍與蘇遠東軍兵力之研判」（1951年1月25日），〈反攻大陸方略草案〉，《國軍檔案》，典藏號 00042021。

123 「關於匪軍與蘇遠東軍兵力之研判」（1951年1月25日）。

124 依據美國中央情報局對中共入侵臺灣危險的評估，只要美國第七艦隊繼續協防臺灣，共軍攻擊臺灣就必須冒著與美軍交戰的風險。而中共領導人就必須評估在內政、外交與經濟等方面更多的利弊，除非蘇聯發動第三次世界大戰。「中央情報局備忘錄」（1950 年 10 月 12 日）收入陶文釗主編，《美國對華政策文件集》，第二卷，上冊，頁 62。

四、反攻作戰的困難

從前述將有助於瞭解共軍攻臺可能遭遇的困難與考量之外，同樣的可以反向思考國軍在反攻大陸時可能會遭遇的困難。

（一）美方的態度。從第七艦隊協防臺灣開始，臺美雙方就已經形成一個默契與共識，就是中華民國政府要反攻大陸必須得到美方的同意，但美國不同意這項方案的政策卻始終沒有改變。

（二）國軍反攻的能力。如果美方不協助，而國軍採取自力反攻的計劃是否可行？

1、在軍備整備方面。1950 年初國軍兵力在陸軍方面，計有13 個軍、41 個師、1 個裝甲兵旅、6 個砲兵團、3 個要塞，人數計33 萬4,377 人。[125] 但各級部隊實際人數不足，急需整編補充。[126] 在海軍方面，有3 個艦隊，共有軍艦及補助艦艇68 艘，計10 萬9 千噸。但因各艦逾齡，時有損壞，配件缺乏，修理困難，依其修理能力，經常約可保持驅逐艦（DD）及護航驅逐艦（DE）8艘及各型砲艦（AM）（PCE）（PG）（PGM）14 艘，各型登陸艇（有武裝）13 艘，共35 艘，共6 萬

125　「反攻大陸計畫要點及我軍戰況」，〈作戰計畫及設防（二）〉，《蔣中正總統文物》，典藏號：002-080102-00008-003。

126　1950年初期，國軍吃空缺的惡習仍然嚴重，直至 1951年初，國軍人數才逐漸核實，惟以逃兵關係冒名頂替者仍多，後國防部採用軍人手牒，統一製作發給三軍官兵持用，按月對照相片驗放，再以驗放所得人數，作為發佈補給人數標準依據；隔年則將軍人手牒改為軍人身份補給證，作為身份證明與領取各項補給品唯一憑證。〈國防部參謀總長職期調任主要政績（事業）交代報告〉（1954年 6月），《國軍檔案》，總檔案號：00003712，頁 208-209。

8 千噸。此外，小型砲艇可經常保持 42 艘，計 1 百噸以下者 20 艘、1 百噸至 2 百噸者 10 艘、2 百噸至 5 百噸者 12 艘協助作戰。在空軍方面，有 8 又 3 分之 1 大隊，共計各式飛機 352 架，平均約 25% 在檢修中，經常可保持各式飛機約 264 架，分駐於臺灣本島 7 個主要基地。[127]

2、登陸作戰的兵力方面。依照傳統登陸作戰，進攻一方必須3 倍於防守一方的兵力。[128] 而在東南沿海一帶中共駐防陸軍 20 個軍，約 60 個師，總數約 63 萬 5 千人。因此國軍必須有180 萬以上之兵力方有勝算。為能爭取勝利，如果中華民國政府積極動員，以1951 年臺灣省全人口數約750 萬人（原臺灣省全人口650 萬人，大陸來臺者約100 萬）計，除去半數女性，此半數又需除去三分之二老弱幼小，實際壯丁數約100 萬人。但此項壯丁中又需除去免緩役、生產者及技術等人員，實際上能徵集入營者，僅為數 30-40 萬而已。[129] 換言之，就

127 「反攻大陸計畫要點及我軍戰況」，〈作戰計畫及設防（二）〉。另外依據美軍在 1950年 12月 1日對臺灣軍力之統計：1、地面部隊：38萬 3000人、後勤 4萬 5000人。2、空軍部隊：8萬 735人，飛機總數 845架、戰術用 433架、其他 412架。3、海軍部隊：4萬 2,300人，只有輕型船艦。"Report by the Joint Strategic Plans Committee to the Joint Chiefs of Staff on Possible U. S. Action in Event of Open Hostilities between United States and China", December, 27, J. C. S. Part II, 1946-1953, Files Number: J. C. S. 2118/4, p. 49.

128 Earl C. Ravenal, Approaching China Defending Taiwan, *Foreign Affairs*, October 1971, p. 5；轉引邵宗海，《兩岸關係》（臺北：五南書局，2006），頁 428-429。

129 國防部參謀作業時曾評估，徵集臺灣壯丁最多不能超過 40萬，如徵集超過 30萬人對於臺灣省生產經濟稍有影響外，所徵集壯丁年齡不致超過 30歲以外，如征集 40萬人則對臺灣經濟生產有至大之影響，且徵集壯丁年齡應提至 35歲。「國防體系綱要改為國防

算政府大規模動員，徵集年齡提高至35歲，也僅能動員至40萬人，加上國軍現有人數，總數也僅將近百萬而已，在登陸作戰似乎無法佔有優勢。

3、登陸作戰的輸具及後勤能力方面。國軍在運輸船舶整備方面，在登陸作戰時必須能以一次運輸之登陸兵力優於登陸區之共軍兵力，始能爭取登陸初期之勝利。換言之，國軍必須擁有一次運輸3個師的能力（這也是「開案」爭取的重點），但至1957年9月「中興計畫室」對獨力反攻全般問題檢討與研判時所作的結論，就是國軍現有之運輸船舶尚不足運輸1個陸戰師。[130] 由此可知，所有反攻計畫的癥結首在兵力運輸，欲突破此一限制，就必須得到美方支持與援助。

另外，依據從1951年開始美軍顧問團每半年對中華民國之國防部與各軍種之人事、情報、作戰、後勤與政戰等部門所提出的報告中，[131] 可從其中一項「有效

組織法研核經過」（1951年 4月 16日），〈國防體系綱要改為國防組織法研核經過〉，《國軍檔案》，總檔案號：00034207。

130 商船艤裝及民間小船不適突擊登陸之用。「國防部呈蔣中正反攻軍事戰略判斷修正本及國防部中興計畫作業室之組成與進度概況報告書」，〈作戰計畫及設防（三）〉，《蔣中正總統文物》，典藏號：002-080102-00009-002；另雷學明將軍也認為，兩棲登陸作戰中運輸能力是最重要的決定因素，以後來「國光計畫」海軍艦艇的運輸能力來看，能運載一個師的兵力已經很勉強了，詳見林海清、彭大年訪問，彭大年整稿，〈雷學明將軍訪問紀錄〉，收入《塵封的作戰計畫．國光計畫口述歷史》（臺北：國防部史政編譯室，2005），頁357-358。

131 美軍顧問團籌辦之初，規劃在臺之任務主要有二，一為軍事顧問，一為提供軍事教育與訓練。"A Memorandum by the Chief of Staff, U. S. Army on Establishment of a Jusmag on Formosa Note by the Secretaries", March 7, 1951, J. C. S. Part II, 1946-1953, Files Number: J. C. S. Files Number: 1966/56.

戰力」報告中瞭解國軍實際戰力。就以「1953 年上半年報告書」之「有效戰力」為例，顧問團團長蔡斯就對國軍提出警告及應注意事項。報告強調：「如果將後勤因素放入有效戰力評估，陸軍之戰力將極為低落。」[132] 顧問團更認為後勤支援對於陸軍不僅為一種限制，且為一種決定性的弱點。如果國軍對抗一稍有組織與領導之同等兵力之敵軍時，無疑將被擊敗。報告中也進一步指出：「臺灣根本無後勤之能力存在。如果作戰，陸軍作戰能力將受建置補給量及初期裝備準備量之限制，在極少天數之持續作戰內，將消耗殆盡。」[133] 蔣介石對美軍顧問團的評估報告表示深具價值，要求國防部應特別注意研討。蔣認為美方批評正確精細，我們自己對一個部隊的批評都不會如此。倘若國共內戰時期，美軍顧問對我方也能如此，則國軍不致失敗，因此要求對其批評與建議要盡量採納。[134]

綜合以上所述，將有助於瞭解中華民國政府及國軍先受制於國際環境，復又加上後天軍備、人力、物力、動員及後勤等方面的困境，以致於擬定這麼多的反攻計畫，卻沒有任何一次機會能夠加以實踐，這也可以進一步理解蔣介石為何處心積慮要美國提供一筆特別的

132 「美軍顧問團團長蔡斯一九五三年上半年工作報告書」（1953 年 8 月 3 日），〈美軍顧問團團長蔡斯將軍報告書〉，《國軍檔案》，總檔案號：00004407，頁 2。

133 「美軍顧問團團長蔡斯一九五三年上半年工作報告書」（1953 年 8 月 3 日），頁 4。

134 「總統府軍事會談記錄」（1953年 9 月 19 日），〈軍事會談記錄（二）〉，《蔣中正總統文物》，典藏號：002-080200-00600-001。

軍事援助經費，以建立一支戰略部隊的目的。蔣介石「項莊舞劍，意在沛公」的想法，美方當然清楚。以美方立場來看，如果蔣介石擁有了這支戰略部隊，日後如冒險進行大規模反攻將會給美方帶來更多困擾。因此，蔣介石對「開案」表現愈迫切，美方則愈淡然，最後不了了之。這樣的結果，也讓蔣介石日後認真思考「自力反攻」的可能，於是在1960年代有了「國光作業室」的成立與「國光計畫」的出現。[135]

135 國光作業室成立於1961年4月1日，至1972年7月2日裁撤。其任務是以自力反攻為指導，研擬反攻大陸作戰計畫，最後仍因美方反對，以及武器、裝備、後勤補給與輸具等因素無法克服後終止計畫。龔建國、彭大年訪問，彭大年整稿，〈段玉衡將軍訪問記錄〉，收入《塵封的作戰計畫·國光計畫口述歷史》，頁188-217。

第二章　政工制度之重建

國軍政工制度在黃埔建軍時期就已建立雛形。[1] 北伐之前，國民革命軍總司令部設政治部，執行軍隊中之政治訓練計畫，政工制度至此完備。[2] 抗戰剛開始不久，於軍事委員會之下設立政治部，第一任派任的政治部部長為陳誠。陳誠在其回憶錄中提到：

> 當時的政工制度不如現在完密，就已然不大受部隊長的歡迎。從小處說，他們看政工人員「賣膏藥的」，只會耍「嘴把式」，並不能治病；從大處說，他們覺得政工人員如中國古代的「監軍」，或當時俄軍中的「政委」，是不信任部隊長的一種安排，是部隊長的對立物。這兩種看法，都是造成政工人員在部隊中的尷尬地位：認真做一點事，便會製造摩擦；一點事都不做，又會形同贅旒，真是左右為難，進退失據。[3]

政工人員遭受異樣眼光的看待，就陳誠看來，也不能完全怪別人。在政工人員之間也確有一些怯懦幼

1　最初派遣黨代表成立政治部，只是一種觀念上的需要，並無形成一種制度的基礎。國軍政工史編纂委員會，《國軍政工史稿》，第 1編（臺北：國防部總政治部，1960），頁 83-132。

2　陳佑慎，《持駁殼槍的傳教士——鄧演達與國民革命軍政工制度》（臺北：時英出版社，2009），頁 85-99。

3　薛月順編輯，《陳誠先生回憶錄——建設臺灣》，上冊，頁 268。

稚、學能兩無可取的份子，這般人到什麼地方也不會引起別人的敬重，在部隊又焉能例外。[4] 抗戰勝利後，為謀求政治協商會議與美國軍事調處的成功，取消軍委會政治部的建制改設新聞局，[5] 政工制度於是中輟。政治協商會議與美國軍事調處破局之後，國共內戰益熾，於是再改新聞局為政工局，以強化軍隊政治訓練、文化宣傳及民眾組訓等工作。[6]

1949 年大陸淪陷共黨之手，對於失敗的原因有很多的討論，經過深刻檢討之後，認為過去大陸戡亂戰事之所以失敗的原因，在政工方面計有軍隊無核心、官兵失監察、組織不健全、軍心動搖、精神訓練失敗、軍隊與民眾脫節、組訓管理與工作業務不知改進，以及不能做到官兵一體，生活一致等八項。[7] 蔣介石在1950 年1 月 5 日於革命實踐研究院演講中也提到：「我們國家這樣廣大的土地，我們革命這樣偉大的成就，而今天反要退縮到臺灣一個孤島上來，不能不承認我們革命事業，已經失敗了！」[8] 而失敗的原因為何？就制度言，我們之所以失敗，最重要的還是因為軍隊監察制度沒有

4 薛月順編輯，《陳誠先生回憶錄——建設臺灣》，上冊，頁 268。

5 政治部取消改設新聞局緣於政治協商會議與美國軍事調處下的壓力與決定。國軍政工史編纂委員會，《國軍政工史稿》，第五編（臺北：國防部總政治部，1960），頁 1045。

6 國軍政工史編纂委員會，《國軍政工史稿》，第 5 編，頁 1193-1344。

7 國軍政工史編纂委員會，《國軍政工史稿》，第 6 編（臺北：國防部總政治部，1960），頁 1002-1408。

8 蔣介石，〈國軍失敗的原因及雪恥復國的急務〉（1950年 1 月 5 日），《蔣中正思想言論集》（演講），第 23 卷（臺北：蔣公思想言論集編輯委員會，1966），頁 92-93。

確立的結果。[9] 因此，蔣認為：「今天如何重建軍隊監察制度，必須從上到下構成一個公正無私的監察系統，要選擇最積極優秀的幹部來充任政工人員，務使命令貫徹，紀律嚴明。而要做到這一步，首先就要從改革政工制度做起。」[10] 除了制度以外，蔣還認為失敗的另一個原因，就是組織不健全。舉凡黨務、政治、社會及軍事各種組織都不健全，中共看透了我們各種弱點的所在，於是採行政治、軍事各種滲透的戰術，打進我們的組織內部，使我們本身無端驚擾，自行崩潰。[11] 總之，革命事業，今後必須從頭做起，當前最重要就是重建革命軍隊，而建軍的先決條件，第一是建立軍隊監察制度，第二是嚴密軍隊組織。[12] 國軍面對大陸淪喪，軍事失敗的事實，如何另起爐灶，其中政工制度的重建殊為重要。

第一節　政工制度的確立

蔣介石認為國軍監察制度與軍隊組織出現重大問題，以致龐大的國軍組織無法運作順暢，人謀不臧的情形也無法預防於前或懲戒於後，終究一敗塗地。為圖軍隊之新生，最重要就是重建革命軍隊，而建軍之首要條

9 蔣介石，〈國軍失敗的原因及雪恥復國的急務〉（1950年 1 月 5 日），頁 93-94。

10 蔣介石，〈國軍失敗的原因及雪恥復國的急務〉（1950年 1 月 5 日），頁 94。

11 蔣介石，〈國軍失敗的原因及雪恥復國的急務〉（1950年 1 月 5 日），頁 94-95。

12 蔣介石，〈國軍失敗的原因及雪恥復國的急務〉（1950年 1月 5 日），頁 96。

件，就是重建政工制度。重建政工制度必須進行政工制度之改革，[13] 政工改革的目標有六：一為政治幕僚長制之確立；二為監察制度之確立；三為保防工作之加強；四為軍隊黨務之恢復；五為四大公開之實行；六為政治訓練之革新。[14] 早在1949 年10 月蔣介石即指定黃少谷、谷正綱等人成立專案小組，擬訂改革政工制度方案，並會同政工局局長鄧文儀會商討論。[15] 當時所提出來的方案有四：一是如共黨的特派員；二是在部隊成立特務組織；三是設立副部隊長，主持政工；四就是設立政治部。[16] 從1949 年底至1950 年2 月間就政工制度之變革進行密切討論，[17] 2 月12 日鄧文儀彙整各方意見，完成「建立政工制度方案」。「建立政工制度方案」涵蓋政工之業務範圍、政工之領導作風與作法，各級政工機構之編制、政工人事及文書之處理、政工幹部之甄選與訓練、政工器材與政工經費之撥發，以及其他有關政工改制之各種手冊與法令等。[18] 蔣介石並於 20、21 日

13 薛月順編輯，《陳誠先生回憶錄——建設臺灣》，上冊，頁 269。

14 國軍政工史編纂委員會，《國軍政工史稿》，第 6 編，頁 1410。

15 國軍政工史編纂委員會，《國軍政工史稿》，第 6 編，頁 1410-1411。

16 薛月順編輯，《陳誠先生回憶錄——建設臺灣》，上冊，頁 269。

17 1949年 11月 26日呈報「改革政工制度草案」、「國軍各級政治特派員暨政工主官甄選任用辦法草案」、「國軍政治工作領導方法與作風草案」等。「黃少谷等呈蔣中正改革政工制度方案」，〈中央政工業務（一）〉，《蔣中正總統文物》，國史館藏，典藏號：002-080102-00014-004。

18 「鄧文儀呈蔣中正請核定所修訂建立政工制度方案極其相關措施」（1950年 2月 12日），〈中央政工業務（一）〉，《蔣中正總統文物》，國史館藏，典藏號：002-080102-00014-005。

親自主持東南區高級將領第一次及第二次研討會，[19] 會後之分組討論，完成「國軍政治工作綱領草案」，草案中最重要之決定就是將政治部定位為軍隊幕僚單位，政治部主任為部隊長之政治幕僚長。[20]

1950 年3 月，蔣介石在臺復行視事後，任命蔣經國為國防部政治部主任，蔣經國旋即依據蘇聯方式，[21] 積極規劃政工幹部制度之徹底改造。[22] 4 月 1 日，國防部發佈命令：「為適應當前反共抗俄革命戰爭之需要，配合完成軍事全面改革，……特決定加重政工機構之權責，重建政工制度。並自即日起規定國軍政工制度改制，同時頒佈政工改制法規五種。」[23] 改制後的各級政

---

19 第一次會議出席人員計有：國防部代部長顧祝同、次長吳石、蕭毅肅、政工局長鄧文儀、東南軍政長官陳誠、副長官郭寄嶠、林蔚、湯恩伯、政治部主任袁守謙、陸海空軍總司令（孫立人、桂永清、周至柔）及張純、唐守治、沈發奎、劉安祺、戴樸等各軍軍長與政工處處長，以及保安司令部司令彭孟緝、裝甲兵司令、副司令徐庭瑤、蔣緯國，另外還有行政院院務委員蔣經國、王東原、徐培根等人。「黃少谷等呈蔣中正改革政工制度方案」。

20 兩次會議及小組討論有發言表達意見之人士計有：顧祝同、袁守謙、革命實踐研究院第二、三期研究員、周至柔、谷正綱、王東原、徐庭瑤、彭孟緝、鄧文儀等。「黃少谷等呈蔣中正改革政工制度方案」。

21 蔣經國在蘇聯期間，曾於 1927至 1930年間加入紅軍並且進入軍隊學習，對蘇聯紅軍相關制度有深刻瞭解，並在 1927年 6月 4日及 1928年 10月 3日分別寫下〈紅軍〉、〈列寧城中的一個學校〉，表達他對紅軍黨代表制度的觀察與看法。蔣經國先生全集編輯委員會編輯，《蔣經國先生全集》，第一冊（臺北：行政院新聞局，1991），頁 14-20、20-28；另見漆高儒，《蔣經國的一生》（臺北：傳記文學出版社，1991），頁 7-23。

22 陶涵著，林添貴譯，《臺灣現代化的推手—蔣經國傳》（臺北：時報文化，2000），頁 210。

23 附頒法規為「國軍政治工作綱領」、「國軍政治工作幹部甄選辦法」、「國軍政治工作人員人士處理辦法」、「各級政工單位文書處理通則」，以及「各級政工單位印信刊發辦法」等五種。「國防部命令規定國軍政工制度改制自四月一日起實施及頒佈政

工單位，在軍事組織系統上，是各級軍事機關學校醫院及部隊的政治幕僚機構，政治部主任為各該單位主官的政治幕僚長。在工作職權上，政治部主任對其主官之業務，有主動策劃及副署之權，對所屬的政工單位有指揮監督之權，對政工人員的任免獎懲有簽核之權，對政工事業費有支配運用之權。[24] 換言之，政治部主任在部隊指揮體系為部隊長之副主官，但就其業管之工作，儼然於指揮系統之外，另成一個指揮體系。1950 年 4 月 1 日國防部政工局改組為政治部，各級政工處（室）一律改為政治部（處），並於4 月底以前，完成改組工作。[25] 對於政工組織體系方面，在「國軍政治工作綱領」有明確規範政工單位設置辦法及相關規定：

> 一、國軍部隊設政治部，為國防部之幕僚單位，承參謀總長之命，主辦軍隊政治業務。

工改制法規五種」（1950年 4 月 1 日），〈國防部總政治部任內文件（三）〉，《蔣經國總統文物》，國史館藏，典藏號：005-010100-00052-012。

24 1、政治部主任直隸參謀總長，負責策劃政治工作之責，國防部所屬各級政工單位之命令文告，政治部主任應副署，在其主管業務範圍內得對外行文。2、政治部主任，為軍中政治工作之主持與策劃者，有監察風紀，督導軍法執行，參與作戰計畫，協導軍事興革及指揮所屬各級政工單位之權。3、軍事機關部隊學校醫院一切有關政治之命令文告，政治部主任均應副署。4、師以上之政治部主任，在戰地上基於軍事需要，得指揮縣（市）以下地方行政機構社團配合軍事行動，對新收復縣（市）區，並得組織服務辦事處，實施軍事管制，待地方行政力量恢復後，即行結束。「國防部命令規定國軍政工制度改制自四月一日起實施及頒佈政工改制法規五種」（1950年 4月 1日）。

25 「國防部命令規定國軍政工制度改制自四月一日起實施及頒佈政工改制法規五種」（1950年 4月 1日）。

二、各軍事機關學校及部隊師以上單位設政治部，團（包括特種兵團及獨立團）獨立營及醫院設政治處，營設政治指導員，連設政治指導員及政治幹事，獨立排設政治指導員，各級政治部得依業務之繁簡，酌設組織、政訓、監察、保防、通訊，及各種工作隊、軍報社等單位。

三、海空軍軍區設政治部，艦隊大隊設政治處，所屬地面部隊及廠所機構，得依實際需要比照陸軍政工機構之編制設置。

四、各級政治單位，為各該部隊機關學校醫院之幕僚機構，政治部主任，為各該單位主官之政治幕僚長，團以下政工主官，為各該單位之副主官。

五、政治工作人員為部隊內定員，各級政治機構之編制，列入部隊編制之內。[26]

從政工組織體系的架構中，政工人員的編制從上至國防部階層，下至基層的連隊（獨立排）都設有專職之政工部門及政工人員，組織可謂龐大。而政工人員之數量，在1950 年2 月12 日的政工人員報告中，全部計約 1 萬 1 千人。[27] 當政工體系與組織擴大之後，蔣經國

26 「國防部命令規定國軍政工制度改制自四月一日起實施及頒佈政工改制法規五種」（1950年 4月 1日）。

27 「鄧文儀呈蔣中正請核定所修訂建立政工制度方案極其相關措施」，〈中央政工業務（一）〉（1950年 2月 12日）《蔣中正總統文物》，國史館藏，典藏號：002-080102-00014-005。

為防範政工人員因擴權而得意忘形，特別於 1950 年 4 月 20 日發表〈告政工軍官同志書〉：「對於政工制度的改編，政工同志萬不可因此次改制，把地位提高，職權擴大，就到處誇耀，自己以為了不得了。」[28] 同日，國防部政治部也印行〈統一思想與作法：誰配的上做政工〉，強調「做政工並不是做官，……政工不是權利，而是一種光榮的義務。」[29] 蔣經國深知此次政工改制，政工人員大幅擴權，必會遭致各方議論，因此希望透過以上文告，告誡政工人員必須低調，謹慎行事；同時也鼓舞政工人員必須犧牲奉獻，以盡忠報國為唯一志願，而這並非人人可為，而只有意志堅強，有理想、有抱負，有才能的人，才能配上做政工。[30]

國防部政治部為政工最高領導機構，其名稱與各級單位政治部雷同，為易識別，自1951 年5 月1 日起改稱國防部總政治部。[31] 自此，政工制度自成體系更為明

28 「蔣經國呈蔣中正有關政工改制的黨政命令及政治部隊對各級軍政工作人員重要批示」（1950年 4 月 20 日），〈中央政工業務（二）〉，《蔣中正總統文物》，國史館藏，典藏號：002-080102-00015-001。

29 「蔣經國呈蔣中正有關政工改制的黨政命令及政治部隊對各級軍政工作人員重要批示」（1950年 4月 20日）。

30 另「軍隊政工人員的信條」：一、冒人家所不敢冒的險。二、吃人家所不能吃的苦。三、負人家所不能負的責。四、受人家所不能受的氣。「蔣經國呈蔣中正有關政工改制的黨政命令及政治部隊對各級軍政工作人員重要批示」（1950年 6月 19日），〈中央政工業務（二）〉，《蔣中正總統文物》，國史館藏，典藏號：002-080102-00015-001。

31 1951年 5 月 4 日蔣介石批示不必變更。然國防部仍堅持，1951年5月 18日再次上簽蔣介石收回成命，1951年 5月 22日蔣同意予以備查。〈國防部編制案〉（1951年 4月 30日），《國軍檔案》，國防部藏，總檔案號：00027562。

確，因為無論在人事、獎懲、預算編列及經費支用等方面，都不受各級部隊長之指揮與節制，自然慢慢形成部隊中一個新且有權力的組織，而政工制度也確實建立。

第二節　政工制度推動的阻礙

一、高階將領的反對

政工制度的改革尚須克服許多困難及心理障礙，並非一帆風順。[32] 1950 年1 月12 日革命實踐研究院開會研討政工制度問題，蔣介石認為陳誠發言內容對他多有不滿「到研究院開會研討政工制度問題，最後辭修發言，面腔怨厭之心理暴發無遺，幾視余之所為與言行皆為迂談，認為干涉其事，使諸事拖延。臺灣召亂，皆由此而起。聞者皆相驚愕，余惟婉言切戒，以其心理全係病態也，故諒之。」[33] 2 月20 日蒞革命實踐研究院主持東南區政工改制及軍事教育制度會議開會典禮，致詞說明建立軍隊黨務與政工制度改革之重要。但會後自記：「未知聽者高級將領果能略動其心否。」[34] 蔣介石似乎沒有信心，認為他可以說服高級將領同意他的說法。[35]

32 楊維真，〈蔣介石來臺初期的軍事整備〉，「蔣中正研究學術論壇：遷臺初期的蔣中正（1949-1952）」學術研討會，臺北：中正紀念堂管理處、中央研究院近代史研究所、國史館，2010年，頁 253。

33 秦孝儀總編纂，《總統蔣公大事長編初稿》，第 9 卷（臺北：中正文教基金會，2002），1950年 1月 12日記事，頁 10。

34 秦孝儀總編纂，《總統蔣公大事長編初稿》，第 9 卷，1950年 2月 20日記事，頁 47-48。

35 政工局長鄧文儀提到：「政工改制從 1949年 6月東南軍事會議後，即開始研議，但各方面對部隊政工急需改革，均缺乏深切認識，上次高級將領會議，大多數對政工改制尚不贊同。」國軍政除了陳誠之外，孫立人對政工制度也無好感。蔣介石、蔣經國父子為推行軍中政治革新目標，特把政工人員在軍中的權力與地位儘量提高，並在軍中推行「四大公開」運動。[36] 孫立人認為「四大公開」立意雖好，但卻演變成政工人員運用其權責，在軍中監督官兵的思想行為；而為防範共諜滲透，鼓勵檢舉；另各級政工組織及權力運用，鼓勵士兵可以揭發長官，造成軍中官兵互不信任。而形成政工、黨工、特工，三位一體，造成各級部隊長，漸漸淪落到次要地位。自此之後，部隊在軍令系統之外，多了一個政工系統，形成軍中二元領導。[37] 孫立人對政工的質疑並非毫無證據，1952 年 4 月 1 日蔣經國呈蔣介石之「陸海空聯勤四個總部業務現況調查報告書」就針對孫立人掌管之陸軍總部列舉「孫總司令處事雖勤，但因事權叢集一身，未能分層負責，致工作效率甚低。」、「對於國防部之命令，未能貫徹執行，且時加批評。」、「鳳山設有秘密倉庫，儲藏美軍剩餘物資」、「用人偏重（同鄉、同事、同學）關係」、「不參加黨部活動」、「對上級常表不滿，認為國防部對待海、空、聯勤者厚，而對待陸軍者薄」等評語。[38] 另外在1952 年7 月一份政工人員對

工史編纂委員會，《國軍政工史稿》，第 6 編，頁 1413。

36 薛月順編輯，《陳誠先生回憶錄——建設臺灣》，上冊，頁 270。

37 「四大公開」，為給士兵說話的機會，而有「意見公開」之提倡；為使軍中賞罰分明，而有「賞罰公開」之提倡；為使部隊長不能貪污吃空，而有「經濟公開」之提倡；為使部隊長不能任用私人，而有「人事公開」之提倡。沈克勤，《孫立人傳》，下冊，（臺北：學生出版社，1998），頁 714。

38「蔣經國呈蔣中正陸海空聯勤四個總部業務現況調查報告書」

「前第四軍訓班聯誼會最近情形報告」中亦對孫立人與「第四軍官訓練班」成員互動的對話，一字不漏、鉅細靡遺的加以紀錄，並在報告中還特別強調「第四軍訓班聯誼會，在精神上為保證每人工作之安定，及對孫總司令之效忠。」[39] 以上之報告，證明了孫立人對政工人員（制度）的擔憂。孫立人當然也不會漠視政工人員對之監視與指控，因此孫立人常公開說「最厭惡打小報告的人」。[40] 不過，孫立人對政工之敵意與不滿政工擴權的態度，早在1951 年國防部廣設政工機構時就已顯現。1951 年陸軍砲兵訓練處要成立政治部並增加編制，孫立人就將陸軍總部政治部主任蔣堅忍所建議砲訓處政工人員編制數中之政治教官 8 員全數刪除。除此之外，孫立人也不同意將砲訓處政治部主任編為少將軍階，而相關政工人員軍階，也全數都降一階任用。[41]

另外，海軍總司令桂永清在1951 年 5 月16 日也與國防部總政治部主任蔣經國在海軍政工會報中有所衝突。桂永清對於蔣經國在會中所批評「總部重視機關，不重視部隊艦艇上士兵生活」、「做官升官在左營，打仗拼命在艦艇」、「重視陸地不重海上，如果把陸上的

（1952年 4 月 1日），〈中央政工業務（二）〉，《蔣中正總統文物》，國史館藏，典藏號：002-080102-00015-007。

39 「蔣經國呈蔣中正民國三十九年度各部隊機關處理匪諜（嫌）案件統計表及軍中自首份子清冊」（1951年 10 月 9 日），〈中央政工業務（二）〉，《蔣中正總統文物》，國史館藏，典藏號：002-080102-00015-005。

40 沈克勤，《孫立人傳》，下冊，頁 718-719。

41 「為懇請調政工人員來本處工作由」（1951年 4 月 28 日），〈砲兵訓練處編制案〉，《國軍檔案》，國防部藏，總檔案號：00028298。

建築費移作海上修艦，改善官兵生活，效果一定會很好」、「大官太太打麻將，低級眷屬借米吃」、「海軍重形式，不重視批評，各級官長都不願人家向他呈訴」、「海軍軍官重視學校關係，而忽略海軍整個事業前途」等各項表示絕非事實，[42] 並強調這些情報來源都是打小報告，毫無根據。桂永清表示「我處處為海軍打算，但我並不想當這個總司令，誰願當請誰來當好了，我不當這總司令至少要給我個戰略顧問，豈不落得清閒」。[43] 此事也讓桂永清對海軍總部政治部主任趙龍文[44] 非常不滿並產生衝突，因而水火不容。蔣介石知道此事後則感到非常悲痛，[45] 為此，蔣還召見周至柔及桂永清，面斥桂之不當。並在日記中寫下：「據至柔談桂永清對其政治部主任趙龍文不能相容，并以去就相爭，聞之憤激無已，立召其來，面斥其各種不法的軍閥卑劣行為，不惜借美勢造謠，以反對政工制度之罪惡暴氣，悲痛不能自制，何為苦耶。若不撤免，則海軍絕望矣。」[46]

---

42 「海軍總司令桂永清對國防部總政治部主任蔣經國主持海軍政工會報建議海軍應興應革事項之評論摘列」（1951年5月20日），〈國防部總政治部任內文件（三）〉，《蔣經國總統文物》，國史館藏，典藏號：005-010100-00052-002。

43 「海軍總司令桂永清對國防部總政治部主任蔣經國主持海軍政工會報建議海軍應興應革事項之評論摘列」（1951年5月20日）。

44 趙龍文，浙江義烏人，中山大學畢、國防大學聯戰系三期，於1950年9月至1955年3月間擔任海軍總司令部政治部中將主任。國軍政工史編纂委員會，《國軍政工史稿》，第六編，頁1480。

45 秦孝儀總編纂，《總統蔣公大事長編初稿》，第10卷，1951年6月30日記事，頁171。

46 秦孝儀總編纂，《總統蔣公大事長編初稿》，第10卷，1951年6月30日記事，頁171。

對於高級將領及各方不滿政工制度的聲浪，蔣介石在1951 年 7 月 30 日自記其想法：「你們高級將領總司令等并且集矢政治部制度，甚至對蔡斯顧問團毀謗形同告狀，以期撤消政治部制度，因之反對經國者，此種無人格之行為，無異自殺，須知經國任政治部為余犧牲，經國以保全國軍與你們將領的生命，一年餘來，如無經國負此政工之責，勞怨不避，督察整軍，則你們生命早已不保，不惟革命事業失敗而已，尚期切實反省也。」[47]

二、雙重指揮權的疑慮

除了高級將領對政工制度及政工人員不信任之外，美軍顧問團對政工制度的看法與態度也殊為重要。首任美軍顧問團團長蔡斯將軍於1951 年 4 月下旬來臺履新之後，[48] 旋即於6 月派美軍顧問鮑伯（Barber）中校與總政治部接觸，以進一步瞭解政工制度。[49] 1951 年 5 月 23 日蔣介石接見美籍顧問柯克聽取其轉達美軍事顧問對國防部設置總政治部之意見，自記：「聽取柯克美國對政治部制度極懷疑，認此為俄國之制度也。乃屬宣傳組擬議答案，使其息疑也。彼國務院以此時攻余不成，乃轉而攻擊經國，認政治部乃為其攻擊我父子

47 秦孝儀總編纂，《總統蔣公大事長編初稿》，第 10 卷，1951年 7 月 30 日記事，頁 239。

48 國防部史政編譯局編，《美軍在華工作紀實．顧問團之部》（臺北：國防部史政編譯局，1981），頁 12。

49 鮑伯任期 1952年 6月至 1953年 12月，之後由楊帝澤中校接任。國軍政工史編纂委員會，《國軍政工史稿》，第六編，頁 1500。

毀蔣賣華之重要資料也，可痛。」[50] 22日自記：「本日美顧問又設計開始反對經兒政治部職務矣。」[51] 事實上，從美軍顧問團在臺設立開始，美方對仿效蘇聯式政委制度（Soviet-style commissars）的政工制度之質疑與批判就一直沒有停歇過。[52]

1951年8月中華民國駐美大使館透過外交部轉參謀總長周至柔：「美參院外援會主席麥克倫發表該會所派駐臺人員報告要點：1、美國雖認援臺目的純為防衛，華方則積極於重返大陸，但在臺美觀察家咸認除非海空或外方協助，國軍難作大規模反攻。2、國軍有政工人員2萬5,000人滲透各部隊，直接向其政工主持人密報。3、美既已予臺軍援，同時應有連帶性之措施，以資配合。」[53] 周至柔答覆美方：「1、查國軍政工人員編制人數為9,000人，現實有數8,000餘人，原報告2萬5,000人，與事實不符。2、各級政工人員均為同級部隊長之幕僚。3、政工人員之主要任務，為（1）鼓舞士氣。（2）團結三軍。（3）實施政治教育。（4）對匪心理作戰。（5）防止匪諜。（6）軍中監察工作。（7）戰地民事。（8）軍中康樂活動等項業務。」周至柔表示政工制度乃是政府為節省經費，增進工作效率，

---

50 秦孝儀總編纂，《總統蔣公大事長編初稿》，第10卷，1951年5月23日記事，頁87。

51 秦孝儀總編纂，《總統蔣公大事長編初稿》，第10卷，1951年5月23日記事，頁87。

52 Jay Taylor. *The Generalissimo's Son: Chiang Ching-kuo and the Revolutions in China and Taiwan* (Cambridge, MA.: Harvard University Press, 2000), p. 453.

53 國軍政工史編纂委員會，《國軍政工史稿》，第六編，頁1499。

而將過去大陸時期國防部之新聞局、民事局、監察局及特勤署等四個單位加以合併，而成立總政治部，[54] 此舉並非新興業務，美方無須多慮。

對於周至柔的答覆，美方並不滿意。美軍顧問團團長蔡斯在「1952 年上半年工作報告書」中特別提到陸軍曾有政工人員干涉指揮權之情形發生，而此事歸責於政工人員與一般參謀業務關係劃分不清所致。蔡斯認為，國軍現行參謀組織內之政治部，造成了參謀作業混亂，在各級司令部內所存在之政治與軍事雙重參謀制度與現已採用並在軍事學校系統內普遍講授之美國參謀原則不相一致。每一司令部中應僅有參謀長一人或執行官一人，政治部主任應為參謀長或執行官之下屬，為負責政治事務之副參謀長或軍官。[55] 蔡斯認為此種關係仍須有限制，並應做更明確之劃分。[56] 這樣的狀況之所以發生，就美方的調查認為，政工人員的人事經管並非屬於部隊長的權責，而是屬於政治部，這與軍（士）官隸於第一廳（署），士兵隸於第五廳（署）之人事管理的權責明顯不同，建議人事計畫及政策之職責應集中於廳

54 國軍政工史編纂委員會，《國軍政工史稿》，第六編，頁 1499。

55 「查蔡斯將軍本年上半年度呈鈞座報告書中有第三節第七項之二中國國軍參謀組織內之政治部，造成對參謀作業之混亂，目前在各級司令部內所存在之政治與軍事雙重參謀制度與現以採用並在軍事學校系統內普遍講授之美國參謀原則不相一致」（1953年11 月 25 日），〈參謀區分及職業規定〉，《國軍檔案》，國防部藏，總檔案號：00055506。

56 「美國軍事援華顧問團團長蔡斯將軍一九五二年上半年工作報告書」（1952年 7月 9日），〈國防部與美顧問團文件副本彙輯〉，《國軍檔案》，國防部藏，總檔案號：00003200，頁 7。

（署）。[57] 國防部在蔣介石的同意下做以下回應：政工機構之設立，主在統一與加強軍中士氣，團結、組訓、新聞、民運、監察、保防工作之指導，以減輕軍隊中參謀長或副主官對指導是項業務之負擔，而部份工作則如美軍中之隨軍牧師、新聞軍官、監察官一樣。不過，因為部隊長對政工人員沒有人事權責，因此，不肖政工人員對於部隊長及部隊事務可能會利用其特殊管道反應向上，而有干預部隊長職權的情事發生。

為了減少美軍顧問團對政工權力的疑慮以及高階將領的反彈，1951 年 11 月 3 日蔣經國下令修正並取消政工主官之副署權。

> 一、依照國軍政治工作綱領貳之第四項「各級政治單位，為各該部隊機關學校醫院之幕僚機構，政治部主任，為各該單位主官之政治幕僚長，團以下政工主官，為各該單位之副主官。」各級政工主官，已確定為幕僚長或副主官，行之既屬有效，則政工主官之副署權，自無繼續賦與之必要，應予取消。
>
> 二、修正國軍政治工作綱領肆之第一項「政治部主任直隸參謀總長，負責策劃政治工作之責，國防部所屬各級政工單位之命令文告，政治部主任應副署，在其主管業務範圍內得對外行文。」，

57 「美國軍事援華顧問團團長蔡斯將軍一九五二年上半年工作報告書」（1952年 7月 9日），頁 7。

將原條文中間之「國防部所屬各級政工單位之命令文告，政治部主任應副署」兩句刪去。又肆之第三項「軍事機關部隊學校醫院一切有關政治之命令文告，政治部主任均應副署」，全條刪除。[58]

政工副署權取消之後，為讓美軍顧問團對政工制度更加明瞭並消除疑慮，1951 年 11 月 19 日蔣經國前往美軍顧問團團長蔡斯的辦公室，針對政工制度及政工人員之工作權責進行雙方對談。蔣經國與蔡斯對談的重點有六：一、政工人員的派遣是否先徵詢部隊長意見？二、政工人員的報告是否均經過指揮官？三、士兵是否可直接向政工人員報告？四、政工人員派遣至哪一階層？五、政工人員是否全係國民黨黨員？六、總政治部以下有若干人？[59]

蔣經國針對以上問題進行答覆。蔣經國認為政工人員異動係國軍人事業務之一部，不一定需要先徵詢部隊長意見。在指揮權責方面有關有關政策計畫及指揮上事項必須經過指揮官，有關工作方法及技術方面，則可直接向政治部報告或接洽。士兵可以直接向政工人員報告，不過在每月（週）會舉行生活檢討會一次，官兵任

---

58 「國防部命令廢除各級政工主官副署權並印發修正國軍政治工作綱領中英文本」（1951年 11 月 3 日），〈國防部總政治部任內文件（三）〉，《蔣經國總統文物》，國史館藏，典藏號 005-010100-00052-024。

59 「美國顧問團蔡斯將軍與本國防部政治部主任蔣經國談話紀要中英文本」（1951年 11 月 19 日），〈國防部總政治部任內文件（三）〉，《蔣經國總統文物》，國史館藏，典藏號：005-010100-00052-023。

何困難疾苦均可在會中提出，決定事項仍由部隊長核定執行。政工人員派遣到連隊階層為止。為避免重蹈1947年以前國軍為因應政治協商會議，同意毛澤東要求撤銷國軍政工組織，以致於國軍士氣漸行低落，而為中共所乘。因此，政治部確屬需要，政工人員協助部隊長擔任士兵教育及保密防諜等重要工作也很重要，但不會因此使部隊形成兩個指揮系統。建議顧問團可派軍官到政治部來工作。目前總政治部有官佐184員，三軍全部政工人員有9,400餘人。在內部安全事務的分工上保安司令部主管社會一般治安及軍民間發生的事項；總政治部專一負責軍隊中的保防工作；憲兵司令部維持糾舉部隊的風紀事項。這三個單位均隸屬於參謀本部。[60]

蔣經國與蔡斯在這次對談之後，於11月30日蔣經國告知美軍顧問鮑伯，同意對美軍顧問團敞開門戶，讓鮑伯可以隨意找任何政工部門主官瞭解有關政工制度的相關運作。[61] 對於政工制度的若干改變，並非是蔣介石及蔣經國父子二人真心讓步，蔣介石在1952年1月25日主持國軍軍校校閱檢討會議閉幕典禮時，再度提出強調政工制度建立的必要性。蔣認為美軍顧問團所提政工制度有妨礙主官指揮權的顧慮，以及在軍事與政工制度上形成「雙重指揮權」的問題並不存在。蔣介石強調各級指揮官與各及政工人員之間的權責、地位和關

60 「美國顧問團蔡斯將軍與本國防部政治部主任蔣經國談話紀要中英文本」（1951年11月19日）。

61 「國防部政治部主任蔣經國與鮑伯談話紀錄」（1951年11月30日），〈國防部總政治部任內文件（三）〉，《蔣經國總統文物》，國史館藏，典藏號：005-010100-00052-030。

係，都分的十分清楚，斷然不會發生妨礙其主官指揮權，更不會形成「雙重指揮權」的趨勢。他要求高級將領如有上述政工影響指揮權的情事發生，就應該據實說明，不好讓反動派揑造似是而非的傳說，中傷國軍內部團結。並指出這種惡意的反動宣傳，顯然是出於共諜有計畫的行動。換言之，依照蔣介石的邏輯，反對政工制度者，很可能是共諜的潛伏分子。[62]

蔣介石認為大陸軍事失敗的原因之一，軍隊政工制度沒有即時建立起來，實為其嚴重主因。現在政工制度，雖已建立，但是政工人員在軍隊裡仍然沒有地位，不僅要做主官的部屬，而且還要作參謀長的部屬，這樣的政工，當然不會受人重視，也就無從發生效力了，而且如果部隊只由一個參謀長來做主官的幕僚長，對於軍事、政治、經濟、社會、文化等等，都要由參謀長一人負責，不僅違背了分工合作的科學原則，實際上也窒礙難行，由此他認為軍隊的幕僚，應分為兩個幕僚長，一個軍事幕僚長，一個政工幕僚長，兩個系統分別開來，使如鳥之兩翼，車之兩輪，上面再由主官總其大成。[63]因此，他認為作戰、教育及各種業務等，皆可按照美軍制度方式實施，但政工制度必須繼續實施。[64]

---

62 蔣介石，〈整軍建軍的根本問題及對校閱檢討會議各項重要的指示〉，收入李雲漢主編，《蔣中正先生在臺軍事言論集》，第 1 冊（臺北：中國國民黨黨史會，1994），頁 185-186。

63 秦孝儀總編纂，《總統蔣公大事長編初稿》，第 11 卷，1952年6月 23日記事，頁 178-179。

64 秦孝儀總編纂，《總統蔣公大事長編初稿》，第 12 卷，1953年4月 30日記事，頁 96。

然而，美國國務院並不買帳，仍以國軍部隊不夠民主為由，要求取消政治部。[65] 對於政治部及政工人員利用國軍訓練時間進行政治教育以及干預軍隊指揮權的現象，美方的表現非常強硬，並利用幾起實際案例，要求國防部改善。在政治教育方面，早在1951 年10 月6 日蔡斯就致函周至柔，要求國軍各級學校軍事訓練時間佔總訓練時間10%~20%，然而部隊政治訓練實際佔15%~25% 的情況，將會嚴重影響部隊正常訓練，因此建議政治教育以不超過總訓練時間10% 為宜。[66] 國防部對此建議表示接受並改進。但1953 年6 月6 日蔡斯再度致函周至柔批評國軍違反政治訓練時間不得超過部隊訓練時間百分之十的約定。[67] 對此，周至柔回函表示國軍各級官長在觀念上作法尚未臻一致，會再要求。[68] 可是美軍顧問團對於同年 7 月在澎防部第45 軍所舉辦之政治訓練影響正規訓練再度表達關切，尤其這個由總政治部舉辦為期兩週之政治訓練，每週調訓學員 700 人，並將團、營、連長，副團長、副營長、副連長及重要參

65 秦孝儀總編纂，《總統蔣公大事長編初稿》，第 11 卷，1952年2月 9日記事，頁 34。

66 "Political Education Training Program", October 6, 1951, Files Number: MGGC. 353（1951 年 10 月 6 日），〈國防部與美軍顧問團文件副本彙輯〉，《國軍檔案》，國防部藏，總檔案號：00003189。

67 "Political Training", June 6, 1953, Files Number: MGGC. 353（1953年 6月 6日），〈國防部與美軍顧問團文件副本彙輯〉，《國軍檔案》，國防部藏，總檔案號：00003190。

68 「答覆關於訓練協調事項」（1953年 6 月 19 日），〈國防部與美軍顧問團文件副本彙輯〉，《國軍檔案》，國防部藏，總檔案號：00003190。

謀人員調訓，使各單位之正規訓練逐至停頓，非常不滿。[69] 國防部對於國軍政治教育的改進措施顯然不為美軍顧問團接受。11 月 23 日美軍顧問團再次就陸軍各部隊常以必須接受政治訓練，而停止接受軍事教育之情事，逕向蔣介石報告，並強調已經向周至柔及蔣經國反應而未獲效果才如此。[70] 另外，在政工人員干預指揮權方面，1952 年年初的兩起演習事件也給了美軍顧問團一個口實。據美軍顧問團成員在演習中之觀察，政工人員在演習中可發佈命令，動員民用車輛，並於演習重要階段與部隊舉行會議，其認為此舉足以引起指揮權紊亂且不必要。同時，美軍顧問團還認為政工人員參加審訊俘虜及戰術監察工作，嚴重侵犯情報與作戰部門之業務。對此，蔡斯強烈要求國防部提出說明。[71] 雖然國防部迅速解釋政工人員並無干預指揮權情事，[72] 但美軍顧問團日後也提出強制國軍改變軍隊政治工作職權的要

---

69 "Political Training", June 6, 1953.

70 「蔡斯團長對政治訓練影響軍事教育及政工人員干涉指揮權之意見要點，皮宗敢致蔡斯備忘錄奉命陳述軍隊政治工作並請列舉事實以憑辦理，沈錡呈蔣中正蔡斯參觀傘兵戰鬥跳傘演習意見」（1953年 11月 23日），〈美國協防臺灣（三）〉，《蔣中正總統文物》，國史館藏，典藏號：002-080106-00050-005。

71 第一起為 1952年 2 月 21 日至 24 日間在花蓮東部防守司令部舉行之陸軍高司演習；第二起為 1952年 2 月 21 日第 96 軍在馬公舉行之高司演習。"Reports of Apparent Interference with Command by Political Department, MND, NGRC", April 29, 1952, Files Number: MGCC. 322.011（1952年 4 月 29 日），〈國防部與美軍顧問團文件副本彙輯〉，《國軍檔案》，國防部藏，總檔案號：00003190。

72 「政治部之職權及政治部干涉指揮權之報告」（1952年 5月 25 日），〈國防部與美軍顧問團文件副本彙輯〉，《國軍檔案》，國防部藏，總檔案號：00003190。

求，否則將以減少軍援物資作為要脅。對此，蔣介石非常悲憤，並在其日記中寫下：「夜間以美顧問團對我軍隊政治工作無理挑剔，且強制我改變政工職權，并立即停止對政工有關之軍援物資，如車輛、汽油等，此種瑣碎麻煩而無關其重要之細事，乃不問其軍援政策與方針，及其中美合作之精神如何皆所不顧，其幼稚言行殊為可痛又為可笑，本不值考慮而加以駁斥可矣，徒以其來函為雷德福之行後，故不能不加以考慮，似為雷所同意者。但不論如何，仍應照預定方針，據理駁覆，決不容其如史迪威之故事復萌也。惟因此事，除夕僅睡熟四小時，幾乎失眠，認為本月受侮之最大者也。」[73] 這件事，讓蔣介石深深覺得受辱，無法成眠。蔣一直認為政工制度是反共抗俄之中心基本組織，無此組織即不足以言反共抗俄。政工制度之利害得失可以被討論及改善，但其基本原則不容變更，美國如欲竭誠幫忙反共抗俄，就必須先幫助維護政工制度。[74]

為平息及降低美方對國軍政工制度運作的疑惑，1954 年 1 月 28 日蔣介石指示周至柔，設立調查政工干涉指揮權與控制人事小組及該組人選，如美軍顧問團能有人參加更好，可請蔡斯團長保選，或由其本人參加尤為歡迎。[75] 周至柔旋即組織國軍政治工作調查委員會，

---

73 秦孝儀總編纂，《總統蔣公大事長編初稿》，第 12 卷，1953年12月 31日記事，頁 263。

74 「總統府軍事會談記錄」（1952年 7 月 26 日），〈軍事會談（一）〉，《蔣中正總統文物》，國史館藏，典藏號 002-080200-00599-001。

75 秦孝儀總編纂，《總統蔣公大事長編初稿》，第 13 卷，1954年

周至柔本人擔任主任委員，陸、海、空軍、聯勤之各軍總司令，及總政治部主任為委員，委員會下設人事、訓練、作戰三個調查小組，各小組組長由國防部暨各總部高級將領中遴派，每個小組設組員若干。同時，也請蔡斯擔任調查委員會顧問，並派顧問若干人，分任小組長顧問。[76] 蔡斯於3 月10 日函覆周至柔表示同意，同時也要求高級政工人員進入國防大學、指揮參謀學校與其他軍事學校就讀。另外，位於北投政工幹校之訓練，必須按照美國指揮參謀學理制訂之，並派兼任顧問至該校講授美國指揮參謀學理及有關民政、特勤與監察等課程。[77] 國防部對蔡斯建議完全接受，並依此協議進行對政工部門及政工事務之協調。[78]

面對美方的壓力，蔣介石、蔣經國父子曾一起討論政治部主任與參謀長之關係「與經兒討論政治部主任受其同級參謀長之指揮事，彼以為此時不宜變更原有法規，以吳逆復在美國大肆詆毀宣傳，適足示弱，以長其兇燄，并動搖全軍對政工之心理也」。[79] 最後結論

1月 28日記事，頁 17。

76 「組織國軍政治工作調查委員會」（1954年 2月 18日），〈國防部與美軍顧問團文件副本彙輯〉，《國軍檔案》，國防部藏，總檔案號：00003190。

77 "Cooperation Between MAAG and the General Political Department, MND", March 10, 1954, File Numbers: MGCG 091.1（1954年 3月 10日），〈國防部與美軍顧問團文件副本彙輯〉，《國軍檔案》，國防部藏，總檔案號：00003190。

78 對於高級政工人員受訓一項，國防部擬先就師級以上之政工幹部先行送訓。「函復有關顧問團與政治部間合作事項」（1954年 3月 19日），〈國防部與美軍顧問團文件副本彙輯〉，《國軍檔案》，國防部藏，總檔案號：00003190。

79 秦孝儀總編纂，《總統蔣公大事長編初稿》，第 13 卷，1954年

仍決定堅持不屈服美方壓力，不做任何改變，繼續保持現況。

政工制度在臺重建的重點，除了加強政治教育，要使每一位官兵，都能認清了作戰的真正目的，以及為誰而戰，為何而戰之外，[80] 同時與過去不同的是強化了監察與保防的任務，這也是鄧文儀認為政工改制後最具特色的其中之一，而這特色就是將政工制度應有的三項必不可缺的權能——教育、監察、鬥爭（保防）同時具備。[81] 當然，政工人員基於本務從事與職務相關之活動，客觀陳述並無問題，但仍有不肖政工人員藉機胡作非為，而造成上下之間的矛盾與衝突。譬如孫立人以練兵為樂，但政工人員卻說孫立人訓練軍隊沒有中心思想，說他在軍中只講「國家、榮譽、責任」，不談「主義、領袖」。有人指責孫立人不忠於領袖，說他在軍中對官兵講話，很少引述領袖的言論。有人指責他有野心，在軍中製造私人勢力，所有第四軍訓班的學員生，甚至入伍生總隊、女青年大隊及幼年兵，都是他的子弟兵，只聽孫立人的，不聽其他任何人指揮。[82] 政工系統

6月13日記事，頁122。

80 「蔣經國呈蔣中正有關政工改制的黨政命令及政治部隊對各級軍政工作人員重要批示」（1950年4月20日），〈中央政工業務（二）〉，《蔣中正總統文物》，國史館藏，典藏號：002-080102-00015-001。

81 鄧文儀認為政工新制的三項特色為：第一、提高政工人員地位及權責。第二、恢復黨的組織與運用。第三、政工應有的三項必不可缺的權能—教育、監察、鬥爭，過去從未同時具備，改制後均已具備。國軍政工史編纂委員會，《國軍政工史稿》，第6編，頁1414。

82 沈克勤，《孫立人傳》，下冊，頁721。

故意扭曲孫立人的形象，目的就是要去掉孫立人。[83]當然，政工人員膽敢如此操作，合理推論與蔣經國的支持有關。蔣介石一直接收到來自政工有關孫立人負面的訊息，當然非常在意，在其日記中也不斷寫下孫立人「挾美國人自重」，[84]「一下子要求擔任反攻總指揮」，[85]「一下子又想當參謀總長」[86]的批判，甚至美方對政工制度、軍隊整編等等的意見，蔣介石都認為是孫立人告洋狀，故意凸顯其個人的重要性。

在1950年代初期充滿政治肅殺氛圍的年代裡，面對政工人員不斷擴大監察與保防的權限，各級官兵為求明哲保身，而能勇敢對抗或表態的可能不多。[87]當然，透過強化監察與保防可以防範官兵腐化並消滅潛藏共諜，以求淨化軍中文化及維持中華民國政府在臺灣政局的穩定，但人謀不臧一直成為外界對政工批判的重點。

---

83 陳存恭訪問，萬麗鵑紀錄，〈王筠先生訪問紀錄〉，《孫立人案相關人物訪問紀錄》（臺北：中央研究院近代史研究所，2007），頁105。

84 秦孝儀總編纂，《總統蔣公大事長編初稿》，第13卷，1954年4月16日記事，頁65。

85 秦孝儀總編纂，《總統蔣公大事長編初稿》，第10卷，1951年1月25日記事，頁23。

86 秦孝儀總編纂，《總統蔣公大事長編初稿》，第13卷，1954年6月21日記事，頁126-127。

87 美國駐臺代辦師樞安（Robert C. Strong）致國務院中國科科長柯樂布（Edmund Clubb）有關「對1950年8月底有關福爾摩沙看法的總結」中提到，蔣介石強迫所謂改革的黨內措施，實際上是把警察、政黨、軍事和政治事務的重大權力集中到他的長子蔣經國手裡，尤其是軍隊中的政治灌輸和政治間諜活動，也由蔣經國指導，結果造成了一種恐怖統治，雖然比其他國家或其他時期都要溫和，但確實也朝這個方向發展。「斯特朗致柯樂布」（1950年9月6日），收入陶文釗主編，《美國對華政策文件集》，第2卷，上冊（北京：世界知識出版社，2003），頁58。

以陸軍第一士官學校第一任政戰處長于載書到任之後對個人安全資料的處理方式，頗能說明當時政工人員良莠不齊的情況。當時于載書對該校新進之教職員，在收到原服務單位循「保防、考核」政戰管道轉移來之個人資料時，先要求所屬保持完整暫不拆封，並重新建立個人資料。直至離校前，再會同相關承辦人員，將每人由原單位移來的資料一一拆封，並與在校新建之資料相互對照，竟發現兩者之間所載記錄與評語有極大差異，甚至完全相反。譬如某教官在校服務特優，並獲選為模範教官，受到學校重視與表揚，但其原單位之考核記載卻是「對長官不禮貌、固執驕傲、常發牢騷、胡亂批評、破壞紀律」等不佳之評語。同樣一個人其評價竟天壤之別，如以前者之資料作為人事任用升遷之依據，勢必優劣倒置，並會影響部隊之團結與和諧，其何以致，主要是政工人員良莠不齊所致。[88] 因此，政工制度的問題除政工之監察、保防工作範圍無所不包，致使各級官兵畏懼之外，政工人員的優劣也是這個制度最重要的關鍵。

政工制度在臺灣重新建立並擴大其組織與職權，這個制度與組織確實發揮其極大的影響。其中最重要的就是鞏固領導中心，透過各種政治與思想教育，深化了蔣介石在軍中不可動搖的領袖地位，這也是美軍顧問團認為領袖不應凌駕國家之上，而不斷要求降低國軍部隊政治教育比例的原因。其次，透過政工監察、保防部門

88 李俊程，《軍旅生涯三十年——李俊程回憶》（臺北：國防部史政編譯室，2005），頁 196。

對中共潛伏在軍隊份子與不同派系進行掃蕩、批判與監控，其結果或許達到肅奸防諜的目的，但不可忽略的其手段與過程中卻是建立在犧牲軍中人權和破壞軍隊國家化的憲法基礎之上。

第三章　軍隊之整編

第一節　員額核實

1950年3月，國軍陸軍部隊除留存大陸者外，東南沿海部隊計有18個軍、58個師，部隊員額約有80萬人之眾，但多已久經轉戰，未獲整補，以致兵員短少，裝備殘缺。另外，各部隊組織複雜，體系分歧，戰力薄弱，精神亦甚渙散。[1] 陳誠在回憶錄中提到：

> 大陸軍事逆轉後，部隊陸續撤退來臺，當時總司令部以上的番號就有二十幾個，軍的番號有六十幾個，獨立師還不計算在內。這麼多的番號部隊用以「虛張聲勢」則可，如為「確保臺灣，準備反攻」，因其有名無實不能作戰，反要成為腹心之患了。因此部隊整編遂為刻不容緩的要圖。[2]

部隊有名無實，編現比落差情況非常嚴重，以海南、舟山撤退來臺的部隊為例，其中有一個軍只有九百多餘名的官兵，其餘部隊縱然稍好，仍很有限。這種部隊如不整編，大陸失敗的覆轍將會重現。[3]

---

1 〈國防部參謀總長職期調任主要政績（事業）交代報告〉（1954年6月），《國軍檔案》，國防部藏，總檔案號：00003712，頁246。

2 薛月順編輯，《陳誠先生回憶錄——建設臺灣》，上冊，頁252。

3 薛月順編輯，《陳誠先生回憶錄——建設臺灣》，上冊，頁253。

基於確保臺灣，適時反攻大陸，必須安定浮動人心，提高士氣，以增強部隊戰力。同時，為顧及國家財政負擔，軍隊整編勢在必行。整編方向首重員額控制，次再減併部隊。蔣介石也於 5 月 26 日手擬軍隊集中以後之主要工作：

> 甲、整編與充實部隊；乙、改革軍事教育與戰術思想；丙、實施動員計畫與民眾組訓；丁、增強生產，利用難民，編組高等冗員，指定荒地開墾；戊、健全金融事業，整頓公營事業；己、生活平等，文武合一；庚、軍民合作，成為一體；辛、改進黨務之宗旨與時期應重加研究；壬、發展軍隊黨務與實踐運動；癸、補召未受訓之軍師長、參謀長。[4]

蔣介石的首要之務就是進行部隊的整編，次為改革軍事教育與思想，而部隊整編的核心就是員額控管。在國軍員額方面，1950 年春國軍員額約為 80 萬人，如表 3-1。[5] 然而各單位因作戰失利，匆促撤退之際，導致組織殘破，缺額甚多。

4 秦孝儀總編纂，《總統蔣公大事長編初稿》，第 9 卷，1950年 5 月 26日記事，頁 163。

5 〈國防部參謀總長職期調任主要政績（事業）交代報告〉（1954 年 6月），頁 243。

表3-1　1950 年春國軍員額概況表[6]

區分		軍種員額		總員額
陸軍及國防部直屬單位	東南區	48 萬人	66 萬 5 千人	80 萬人
	海南區	14 萬人		
	大陸區	4 萬 5 千人		
海軍			4 萬 5 千人	
空軍			9 萬人	

為撙節財政支出，必須重新整頓國軍組織，以裁減空虛駢枝單位，清除缺額及淘汰老弱。3 月，國防部舉行裁員會議，希望將國軍員額裁減為 70 萬人，並同時實施嚴格之核實制度。4 月份國軍補給員額降低為 73 萬 581 人，6 月份補給員額再降低為 62 萬 4,598 人，1950 年度共裁減 15 萬 1,873 人，已達到 70 萬人員額之目標。[7]

1951 年元月份，國軍總員額縮減為 64 萬人。[8] 10 月份又再次減為59 萬6,920 人。為達成員額縮減目標，國防部積極對臺澎地區軍師部隊進行整編。1952 年國軍總員額調整為59 萬7,713 人，[9] 但為加強反攻準備，訓儲後備兵員，充實動員潛力，將國軍員額由分配各總

---

6 〈國防部參謀總長職期調任主要政績（事業）交代報告〉（1954 年 6月），頁 243。

7 〈國防部參謀總長職期調任主要政績（事業）交代報告〉（1954 年 6月），頁 244。

8 根據 1951年 4月 14日軍事會談記錄，當時國軍編制員額為 74萬 5,613人，預算員額為 64萬人，補給員額為 60萬 3,775人（尚餘 3 萬 6225人之預算員額）。「總統府軍事會談記錄」（1951年 4月 14日），〈軍事會談記錄（一）〉，《蔣中正總統文物》，國史館藏，典藏號：002-080200-00599-001。

9 59萬 7千人之員額是美方堅持的上限。「總統府軍事會談記錄」（1953年 5月 19日），〈軍事會談記錄（二）〉，《蔣中正總統文物》，國史館藏，典藏號：002-080200-00600-001。

部管制之辦法，改為由國防部集中控制統一運用。1953年員額比照1952年度，惟以留越國軍回臺，[10] 至8月份起現有員額超出定額，但該年底已將超出員額納入預算以內，詳如表3-2。[11]

表3-2 1950-1953年國軍員額一覽表 [12]

年別	員額	與前一年比較減
1950	80萬人	--
1951	64萬人	- 16萬人
1952	59萬7,713人	- 4萬2,287人
1953	59萬7,713人	比照上年度員額

國軍員額的運用，能確實減輕政府財政，進而使國家金融漸趨穩定，尤其政府遷臺初期，軍費支出通常在總預算80%以上，[13] 而軍費的支出當中，又以人事維持的經費最為龐大。[14] 值此國家財政空虛之際，能大膽進行員額管控，連續裁減達20萬2,287人之多（如表3-2），對於後續部隊實施整編，充實兵員及裝備等，都有很大的幫助。

10 留越國軍返臺官兵總數 3萬 683人，其中義民、學生約 500人、軍眷 2,400人，扣除上述人數約有官兵 2 萬 7 千餘人編入部隊員額。詳見「總統府軍事會談記錄」（1953年 5月 19日）。

11 〈國防部參謀總長職期調任主要政績（事業）交代報告〉（1954年 6月），頁 244。

12 〈國防部參謀總長職期調任主要政績（事業）交代報告〉（1954年 6月），頁 243-245。

13 「羅伯茨向國家安全委員會第 128號文件指導委員會提交的報告」（1952年 5月 28日）收入陶文釗主編，《美國對華政策文件集》，第 2卷，上冊，頁 119。

14 「財政部長嚴家淦先生四十三年三月十三日，向第二屆國民大會財經措施報告節錄」，〈國防部參謀總長職期調任主要政績（事業）交代報告〉（1954年 6月），頁 225。

除了員額管制之外，國防部還必須做到「單位核實」與「人員核實」。「單位核實」源於大陸時期，部隊分散各地，補給人數由戰區呈報，控制不易，因而有未經中央核實的單位亦予補給，而單位因故撤銷者仍請補給者時而有之，一個單位分駐各處同時重複領取補給者亦有之。為杜絕單位浮濫重複獲得補給，國防部開始對於撤銷無案之單位停止補給，另外建制單位分駐兩地，規定啣補辦法，不得重複領取補給。[15]

「人員核實」以清查人員為重點，尤其是黑官的狀況。所謂黑官就是不經國防部相關程序聘任的官員。在大陸淪陷以前，因連年戰亂，各軍種為補充缺員及增加部隊人力，常不經人事程序進用人員，或因戰爭關係，不及呈報人員任職，或經呈報而因交通阻隔、郵遞遺失，以及部分主官侵越上級權限，擅自委派，以致造成無案現象。依據國防部1950年的統計，其中未經合法任職者，以陸軍最多，約占現員41%，海、空軍狀況則較為良好。[16]當時，國防部為了推動核實工作，對於人員核實作法有一口號：「一缺一人、一餉一員、一人一力」，以求單位核實、數量核實及素質核實的成效。[17]

陸軍部隊整編的工作，係由陸軍總部負責，陸軍

15 〈國防部參謀總長職期調任主要政績（事業）交代報告〉（1954年6月），頁208。

16 經清查陸軍（含聯勤及中央直屬單位）肅清黑官達4萬3,471人之多、海軍則為61人。〈國防部參謀總長職期調任主要政績（事業）交代報告〉（1954年6月），附表一。

17 「國軍補給政策綱領」，〈國防部參謀總長職期調任主要政績（事業）交代報告〉（1954年6月），頁46-47。

總司令孫立人召集各部隊軍、師長舉行員額調整會議，並在會中宣布：「整訓來臺國軍工作，要比他在臺訓練新軍工作，更為艱難。因為新建一個部隊，猶如在一張白紙上繪畫，畫家可以依照自己理想去畫，而整訓工作，是要在畫過的白紙上繪畫，則須經過兩道手續，先得把原畫塗成白底，然後畫家才能下手去畫，其難度自比訓練新軍困難得多。國軍要把整訓工作做好，首要之圖就是要把部隊中過去一切壞的積習改正過來，然後才能加強訓練官兵的精神體力及戰鬥技能。要革除積習，第一要絕對不許任何部隊吃一個空缺。如何才能做到？第一步由各部自行清查人數，備好清冊向上級呈報。第二步憑清冊照像，第三步由上級憑相片清點發給薪餉。我既不許部隊吃空缺，凡部隊經核實之後，我一定要負責提供部隊最低需要的經費。所謂一個部隊最低需要的經費，乃是指像窮家過日子一樣，缺少這幾文錢，就不能夠開伙，否則，我負不起這重大的擔子。」[18] 事實上，政府遷臺初期，國軍吃空缺的惡習仍然嚴重。1950年3月15日毛人鳳向蔣介石報告海南島有部隊吃缺的情形。蔣介石指示總長顧祝同查明實情。經查海南防衛總部（總司令薛岳）現有各軍師編制總人數為16萬1,097人，而機關總人數經核定為14萬人（海空軍1萬人除外），然經核實後，各軍師實有人數不過8萬人，可見吃缺情形非常嚴重。[19] 不過在臺灣的部隊吃缺的情況就

18 沈克勤編著，《孫立人傳》下冊，頁616-617。

19 據前往調查的視察官劉執戈報告（1950年4月12日）海南島計有5個軍3個師，但無一健全之連，估計實有人數不過7萬人，並

改善許多。周至柔任總長時常要求國防部第四廳驗放組要進行人員核實，也發現許多吃缺的情形。當時在國防部第四廳第二驗放組工作的趙志銳到苗栗地區進行人員核實，在查核某單位時，單位駐軍告訴他們，還有兩個連在山上觀測站，路途遙遠並且無車可到。趙志銳與同仁因年紀輕，很有使命感的走上山，到了山上一看，哪有兩個連，只有一個加強排，於是就把薪餉手牒收回來，[20] 他認為人馬核實對吃空缺弊端的矯正有很大貢獻。[21]

蔣介石對人員及經費核實也非常在意，他要求周至柔要切實審查核實陸海空勤各總部所屬之機構其業務與經費人事等，尤其在編製年度預算時必須切實審查核減，而不在法定編制之內的機構人員以及經費更應切實裁減，務期綜核名實，做到不浪費一文，不濫用一人。[22] 國防部不斷核實的成果頗為可觀，從1950 年 3

且提到海南駐軍有三份糧，政府發給一份、當地籌借一份、剿匪掠奪一份，但此情形不是普遍，係為紀律不良之部隊所為，如第三十二軍、第六十三軍、第六十四軍及第十三師等，其行徑在其駐地時有所聞。「顧祝同呈復海南島吃空缺情形」，〈軍紀整飭及違紀案〉，《國軍檔案》，國防部藏，總檔案號：00002292。

20 依據當時新擬之「人馬財物核實辦法」，補助給與差額，必須憑軍人補給手牒直接發放薪餉。「顧祝同呈復海南島吃空缺情形」，〈軍紀整飭及違紀案〉，《國軍檔案》，國防部藏，總檔案號：00002292。

21 當時第四廳有六個驗放組，第一驗放組在臺北：第二驗放組在臺中，第三驗放組在高雄，第四驗放組在花蓮，第五驗放組在澎湖，第六驗放組在金門及馬祖。王紫雲訪問、紀錄，〈趙志銳先生訪問紀錄〉，《戡亂時期知識青年從軍訪問紀錄》（臺北：國防部史政編譯局，2001），頁 210-211。

22 秦孝儀總編纂，《總統蔣公大事長編初稿》，第 11 卷，1952年9月 2日記事，頁 234。

月國軍補給人數為 84 萬8,158 人，至1953 年 6 月人數為55 萬 7,231 人，短短三年多的時間，人員核實核減人數就達到 29 萬 927 人之多，可謂成果豐碩，如表3-3。政府來臺後，國軍員額的控制與核實在蔣的意志及國防部的努力下，對過去國軍員額不實、吃空缺的現象有很大的改善，同時在美援的要求下，國軍又利用部隊整編等機會順勢而為，一除過去積習已久員額不符的弊端。

表3-3　1950 年 3 月至1953 年 6 月
國軍核實成果核減人數統計表[23]

區分	3 月	6 月	9 月	12 月
1950 年	848,158	638,934	621,172	608,756
1951 年	596,492	597,891	588,187	574,526
1952 年	564,071	558,866	550,882	546,137
1953 年	548,001	557,231		

第二節　部隊整編

1950 年 3 月底，東南軍政長官公署撤銷與國防部合併，國防部所轄陸軍部隊計有舟山防衛司令部、海南防衛總司令部、臺灣防衛總司令部（含馬祖守備區及澎湖防衛部），以及金門防衛總司令部等。而對於留滯大陸，不及來臺的部隊，則於3 至12 月期間陸續撤銷番號，3 月被撤銷的部隊番號計有第 8、9、14、56、

23 〈國防部參謀總長職期調任主要政績（事業）交代報告〉（1954 年 6月），附錄六。

77、91、100、103、125、126、127等11個軍，5至12月間又陸續撤銷第1、3、69、58、27軍，以及第138、224、161師（隸屬26軍）等軍、師。[24]

國軍為能掌握及提升戰力，從1950至1954年期間陸軍歷經三次整編，先後裁減10個軍、33個師。每次整編均有其背景、原則與目的，茲就這三次整編（包括砲兵部隊的整編）分別論述如下：

一、1950年第一次整編

1950年3月底，國軍除留存大陸之部隊外，共有18個軍，如表3-4。[25]從表3-4中，可進一步瞭解從1950年3至12月間，國軍陸續裁減6個軍（第4、32、62、63、64、23軍）、撤銷19個師（第107、139、50、90、286、252、255、256、266、151、153、163、152、157、186、131、156、159師及教導師等，加上第6、95、221、222、296、29、99師，共26個師）。裁減後軍師，部分改編為第4、32、87、63、64、16、208等7個師。[26]

---

24 「國防部第三廳呈蔣中正第五十六次國軍戰鬥序列一冊」，（1950年12月1日），〈作戰計畫及設防（二）〉，《蔣中正總統文物》，國史館藏，典藏號002-080102-00008-004，及「三十九年至四十三年國軍軍師部隊整編概況表」，〈國防部參謀總長職期調任主要政績（事業）交代報告〉（1954年6月），附錄一。

25 「三十九年至四十三年國軍軍師部隊整編概況表」。

26 「三十九年至四十三年國軍軍師部隊整編概況表」。

表3-4　1950 年陸軍整編概況表[27]

序號	原有番號（3 月底）		整編後之番號	
	軍	師	軍	師
1	96	39、212、87、32	96	39、87、212
2	50	36、91、147、107（幹）	50	36、91、147
3	23	96（撥 5C）、211（撥 87C）、39（撤銷）	撤銷	
4	4	50、90、286	撤銷	4DS
5	32	252、255、256、266	撤銷	32DS 撥 67C、87D 撥 96C
6	62	151、153、163	撤銷	63DS
7	63	152、157、186	撤銷	
8	64	131、156、159、教導師（撤銷撥 6C）	撤銷	64DS
9	75	6、95、96/23C	75	16、96
10	87	221、222、211D/23C	87	208、211
11	5	13 與 296（合編 13DS）、75D/67C、14D/19C	5	14、75、200
		296D/5C、13D/5C		13DS
12	19	14（撥 5C）、18、196、45	19	18、45、196
13	67	56、67、75（撥 5C）、32	67	32、56、67
14	6	207、339、363	6	207、339、363
15	18	11、43、118	18	11、43、118
16	52	2、25、40	52	2、25、40
17	54	8、198、291DS、71	54	8、71、198
18	80	201、206、340、92DS、29DS 及 99DS（幹、撤銷）	80	201、206、340、92DS（撥 54D）

1950 年間第一次的軍師整編之後，在 1951 年還有一波小幅度的調整，第 92 師（原隸屬第 80 軍撥第 54 軍）與第 198 師（隸屬第 54 軍），合併為第 50 師（隸屬第 54 軍），合併後裁減 1 個師，如表 3-5。[28] 這次小幅度的調整，應屬 1950 年第一次整編的延續。

27 「三十九年至四十三年國軍軍師部隊整編概況表」。本書提及部隊番號以英文表示者，其符號代表分別為：軍（C）、師（D）、獨立師（DS）、旅（B）、團（R）。

28 「三十九年至四十三年國軍軍師部隊整編概況表」。

表3-5　1951 年陸軍整編概況表[29]

序號	原有番號		整編後之番號	
	軍	師	軍	師
1	96	39、87、212	96	39、87、212
2	50	36、147、91（撥 87C）、63DS	50	36、61、147
		4DS（撥 67C）		
		63DS（撥 50C）		
		64DS（撥 75C）		
3	75	16、96、64DS	75	16、64、96
4	87	208、211、91D/50C	87	91、208、211
5	5	14、75、200	5	14、75、200
		13DS		13DS
6	19	18、45、196	19	18、45、196
7	67	32（改編 32DS）、56、67	67	4、56、67
		4DS		
		32D/67C		32DS
8	6	207、339、363	6	207、339、363
9	18	11、43、118	18	11、43、118
10	52	2、25、40	52	2、25、40
11	54	8、71、198	54	8、50、71
		92DS		
12	80	201、206、340	80	201、206、340
		92DS（撥 54C）		
合計	12 個軍	39 個師	12 個軍	38 個師

1950 年整編最主要之目的，是裁併空虛單位，使部隊戰力恢復，因此將海南島撤臺之 5 個軍、16 個師，縮編為5 個充實師，其他凡人員少、裝備缺乏的師，悉予裁併，重新調配充實各軍，以減輕國家負擔。[30]

第一次整編完成後，國軍戰鬥序列有部分調整，1950 年 8 月下旬，國軍陸軍部隊在臺灣地區駐地分布如表 3-6，分布圖如圖 3-1。1950 年12 月 1 日戰鬥序列

---

29 「三十九年至四十三年國軍軍師部隊整編概況表」。

30 〈國防部參謀總長職期調任主要政績（事業）交代報告〉（1954 年 6月），頁 246。

調整，如表3-7。

表3-6 國軍陸軍部隊在臺灣地區駐地分布表（1950年8月25日）[31]

防守區	獨立軍師團	師（團）
北部防守區	6C	207D、339D、363D
	19C	18D、45D、196D
	52C	2D、25D、40D
中部防守區	50C	36D、91D、147D
	87C	208D、211D
	63D	
南部防守區	75C	16D、96D
	80C	201D、206D、340D
	32D	
	54C	71D
	4D	
東部防守區	54C（缺71D）	8D、198D
	64D	
澎湖防守區	96C	39D、87D、212D

31 "Fox Report: Survey of Military Assistance Required by the Chinese Nationalist Forces", August 25,1950, J. C. S. Part II, 1946-1953, MAP No. 8.

圖3-1　國軍陸軍部隊在臺駐地圖[32]

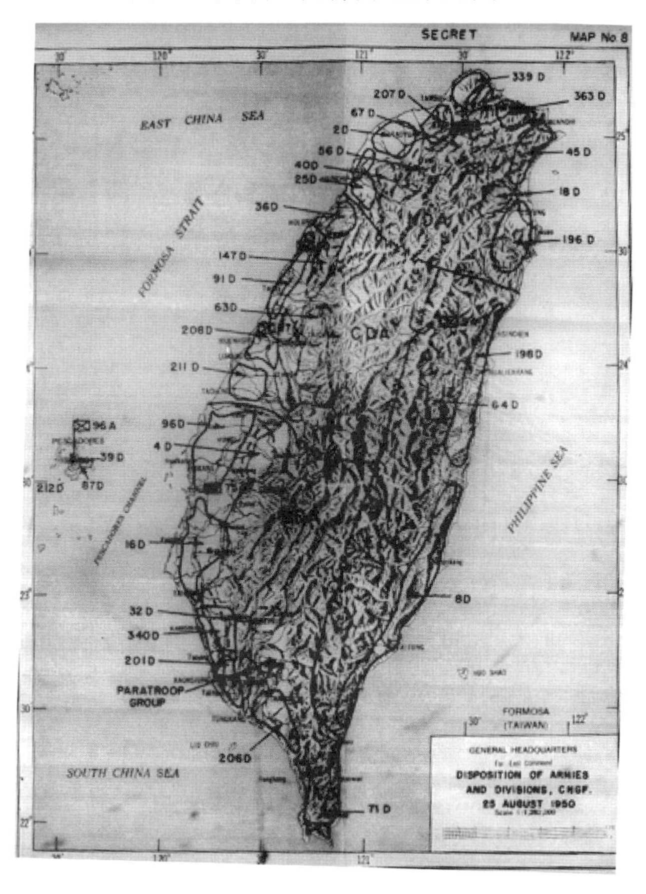

32 "Fox Report: Survey of Military Assistance Required by the Chinese Nationalist Forces", August 25,1950, J. C. S. Part II, 1946-1953, MAP No. 8.

表3-7 國防部陸軍師、團級戰鬥序列表[33]

番號		主官姓名		
獨立軍、師、團	師（團）	1950.4.20	1950.7.12	1950.12.1
第 6 軍	司令部			蘇　時
	第 207 師	王啟瑞	周中峯	周中峯
	第 339 師	馬滌心	馬滌心	馬滌心
	第 363 師	何　浚	何　浚	何　浚
	軍官戰鬥團			艾　靉
第 50 軍	司令部			鄭挺鋒
	第 36 師	張國英	張國英	張國英
	第 61 師	高芳先	高芳先	高芳先
	第 147 師	張家寶	張家寶	張家寶
	軍官戰鬥團			吉星文
第 23 軍	司令部	劉仲荻		
	第 96 師	陳輔漢		
	第 211 師	魏蓬林		
第 54 軍	司令部			張　純
	第 8 師	謝志雨	謝志雨	謝志雨
	第 198 師[34]	葉　錕	葉　錕	葉　錕
	第 71 師		李煥閣	李煥閣
	軍官戰鬥團			胡禮賢（代）
第 80 軍	司令部			
	第 201 師	鄭　果	閔銘厚	閔銘厚
	第 206 師	邱希賀	邱希賀	邱希賀
	第 340 師	胡英傑	胡英傑	胡英傑
	軍官戰鬥團			蕭西清
第 19 軍	司令部			
	18 師		孟述美	
	45 師		缺	
	196 師		張定國	
第 52 軍	司令部			
	第 2 師		郭永	侯程達
	第 25 師		李有洪	李有洪
	第 40 師		張文博	張文博
	軍官戰鬥團			劉雲五

33 國防部第三廳呈蔣中正第五十六次國軍戰鬥序列一冊〉（1950年12月1日），〈作戰計畫及設防（二）〉，《蔣中正總統文物》，國史館藏，典藏號：002-080102-00008-004。

34 作者按，應為第 50 師。

番號		主官姓名		
獨立軍、師、團	師（團）	1950.4.20	1950.7.12	1950.12.1
第 87 軍	司令部			
	第 208 師		缺	詹抑強
	第 211 師		魏蓬林	魏蓬林
	軍官戰鬥團			楊廷晏
第 63 師	司令部		莫福如	莫福如
	第 187 團		陳小宋	陳小宋
	第 188 團		施建中	施建中
	第 189 團		莫以楨	莫以楨
	軍官戰鬥團			劉昌太
第 75 軍	司令部			
	第 16 師		曹永湘	郭　棟
	第 96 師		陳輔漢	羅揚鞭
	軍官戰鬥團			鍾祖蔭
第 4 師	司令部		薛仲述	薛仲述
	第 10 團		王亮儒	王亮儒
	第 11 團		楊耑白	楊耑白
	第 12 團		薛惠興	薛惠興
第 67 軍	司令部			
	第 32 師		劉廉一	劉廉一
	第 52 師		沈莊宇	沈莊宇
	第 67 師		何世統	何世統
	軍官戰鬥團			孟廣珍
第 64 師	司令部		張其中	張其中
	第 190 團		袁　達	袁　達
	第 191 團		張　鑣	張　鑣
	第 192 團		黎植樹	黎植樹
第 92 師	司令部			李毓南
	第 274 團			范　仲
	第 275 團			蔣祖武
	第 276 團			郝培基
第 18 軍	司令部			
	第 11 師			劉鼎漢
	第 43 師			鮑步超
	第 118 師			李樹蘭
	軍官戰鬥團			王靖之
砲 3 團		伍應煊	伍應煊	伍應煊
砲 8 團		張禮思	張禮思	張禮思
砲 10 團		卓鈴嘯	卓鈴嘯	卓鈴嘯
砲 13 團		賴慶燦	賴慶燦	賴慶燦
砲 14 團		謝克文	謝克文	謝克文

番號		主官姓名		
獨立軍、師、團	師（團）	1950.4.20	1950.7.12	1950.12.1
工 2 團		周伯仲	周伯仲	周伯仲
工 20 團		陳俊鳴	陳俊鳴	陳俊鳴
憲 7 團			王介艇	王介艇
通信兵第 6 團			楊鶴齡	楊鶴齡
傘兵總隊	總隊部		黃　超	黃　超
	第 1 團		井慶爽	井慶爽
	第 2 團		竺啟華	竺啟華
裝甲兵旅[35]	司令部	蔣緯國	蔣緯國	蔣緯國
	第 1 總隊	趙國昌	趙國昌	趙國昌
	第 2 總隊	郭東陽	郭東陽	趙志華
	第 3 總隊	張廣勳	張廣勳	張廣勳
	第 4 總隊	劉景揚	劉景揚	劉景揚
	教導總隊	袁　縉	袁　縉	鮑薰南
基隆要塞	司令部	劉翼峯	譚　鵬	譚　鵬
	第 1 總臺	胡家屏	胡家屏	蕭國柱
	第 2 總臺	孫玉光	孫玉光	孫玉光
	第 3 總臺	蕭養如	蕭養如	張慶興
	守備團	樊　斌	樊　斌	樊　斌
	軍官守備團			范　麟
高雄要塞	司令部	洪士奇	洪士奇	洪士奇
	第 1 總臺	嚴韻平	嚴韻平	嚴韻平
	第 2 總臺	王靜遠	王靜遠	王靜遠
	第 3 總臺	廖志遠	廖志遠	廖志遠
	守備團	梁　均	梁　均	梁　均
	軍官守備團			劉梓皋

35 1950年 12月 15日至 1950年 2月底為裝甲兵司令部下轄第 1至第 4 個戰車團；1950年 3 月 1 日裝甲兵司令部改編為裝甲兵旅，下轄第 1至第 4裝甲兵總隊及教導總隊。「東南長官公署（國防部）陸軍師、團級戰鬥序列表」，《國軍歷居戰鬥序列表彙編》，第 2輯，《國軍檔案》，國防部藏。

番號			主官姓名		
獨立軍、師、團	師（團）		1950.4.20	1950.7.12	1950.12.1
澎湖防衛司令部	司令部				
	第96軍	司令部			
		第39師			
		第87師			
		第212師			
		第281師			
		軍官戰鬥團			
	馬公要塞	司令部			
		砲兵總臺			
		守備團			
馬祖守備區	司令部				
	第92師	司令部		李毓南	
		第274團		范　仲	
		第275團		蔣祖武	
		第276團		郝培基	
	第13師	司令部			劉明奎
		第37團			李　盛
		第38團			馬榮相
		第39團			汪起敬

二、1952 年第二次整編

1950 年第一次整編是國軍自發性對軍隊進行整理。當美國恢復對臺提供軍援之後，美軍顧問團就國軍軍隊現況陸續提出相關意見。1951 年 7 月 5 日蔡斯表示，美軍顧問團與經濟合作總署的合作，係以中華民國軍隊現有之兵力為依據，而軍援之原則限於防衛臺灣，援助地區及兵力標準均有嚴格限制，尤其對陸軍方面，此項限制特別顯著。在援助地區方面，軍援限於本島（包含澎湖），各外圍島嶼（如金門、馬祖、大陳等）都不屬於軍援範圍。在兵力標準方面，限於 10 個軍 21

個師。[36] 在優先順序方面，第一優先以戰鬥部隊為主，其他戰鬥支援部隊、學校警衛部隊、後勤部隊及後勤單位，須待戰鬥部隊裝備完成後，再予補充。[37] 當時陸軍部隊有 12 個軍 38 個師，蔡斯認為每師的人數太少，不能達成作戰任務；他要求必須按照 1 萬 1 千人 1 個師的建制來整編。如按蔡斯建議進行整編，國軍就只能編成 10 個軍 20 個師。[38] 陳誠認為，幹過軍人的人都知道，取消番號對於士氣的打擊有多麼大。自從大陸撤守後，一來因臺灣地方太小，養不了這麼多部隊；二來因為部隊殘破太甚，無法一一補充，因此國軍不能不忍痛一次又一次地予以整編。最後剩下的12 個軍38 個師，已然是不能再少的的編組了，而蔡斯還是堅持非再改編一下不可。看樣子，軍援來與不來，即取決於部隊的編與不編。國軍要反攻復國，友邦的建議就是再困難些，也只得勉為聽從。經過往返折衝，[39] 最後還是決定將臺、澎

---

36 弗蘭克 ・ 納什（Frank C. Nash，為國家安全委員會官員），他指出美方提供臺灣軍事援助和培訓，目的是改善臺灣防禦的力量，而目前目標是使陸軍部隊達到 10 個軍（每個軍級 2 萬 5000人、每個軍 2 個步兵師，並有後勤能力），同時還有 1個獨立步兵師（1萬 837人）、1 個裝甲部隊（3 萬 40 人）、1個團的傘兵作戰部隊（3,660人），而國軍目前 31 個師，改編之後為 21 個師，並不減少現役員額，完成整編之後，改編師之戰力將具有美國師一半的戰力。「納什提交國家安全委員會第 128 號文件指導委員會提交的報告」（1952年 6月 13日），收入陶文釗主編，《美國對華政策文件集》，第 2 卷，上冊，頁 121-122。

37 〈國防部參謀總長職期調任主要政績（事業）交代報告〉（1954年 6月），頁 167。

38 薛月順編輯，《陳誠先生回憶錄——建設臺灣》，上冊，頁 254。

39 所謂往返折衝，主要問題還是國軍各軍師員額不足所必須接受的結果，根據 1951年 5月 5日「軍事會談記錄」當時各師員額如要補足至 7千人，則必須補充 66個營，2萬 8,090人。如果再加上特種兵部隊，則需補充至 7萬 1,514人。「總統府軍事會談記錄」

區部隊整編為 10 個軍 21 個師。而駐守金、馬部隊尚有 2 個軍 7 個師，則不列入軍援範圍之內。[40]

美軍顧問團介入國軍整編，在原則確定之後，[41] 1951 年 8 月 6 日陸軍總部向總長周至柔提出「臺澎區陸軍軍師整編計畫意見」。陸軍總部所提出整編辦法的重點有四：第一，在軍隊的編成方面，以軍為整編單位，就現有兵力編成軍、直屬部隊及兩個師；第二，各軍除編成兩個師外，另編成一幹部師；第三，幹部師仍賦予番號，幹部師按新編制編成，幹部不足數，由軍官戰鬥團編入；第四，各軍整編究以何師為幹部師，視下列項目定之：甲、官兵素質較差者。乙、歷次校閱成績較差者。丙、訓練情形及射擊與各項比賽成績較差者。丁、過去戰績較差者；第五，各軍整編不足之人數，可從軍士教導總隊、要塞部隊及搜索部隊之輕戰車兵等部隊抽撥。[42] 在整編實施時機與步驟方面：第一，整編部隊待新編制完成實驗後開始，實驗預計3 個月，故概定 12 月開始；第二，部隊整編實施應配合美援裝備到達情形與時間決定，以不影響防務並維持士氣為原則；第

（1951年 5月 5日），〈軍事會談記錄（一）〉。

40 薛月順編輯，《陳誠先生回憶錄——建設臺灣》，上冊，頁 254。

41 依據「52軍援案」：已在原則決定者：1、陸軍：10個軍、21個師、1裝甲兵旅、1傘兵總隊及其他勤務部隊；海軍：一部份作戰艦艇及勤務艦艇、現有之配件材料、彈藥、與海軍陸戰隊；空軍：充實 8又 3分之 1大隊編制飛機（內涵 F-84噴氣式戰鬥機 1大隊）及地面設備、高射砲隊。「總統府軍事會談記錄」（1951年 12月 31日），〈軍事會談記錄（一）〉。

42 「為遵擬臺澎區陸軍軍師整編計劃意見由」（1951年8月6日），〈陸軍軍師整編案〉，《國軍檔案》，國防部藏，總檔案號：00028707。

三，各軍整編之順序，以官兵素質良好、校閱及訓練成績優良者優先整編；第四，整編宜分期行之，以不擔任防務就機動位置為原則，如第一期部隊可用機動部隊接替其防務，第二期部隊整編時，則以第一期部隊接替其防務。[43] 整編實施應準備事項：第一，防務，俟整編原則決定後，再擬調整辦法；第二，營房，需增建56 個團營房，可視美援建築經費材料情形，逐步興建，惟最低限度希望先有 20 個團之營房解決困難。在完成編裝後，預定各軍師序列，為使整編部隊有新氣象，以振奮士氣，似可重新賦予新番號。[44]

對於陸軍總部的擬案，國防部有許多意見，尤其是完成編裝後軍師番號，國防部以避免軍師番號多所更動為由，堅持保留原番號。同時，也要求陸軍總部持續研擬整編計劃的相關細節。[45] 不過，陸軍總部卻以本案國軍整編政策（臺澎區陸軍軍師整編計畫意見）除前報意見外，目前難以擬定詳細實施辦法為由，不作進一步回應。[46] 國防部只好要求陸軍總部成立陸軍軍師整編計劃研究小組，迅速擬定相關計劃。同時也要求參謀本部第三、四、五廳等各派主管人員參加。[47]

---

43 「為遵擬臺澎區陸軍軍師整編計劃意見由」（1951年 8月 6日）。

44 「為遵擬臺澎區陸軍軍師整編計劃意見由」（1951年 8月 6日）。

45 「為所擬臺澎陸軍軍師整編計劃意見核復遵照由」（1951年 8 月 15日），〈陸軍軍師整編案〉。

46 「關於臺澎區陸軍軍師整編計劃就目前狀況，本部所提供意見已如誌渭字第 393號代電所呈本案國軍整編政策除前報意見外，目前難以擬定詳細實施辦法」（1951年 8月 20日），〈陸軍軍師整編案〉。

47 「為陸軍軍師整編之詳細計劃仍屬需要，希研擬小組迅予辦理整編計劃小組第一次會議在9月27日上午10時在陸軍總部召開，由總司令孫立人主持，國防部出席人員有次長徐培根及第三、四、五廳廳長及相關人員，美軍顧問團則由陸軍顧問組魏雷准將出席。會議討論重點有兩個：第一個議題為兵員編配問題，按新編制編成10個軍21個師，以現有兵力僅可編足八成。第二個議題為幹部師決定問題，原國防部指示以軍為單位之整編辦法，幹部師可由每軍按其優劣決定一個師，然考量現實，以軍為單位之整編顧慮甚多，不能達成汰弱留強，充實戰力之目的，故建議以師為單位，按照官兵素質、訓練成績（歷次校閱及各項比賽）、部隊之戰力戰績等各種因素，排列順序，以決定幹部師。[48]

第一個議題缺員彌補的討論。原則上國防部與陸軍總部的立場大致相同，雙方僅對人員補充管道與方式進行討論。按照新編制10個軍21個師共需士兵26萬3,941人，現有10個軍31個師實有士兵20萬8,676人，尚缺5萬5,265人，約21%。缺員的補充管道大致從要塞、留越國軍、陸總部直屬工兵、通信營、裝甲兵、軍師搜索部隊人員，以及保安司令部各警衛部隊等方向進行抽撥，仍不足之數（2萬9,924人），則採缺員編成方式處理，而缺員部隊以新編制中，不需較長時間訓練之士兵，如人力輸送兵（2萬2,488人）及擔架兵

由」（1951年8月29日），〈陸軍軍師整編案〉。

48 「為奉命組成陸軍軍師整編研究小組決定開會日期乞核備」（1951年9月23日），〈陸軍軍師整編案〉。

（7,436 人）等為主。[49]

爭議較大是第二個議題，到底以軍還是以師為整編單位。會中美軍顧問團陸軍顧問組魏雷准將表示，支持陸軍總部所提汰弱留強原則，以師為整編單位。魏雷認為以軍為整編單位，每軍所屬 3 個師均屬優良，必須編出 1 個師為幹部師，反之，如每軍 3 個師均屬劣等，亦可保留兩個充實師，似欠公允。這個議題討論異常激烈，會中主席孫立人並無決議。[50] 這個議題，國防部與陸軍總部各有所堅持，究其原因，就是主導權問題。例如以軍為編成單位，各軍可決定何師為幹部師，各軍至少可保留 2 個充實師；然以師為編成單位，將有可能許多軍級部隊雖然保留軍級番號，然而其所屬各師，恐已非舊轄各師。兩者利弊得失，國防部與陸軍總部各有盤算，就孫立人而言，其所屬各部隊，訓練較佳、戰力較強，如以師為編成單位，在這場整編大戰中，將成為贏家。國防部並非不瞭解孫立人的想法，因此，國防部堅守以軍為編成單位的立場就不曾妥協。最後蔣介石裁示，以軍為整編單位，至此，整編方向終告塵埃落定。[51]

以軍為整編單位之原則確定後，國軍必須從12 個

49 「為奉命組成陸軍軍師整編研究小組決定開會日期乞核備」（1951年 9月 23日）。

50 「為奉命組成陸軍軍師整編研究小組決定開會日期乞核備」（1951年 9月 23日）。

51 「為檢呈臺澎區陸軍軍師整編計畫一份敬乞核備由」（1952年 3月 30 日），〈陸軍整編計畫〉，《國軍檔案》，國防部藏，總檔案號：00055674。

軍38個師再進一步整編為10個軍21個師，確為困難。雖然國防部努力爭取，金馬等外島部隊2個軍7個師暫不納入，但終究還是要裁減10個師。這10個師，必須由10個軍各自產生2個充實師及1個幹部師。哪個師被裁減為幹部師成了棘手的問題。因此，必須要有一套整編的標準。陸軍總部建議，整編番號的原則分為兩大部分：第一部分，按照各軍所屬師之官兵素質、無形戰力、戰績、射擊比賽及校閱成績等排名（後來為了瞭解部隊進步情形，還增加當年年終校閱成績一項），如表3-8；第二部分，徵詢各防守區司令及各軍長之意見排列各師名次，如表3-9。最後，以前述兩大部分之加總得出各師在各軍中之排序（每個軍3個師，分別排出1、2、3名）作為衡量，以各軍排序前兩師為充實師，後一師為幹部師。[52]

表3-8 臺澎區陸軍各軍軍內師按各項比較資料排列名次表[53]

番號		名次	番號		名次
6A	207D	1	67A	67D	1
	363D	2		4D	2
	339D	3		56D	3
18A	118D	1	75A	96D	1
	11D	2		16D	2
	43D	3		64D	3

52 「呈報臺澎區陸軍軍師整編擬案恭請鑒核」（1951年11月29日），〈陸軍軍師整編案〉。

53 「呈報臺澎區陸軍軍師整編擬案恭請鑒核」（1951年11月29日）。

番號		名次	番號		名次
50A	36D	1	80A	206D	1
	147D	2		201D	2
	63D	3		340D	3
52A	2D	1	87A	91D	1
	25D	2		208D	2
	40D	3		211D	3
54A	8D	1	96A	212D	1
	50D	2		39D	2
	71D	3		87D	3
附註	1. 獨立第 32 師整編為充實師，未列入表內。 2. 各軍、師之官兵素質、無形戰力、戰績、射擊比賽成績、及校閱比賽成績如表 3-10 及表 3-11。				

表3-9 臺澎區陸軍各軍軍內師徵詢各防守區司令及各軍長意見表[54]

番號		名次	番號	名次	名次
6A	207D	1	67A	67D	1
	363D	2		4D	2
	339D	3		56D	3
18A	118D	1	75A	96D	1
	11D	2		16D	2
	43D	3		64D	3
50A	36D	1	80A	206D	1
	147D	2		201D	2
	63D	3		340D	3
52A	2D	1	87A	91D	1
	25D	2		208D	2
	40D	3		211D	3
54A	8D	1	96A	212D	1
	50D	2		39D	2
	71D	3		87D	3
附註	1. 獨立第 32 師整編為充實師，未列入表內。				

54 「呈報臺澎區陸軍軍師整編擬案恭請鑒核」（1951年 11月 29日）。

從表 3-8、表 3-9 可以清楚看到各師在各軍中的排序，依此排序來作為整編依據似乎合理，但如果打破各軍建制，將各師依據各種評鑑指標進行大排名，就會產生美軍顧問團魏雷在整編會議中所提到的，每軍 3 個師如均屬優良，必須編出1 個師為幹部師的現象。[55] 整編是為達到汰弱留強的目的，但不幸這次的整編還是有些遺憾。從表 3-10 可以看到各陸軍師（以軍為單位）在官兵素質、無形戰力、戰績、射擊比賽成績、及校閱比賽成績等各項等第名次，再從表 3-11 發現第 52 軍所轄之第 2、25、40 師，在所有 30 個師的排序中，分別為第 1、5、8 名，而第 80 軍也有相同的情況，其所轄的第 201、206、340 師，在所有 30 個師的排序中，分別為第 2、3、5 名。然而，在以軍為整編單位的原則下，具有戰力、軍風優良的第 52 軍第 40 師（第 8 名）及第 80 軍第 340 師（第 5 名），都必須裁編為幹部師，而成為遺珠之憾。

55 「為奉命組成陸軍軍師整編研究小組決定開會日期乞核備」（1951年 9月 23日）。

表3-10　臺澎區各陸軍師（以軍為單位）各項等第排列名次表[56]

番號		名次	官兵素質	無形戰力	戰績	射擊比賽成績	校閱射擊比賽成績	總計	備考
6A	207D	1	1	1	1	2	2	7	以師為單位，第363師列名較前。
	363D	2	2	3	2	3	1	11	
	339D	3	3	2	2	1	3	11	
18A	118D	1	2	2	2	1	1	8	以師為單位，第11師列名較前。
	11D	2	3	1	1	3	3	11	
	43D	3	1	3	3	2	2	11	
50A	36D	1	2	1	2	1	2	9	以師為單位，第36師列名較前。
	147D	2	3	2	1	2	1	9	
	63D	3	1	3	3	3	2	12	
52A	2D	1	1	1	1	2	1	6	以師為單位，第25師列名較前。
	25D	2	3	2	2	3	2	12	
	40D	3	2	3	3	1	3	12	
54A	8D	1	2	1	1	1	3	8	以師為單位，第8師列名較前。
	50D	2	1	2	2	2	1	8	
	71D	3	3	3	3	3	2	14	

---

56 「呈報臺澎區陸軍軍師整編擬案恭請鑒核」（1951年 11 月 29 日）。官兵素質方面，本大項又可軍官出身（20%）、軍官年齡（10%）、士兵年齡（40%）及士官教育程度（30%）。在軍官部分，軍官學歷以曾接受短程訓練班次者為及格分數（70分及格），年齡以上尉階級標準年齡作為最高分。士兵部分，士兵教育以小學為及格分數，年齡以 19至 21歲為最高分。（以 1951 年為基準）。無形戰力排名方面，以各師呈報之沿革簡史為依據，評鑑項目分別為參加戰役、訓練概況、主官性格、官兵素質及作戰特長等五大項。戰歷排名方面，所謂戰歷係以部隊所參加的戰役為計分依據（不計戰爭勝負及規模）。射擊比賽方面，參加的 26 個師，成績差異很大，最好的是第 40 師（78.07分），最差的是第 64 師（45.85分）。而 26 個師中，有 16 個師，成績都不到 60 分，顯然部隊訓練成效有極大差異。總統校閱戰鬥射擊比賽方面，參加的 30個師，最高為第 2 師（25.6分），最低為第 36 師（5.67分），分數呈現曲線與射擊比賽相近，顯示部隊在總統親校的壓力下進行射擊與平常射擊比賽的結果相似，這實與平常部隊訓練有關。

番號		名次	官兵素質	無形戰力	戰績	射擊比賽成績	校閱射擊比賽成績	總計	備考
67A	67D	1	1	1	2	2	1	7	
	4D	2	2	2	1	3	3	11	
	56D	3	3	3	3	1	2	12	
75A	96D	1	1	2	3	1	1	8	
	16D	2	2	1	2	2	3	10	
	64D	3	3	3	1	3	2	12	
80A	206D	1	1	1	2	1	3	8	
	201D	2	3	2	1	2	1	9	
	340D	3	2	3	3	3	2	13	
87A	91D	1	1	3	1	2	1	8	
	208D	2	2	1	3	1	3	10	
	211D	3	3	2	2	3	2	12	
96A	212D	1	2	3	1	未參加	1	7	
	39D	2	1	2	3		3	8	
	87D	3	3	2	2		2	9	
附註	1. 獨立第 32 師整編為充實師，未列入表內。 2. 本表各項等第係彙編各單位送來資料彙整。 3. 等第相同者，參照以師為單位之名次排列，如 6A、18A、50A、52A 及 54A 各師。								

表3-11　臺澎區各陸軍師（以師為單位）各項等第排列名次表[57]

番號		官兵素質	無形戰力	戰績	射擊比賽成績	校閱射擊比賽成績	總計	名次	附註
6A	207D	5	4	11	11	11	42	3	
	363D	10	18	28	19	10	85	18	
	339D	27	14	27	8	25	101	24	
18A	118D	17	16	6	17	8	64	9	
	11D	24	5	3	24	17	73	10	
	43D	16	17	30	22	12	97	22	

57 「呈報臺澎區陸軍軍師整編擬案恭請鑒核」（1951年11月29日）。

番號		官兵素質	無形戰力	戰績	射擊比賽成績	校閱射擊比賽成績	總計	名次	附註
50A	36D	15	8	10	16	30	79	14	
	147D	18	23	7	23	24	95	21	
	63D	12	30	21	25	26	114	26	
52A	2D	6	2	1	2	1	12	1	
	25D	25	9	5	3	2	44	5	
	40D	7	15	25	1	15	63	8	
54A	8D	23	11	8	7	28	77	13	
	50D	20	24	9	13	13	79	14	
	71D	29	27	24	15	23	118	27	
67A	67D	11	1	23	18	9	62	7	
	4D	14	22	4	21	18	79	14	
	56D	19	31	29	12	14	105	25	
75A	96D	21	25	17	6	3	73	10	本軍依各師名次應以第16師被編成幹部師裁減，但以軍為編成單位，反而是第64師被編成幹部師。
	16D	26	19	16	9	27	97	22	
	64D	28	29	2	27	6	92	19	
80A	206D	2	3	22	4	7	38	3	
	201D	9	7	12	5	4	37	2	
	340D	3	10	26	10	5	54	5	
87A	91D	4	21	13	20	16	74	12	
	208D	8	12	18	14	29	81	17	
	211D	13	20	14	26	21	94	20	
96A	212D	22	28	15	未參加	19			
	39D	1	13	20		22			
	87D	30	26	19		20			
附註	1. 獨立第 32 師整編為充實師，未列入表內。 2. 係以各師各項評比加總排序綜整而成。								

整編原則、作法確定之後，1952 年 3 月 30 日國防部正式向蔣介石提報「臺澎區陸軍軍師整編計畫」。內容區分為綱領、整編順序、編配原則、整編實施之日

期及其他等五大部分。在綱領部分有幾個重點：第一，臺澎區現有陸軍 10 個軍（每軍 3 師）又 1 個獨立師，一律按陸軍軍師新編制實施整編，編成 10 個軍（每軍 2 個充實師 1 個幹部師）又 1 個獨立師。新編制以第 67 軍實驗之軍師編制為準（經美軍顧問團修正，國防部頒佈施行之編制）。第二，整編以軍為整編單位，各軍各按新編制整編為 1 個軍部（含軍直屬部隊）2 個師又 1 個幹部師，第 32 師按新師編制仍編為獨立師。第三，整編實施之順序首先著手增大機動總預備隊之戰力，次及於重要地區之守備部隊，再及於次要地區之守備部隊。第四，為使各部隊熟悉當地情形及不影響通信、工事以及防衛部署起見，以就地整編為原則。第五，為保持部隊歷史，維繫士氣團結，各軍師之番號及建制關係均不更動。第六，各軍師之整編由陸軍總部負責督導實施。[58]

在整編順序方面：第 67 軍擔任新編制實驗部隊優先整編，後依序為第 75 軍、第 87 軍、獨立第 32 師、第 6 軍、第 52 軍、第 80 軍、第 50 軍、第 18 軍、第 54 軍及第 96 軍。[59]

在編配原則方面：第一，各軍之整編以保留優秀單位及優秀幹部為原則（按各部隊之素質、戰力、戰績及平時各項成績決定之），編為幹部師之師，其所轄部

58 「為檢呈臺澎區陸軍軍師整編計畫一份敬乞鑒核由」（1952年 3 月 30日）。

59 「為檢呈臺澎區陸軍軍師整編計畫一份敬乞鑒核由」（1952年 3 月 30日）。

隊優良者，仍應編為建制團或營連，撥編充實之師，不分散撥編。第二，幹部師暫用該師原番號，其軍官均暫按其原職，臨時集中為軍官團，俟補充兵訓練中心及師團管區成立時，即分別委派為補充兵中心、訓練師或師團管區新職，其士兵以勤務上必要為度，其人數俟訓練師及師團管區編制實施後再行規定。第三，各軍軍砲兵於各軍改編時，以臺澎區現有 5 個獨立砲兵團及 3 個要塞砲兵內之人員撥編之師砲兵，以軍師現有砲兵部隊編成之。第四，各軍師（充實師）兵員之調配，除另有規定外，一律由各軍師就其現有人員自行編組。第五，各軍師（充實師）之士兵經撥補後，而現有人數仍不足時，由各軍師按缺員辦法編配，其戰鬥士兵應儘量充實之。最後實施之日期，由參謀本部視美援裝備來臺情形，於一個半月前將整編單位通知陸軍總部辦理。[60]

另外，1951 年年底實驗軍第67 軍實驗新編裝的結果出爐，根據「陸軍第67 軍實驗新制報告書」（軍長徐汝誠），第 67 軍於1951 年 7 月 8 日奉令以軍部、軍直屬部隊及第 67 師為實驗新制部隊，新編制實驗後具有以下之特點：

（一）幕僚機構之改進

（1）與國防部、各總司令部之編制相同，軍、師一致，聯繫便利，且與美軍幕僚組織為同一類型，於未來之聯合作戰，甚有助益。

60 「為檢呈臺澎區陸軍軍師整編計畫一份敬乞鑒核由」（1952年 3 月 30日）。

（2）軍、師司令部均為一級制，較以往二級制，減少層次，增強行政效率。

（3）分工精密，參謀業務專業化。

（二）火力之增強

軍屬 3 個105 榴彈砲營，師屬 1 個山砲營，團屬75 無後座砲及42 吋化學迫擊砲各 1 個連，營屬 81 迫擊砲排，連屬 60 迫擊砲排，以 2 個師制之軍計算，共有各式火砲 332 門，火力較舊編制增強甚鉅，並增設軍高射機砲 1 個連，以符空戰需要。[61]

第 67 軍實驗編裝完成後，國防部即著手進行軍師整編。整編工作區分三期實施：第一期（5-6 月）整編第67、75、87 軍；第二期（7-9 月）整編第18、54 軍及獨立32 師；第三期（10-12 月）整編第 6、52、50、80、96 軍，[62] 整編概況如表3-12。整編完成之後，陸軍（臺灣防衛）總司令部及金門防衛司令部戰鬥序列分別如表3-13、表3-14。

1952 年所進行之整編，係為配合美援裝備與訓練，使部隊戰力得到平衡，因此，除外島部隊因未列入美援而無參與外，其餘臺、澎區各軍，就原轄之 3 個師，合併充實為 2 個師，並改用新編制。[63]

---

61 「陸軍第六十七軍實驗新制報告書」（1951年 11月 12日），〈中央軍事報告及建議（一）〉《蔣中正總統文物》，國史館藏，典藏號 002-080102-00044-004。

62 「為呈報與蔡斯將軍會談有關軍師整編及營房調配情形敬乞鑒核由」（1952年 4月 26日），〈陸軍整編計畫〉。

63 〈國防部參謀總長職期調任主要政績（事業）交代報告〉（1954年 6月），頁 246。

表3-12　1952 年陸軍整編概況表[64]

序號	原有番號		整編後之番號		完成日期
	軍	師	軍	師	
1	96	39、87、212	45	57、58	
2	50	36、63、147	50	26、27	15/10
3	75	16、64、96	75	41、46	1/6
4	87	91、208、211	87	9、10	1/6
5	5	14、75、200	5	14、75、200	
		13DS		13DS	
6	19	18、45、196	19	18、45、196	
7	67	4、56、67	67	81、84	1/6
		32DS		32DS	15/7
8	6	207、339、363	6	68、69	1/11
9	18	11、43、118	18	17、19	1/8
10	52	2、25、40	52	33、34	5/10
11	54	8、50、71	54	92、93	1/8
12	80	201、206、340	80	49、51	9/11
合計	12 個軍	38 個師	12 個軍	28 個師	

64 「三十九年至四十三年國軍軍師部隊整編概況表」。

表3-13　1951年至1953年間陸軍（臺灣防衛）總司令部戰鬥序列表

番號			主官姓名				
			40.2.15	40.9.15	41.9.1	42.1.24	42.10.8
總司令部			孫立人（兼）		孫立人		
澎湖防衛司令部	司令部		李振清		闞漢騫		劉安祺
	第96軍	司令部	高魁元	高魁元	高魁元		
		第39師	韓鳳儀	韓鳳儀	楊貽芳		
		第87師	羅恕人	羅恕人	羅恕人		
		第212師	郝思義	郝思義	郝思義		
		軍官戰鬥團	林崇軻	林崇軻			
	馬公要塞	司令部	鄭　瑞	鄭　瑞	鄭　瑞	鄭　瑞	鄭　瑞
		砲兵總臺	孫中元	孫中元	孫中元	孫中元	孫中元
		直屬大臺	張士傑	張士傑	張士傑	張士傑	張士傑
		軍官守備大隊	胡　筌	胡　筌	胡　筌	胡　筌	胡　筌
	第45軍[65]	司令部				高魁元	蕭　銳
		第57師				楊貽芳	楊貽芳
		第58師				羅恕人	
	裝甲兵旅第4總隊42大隊		△	△	△	△	
	裝甲兵旅第4總隊43大隊						
	第87軍	第26團				顏　宣	
馬祖守備區	指揮部		劉明奎（兼）				
	第13師	司令部	劉明奎	劉明奎			
		第37團	李　盛	李　盛			
		第38團	段昌義	段昌義			
		第39團	汪啟靜	汪啟靜			
		軍官戰鬥團	王旭東	王旭東			
	砲8團2營第5連						

65 第45軍第57、58兩個師，係由第96軍第39、87、212等3個師於1952年10月改編而來。

番號			主官姓名				
			40.2.15	40.9.15	41.9.1	42.1.24	42.10.8
北部防守區司令部	司令部		石　覺	唐守治	唐守治	唐守治	唐守治
	第 6 軍	司令部	蘇　時	艾　靉	艾　靉	艾　靉	
		第 207 師	周中峯	周中峯	周中峯		
		第 339 師	馬滌心	馬滌心	馬滌心		
		第 363 師	何　俊	何　俊	何　俊		
		軍官戰鬥團	艾　靉	任世桂			
		第 68 師[66]				馬滌心	
		第 69 師				何　俊	
	第 18 軍	司令部	尹　俊	尹　俊	尹　俊	尹　俊	
		第 11 師	劉鼎漢	林豐炳			
		第 43 師	鮑步超	鮑步超			
		第 181 師	李樹蘭	李樹蘭			
		第 17 師[67]			林豐炳	林豐炳	
		第 19 師			鮑步超	鮑步超	鮑步超
		軍官戰鬥團	王靖之	王靖之			
		第 40 師 120 團					
	第 52 軍	司令部	劉玉章	劉玉章	劉玉章		郭　永
		第 2 師	侯程達	侯程達			
		第 25 師	李有洪	李有洪			
		第 40 師	張文博	張文博			
		第 33 師[68]			侯程達		侯程達
		第 34 師			張文博		張文博
		軍官戰鬥團	劉雲五	李運成			
	第 67 軍	司令部				徐汝誠	何世統
		第 81 師[69]				鄭　彬	鄭　彬
		第 84 師				張莫京	張莫京

66 第 68、69 師係由第 207、339、363 等 3 個師於 1952 年 11 月改編而來。

67 第 17、19 師係由第 11、43、181 等 3 個師於 1952 年 8 月改編而來。

68 第 33、34 師係由第 2、25、40 等 3 個師於 1952 年 10 月改編而來。

69 第 81、84 師係由第 5、56、67 等 3 個師於 1952 年 8 月改編而來。

番號			主官姓名				
			40.2.15	40.9.15	41.9.1	42.1.24	42.10.8
北部防守區司令部	基隆要塞	司令部	譚　鵬	譚　鵬	譚　鵬	譚　鵬	
		第 1 總臺（欠第9臺）	蕭國柱	蕭國柱	蕭國柱	蕭國柱	
		第 2 總臺	孫玉光	孫玉光	孫玉光	梁紹文	
		第 3 總臺	張慶興	張慶興	張慶興	張慶興	
		守備團	樊　斌	楊青坡			
		軍官守備團	范　麟	范　麟			
		軍官守備大隊			沈　卓		
	基隆港口守備區[70]	指揮部					譚　鵬（兼）
		第 1 總臺（欠第9臺）					譚　鵬
		第 2 總臺					蕭國柱
		第 3 總臺					梁紹文
		軍官守備大隊					翟文炳
		第 18 軍 17 師之 50 團					王誠華
	裝甲兵旅第 1 總隊		趙國昌	趙國昌			
	裝甲兵旅第 4 總隊 43大隊（欠第3中隊）						
	裝甲兵旅第 4 總隊 41 大隊及 45 大隊第 2 中隊						
	裝甲兵旅第 4 總隊（欠 41、43 之 2、3 中隊，45、46 大隊）					劉景揚	
	裝甲兵旅第 1 總隊第 4 戰鬥群						
	裝甲兵旅第 2 總隊第 26 大隊及第 25 大隊第 1 中隊						駱福全
	裝甲兵旅第 4 總隊（欠 43、45〔欠第 2 中隊〕大隊）						△

70 基隆港口守備區係由基隆要塞於 1953年 1月改編而來。

番號			主官姓名				
			40.2.15	40.9.15	41.9.1	42.1.24	42.10.8
	砲 10 團（欠 2、3 兩營）		卓鈐嘯				
	砲 10 團第 3 營			△	△		
	砲 8 團第 2 營（欠第 5 連）		△				
	砲 14 團第 1 營（欠第 1 連）		△				
	第 7 軍官戰鬥團				李運成	吉星文	吉星文
中部防守區司令部	司令部		劉安祺	劉安祺	劉安祺	劉安祺	劉玉章
	第 50 軍	司令部	鄭挺鋒	鄭挺鋒	鄭挺鋒		
		第 36 師	張國英	張國英	張國英		
		第 63 師	莫福如	陳中堅	陳中堅		
		第 147 師	張家寶（兼）	蘇維中	蘇維中		
		第 27 師[71]					蘇維中
		第 26 師第 78 團					△
		軍官戰鬥團	吉星文	吉星文			
	第 87 軍	司令部				鄒鵬奇	
		第 208 師	詹抑強	詹抑強			
		第 9 師				魏蓬林	
		第 10 師[72]				吳淵明	
	第 1 軍官戰鬥團（欠第 3 大隊）						李萬斌
	第 6 軍官戰鬥團				吉星文		
	第 11 軍官戰鬥團				吳垂昆	吳垂昆	何竹本
	基隆要塞第 1 總臺第 9 臺		△	△	△	△	△
	裝甲兵旅第 3 總隊		張廣勳	尹學謙			
	裝甲兵旅第 3 總隊（欠 31、34 大隊第 1 中隊，35 大隊第 2 中隊）				尹學謙		
	裝甲兵旅第 2 總隊第 5 戰鬥群					△	△

71 第 26、27 兩師係由第 26、63、147 等 3個師於 1952年 10月改編而來。

72 第 9、10兩師係由第 98、208、211等 3個師於 1952年 8月改編而來。

<table>
<tr><td colspan="4" rowspan="2">番號</td><td colspan="5">主官姓名</td></tr>
<tr><td>40.2.15</td><td>40.9.15</td><td>41.9.1</td><td>42.1.24</td><td>42.10.8</td></tr>
<tr><td rowspan="2"></td><td colspan="3">砲 10 團第 2 營</td><td>△</td><td>△</td><td>△</td><td></td><td></td></tr>
<tr><td colspan="3">砲 13 團（欠第 2.3 兩營）</td><td>張鍾秀</td><td>張鍾秀</td><td></td><td></td><td></td></tr>
<tr><td rowspan="20">南部防守區司令部</td><td colspan="3">司令部</td><td>唐守治</td><td>唐守治</td><td colspan="3">石　覺（兼）</td></tr>
<tr><td rowspan="5">第 80 軍</td><td colspan="2">司令部</td><td>鄭　果</td><td>鄭　果</td><td>鄭　果</td><td></td><td></td></tr>
<tr><td colspan="2">第 201 師</td><td>周建磐</td><td>周建磐</td><td>周建磐</td><td></td><td></td></tr>
<tr><td colspan="2">第 206 師</td><td>邱希賀</td><td>邱希賀</td><td>邱希賀</td><td></td><td></td></tr>
<tr><td colspan="2">第 340 師</td><td>胡英傑</td><td>胡英傑</td><td>胡英傑</td><td></td><td></td></tr>
<tr><td colspan="2">軍官戰鬥團</td><td>蕭西清</td><td>蕭西清</td><td></td><td></td><td></td></tr>
<tr><td rowspan="5">第 54 軍</td><td colspan="2">司令部</td><td></td><td></td><td>胡翼烜</td><td>胡翼烜</td><td>陸靜澄</td></tr>
<tr><td colspan="2">第 92 師</td><td></td><td></td><td></td><td>謝志雨</td><td></td></tr>
<tr><td colspan="2">第 93 師</td><td></td><td></td><td>朱元琮</td><td>胡振甲</td><td>胡振甲</td></tr>
<tr><td colspan="2">第 71 師</td><td>李煥閣</td><td>朱元琮</td><td></td><td></td><td></td></tr>
<tr><td colspan="2">軍官戰鬥團</td><td>△</td><td>△</td><td>吳淵明</td><td></td><td></td></tr>
<tr><td rowspan="4">第 75 軍</td><td colspan="2">司令部</td><td></td><td></td><td></td><td>葉　成</td><td>許朗軒</td></tr>
<tr><td colspan="2">第 96 師[73]</td><td>羅揚鞭</td><td>羅揚鞭</td><td></td><td></td><td></td></tr>
<tr><td colspan="2">第 41 師[74]</td><td></td><td></td><td></td><td>盧福寧</td><td>盧福寧</td></tr>
<tr><td colspan="2">第 46 師</td><td></td><td></td><td></td><td>羅揚鞭</td><td></td></tr>
<tr><td rowspan="5">第 67 軍</td><td colspan="2">司令部</td><td></td><td></td><td></td><td></td><td></td></tr>
<tr><td rowspan="4">第 4 師</td><td>司令部</td><td>薛仲述</td><td>薛仲述</td><td></td><td></td><td></td></tr>
<tr><td>第 10 團</td><td>王亮儒</td><td>王亮儒</td><td></td><td></td><td></td></tr>
<tr><td>第 11 團</td><td>楊耑白</td><td>楊耑白</td><td></td><td></td><td></td></tr>
<tr><td>第 12 團</td><td>薛穗興</td><td>薛穗興</td><td></td><td></td><td></td></tr>
</table>

73 第 96 師原隸屬於總預備隊，1951年 2 月至 1952年 9 月配屬南部防守區。

74 第 41、46 兩師係由第 14、64、96等 3 個師於 1952 年 6 月改編而來。

番號				主官姓名				
				40.2.15	40.9.15	41.9.1	42.1.24	42.10.8
南部防守區司令部	高雄要塞	司令部		洪士奇	洪士奇	洪士奇	洪士奇	
		第 1 總臺		嚴韻平	江執中	江執中	江執中	
		第 2 總臺		王靜遠	王靜遠	王靜遠	羅賢書	
		第 3 總臺		廖遠志	廖遠志	黎克諧	傅鴻鈞	
		守備團		梁　均	梁　均			
	軍官守備團			劉梓皋	劉梓皋	石補天		
	軍官守備大隊						文　澤	
	高雄守備區	指揮部						鄭　琦（兼）
		高雄要塞	司令部					鄭　琦
			第 1 總臺					江執中
			第 2 總臺					羅賢書
			第 3 總臺					傅鴻鈞
			軍官守備大隊					文　澤
		左營軍港守備區						周雨寰（兼）
	裝甲兵旅第 2 總隊			△	趙志華			
	裝甲兵旅第 2 總隊（欠）					趙志華	趙志華	趙志華
	第 2 軍官戰鬥團							任世桂
	第 4 軍官戰鬥團							吳垂昆
	第 10 軍官戰鬥團						石補天	石補天
	海軍陸戰隊第 1 旅（欠）					何恩廷		
	左營軍港守備區					周雨寰（兼）		
	砲 10 團第 3 營			△				
	砲 13 團第 2 營			△	△			

番號			主官姓名				
			40.2.15	40.9.15	41.9.1	42.1.24	42.10.8
東部防守區司令部	司令部		闕漢騫	闕漢騫			
	第54軍	司令部	胡翼烜	胡翼烜			
		第50師	李毓南	袁志孝			
		第71師[75]	李煥閣	朱元琮			
		第8師[76]	謝志雨	謝志雨			
		第92師[77]			謝志雨		
		軍官戰鬥團	胡禮賢	黃一華			
	裝甲兵旅第45大隊(欠)及第43大隊2中隊		△	△	△	△	
	第8軍官戰鬥團				黃一華		
	第9軍官戰鬥團				鍾祖蔭		
	砲8團第2營（欠第1、2兩營）		△				
	砲13團第3營		△				
東部守備區	司令部[78]						吳劍秋（兼）
	第18軍第19師第57團						△
	第3軍官戰鬥團						曾正我
	第8軍官戰鬥團						王佐文
	裝甲兵旅第4總隊第45大隊(欠)						△
總預備隊	第67軍	司令部	劉廉一	徐汝誠	徐汝誠		
		第4師	薛仲述	薛仲述			
		第56師	沈莊宇	沈莊宇			
		第67師	張莫京	張莫京			
		第81師[79]			鄭　彬		
		第84師			張莫京		
		軍官戰鬥團	孟廣珍	孟廣珍			

75 第71師配屬南部防守區。

76 第8師除第23團外，餘均係總預備隊。

77 第92師係由第8、50、71等3個師於1952年10月改編而來，現配屬南部防守區。

78 東部守備區係由東部防守區司令部改編而來。

79 第81、84兩師係由第4、56、67等3個師於1952年8月改編而來。

<table>
<tr><th colspan="4" rowspan="2">番號</th><th colspan="5">主官姓名</th></tr>
<tr><th>40.2.15</th><th>40.9.15</th><th>41.9.1</th><th>42.1.24</th><th>42.10.8</th></tr>
<tr><td rowspan="19">總預備隊</td><td rowspan="7">第 75 軍</td><td colspan="2">司令部</td><td>葉　成</td><td>葉　成</td><td>葉　成</td><td></td><td></td></tr>
<tr><td colspan="2">第 16 師</td><td>郭　棟</td><td>郭　棟</td><td></td><td></td><td></td></tr>
<tr><td colspan="2">第 64 師</td><td>張其中</td><td>張其中</td><td></td><td></td><td></td></tr>
<tr><td colspan="2">第 96 師</td><td>羅揚鞭</td><td>羅揚鞭</td><td></td><td></td><td></td></tr>
<tr><td colspan="2">第 41 師 [80]</td><td></td><td></td><td>郭　棟</td><td></td><td></td></tr>
<tr><td colspan="2">第 46 師</td><td></td><td></td><td>羅揚鞭</td><td></td><td></td></tr>
<tr><td colspan="2">軍官戰鬥團</td><td>鍾祖蔭</td><td></td><td></td><td></td><td></td></tr>
<tr><td rowspan="8">第 87 軍</td><td colspan="2">司令部</td><td>朱敬一</td><td>鄒鵬奇</td><td>鄒鵬奇</td><td></td><td></td></tr>
<tr><td colspan="2">第 91 師</td><td>王多年</td><td>王多年</td><td></td><td></td><td></td></tr>
<tr><td colspan="2">第 208 師</td><td>詹抑強</td><td>詹抑強</td><td></td><td></td><td></td></tr>
<tr><td colspan="2">第 211 師</td><td>魏蓬林</td><td>魏蓬林</td><td></td><td></td><td></td></tr>
<tr><td colspan="2">第 9 師 [81]</td><td></td><td></td><td>詹抑強</td><td></td><td></td></tr>
<tr><td colspan="2">第 10 師</td><td></td><td></td><td>王多年</td><td></td><td></td></tr>
<tr><td colspan="2">軍官戰鬥團</td><td>楊廷宴</td><td></td><td></td><td></td><td></td></tr>
<tr><td colspan="2">司令部</td><td>吳垂昆（代）</td><td></td><td></td><td></td><td></td></tr>
<tr><td rowspan="4">第 54 軍</td><td rowspan="4">第 8 師</td><td>司令部</td><td>謝志雨</td><td>謝志雨</td><td></td><td></td><td></td></tr>
<tr><td>第 22 團</td><td>范　中</td><td>范　中</td><td></td><td></td><td></td></tr>
<tr><td>第 23 團</td><td>李紹牧</td><td>李紹牧</td><td></td><td></td><td></td></tr>
<tr><td>第 24 團</td><td>孫　弘</td><td>孫　弘</td><td></td><td></td><td></td></tr>
</table>

80 第41、46兩師係由第16、64、96等3個師於1952年8月改編而來。

81 第9、10兩師係由第91、208、211等3個師於1952年8月改編而來。

番號			主官姓名				
			40.2.15	40.9.15	41.9.1	42.1.24	42.10.8
總預備隊	裝甲兵旅	司令部	蔣緯國	蔣緯國	蔣緯國	蔣緯國	
		第 1 總隊	趙國昌	趙國昌	趙國昌	趙國昌	
		第 2 總隊		趙志華	趙志華	趙志華	
		第 3 總隊	張廣勳	尹學謙	尹學謙	尹學謙	
		第 4 總隊	劉景揚	劉景揚	劉景揚	劉景揚	
		第 1 大隊	王建章	王建章	△		
		第 2 大隊	周啟華				
		裝校練習大隊			△	△	
		憲兵第9團之1個連			△	△	
	第 13 師	司令部			劉明奎	劉明奎	
		第 37 團			李　盛	李　盛	
		第 38 團			段昌義	段昌義	
		第 39 團			汪啟敬	汪啟敬	
	第 50 軍	司令部				鄭挺鋒	
		第 26 師[82]				張國英	
		第 27 師				蘇維中	
	第 52 軍	司令部				劉玉章（兼）	
		第 33 師				侯程達	
		第 34 師[83]				張文博	
	第 80 軍	司令部				鄭　果	
		第 49 師				周建磐	
		第 51 師[84]				邱希賀	
	傘兵總隊		黃　超	黃　超			
	砲 3 團		伍應煊	伍應煊			
	砲 8 團第 1 營						
	砲 14 團（欠第1營）		謝克文	謝克文			
	砲 8 團			張禮思			
	砲 10 團（欠第 2、3 營）			卓鈴嘯	卓鈴嘯		
	砲 13 團第 3 營						

82 第 26、27 兩師係由第 36 、63、147等 3 個師於 1952 年 10 月改編而來。

83 第 33、34兩師係由第 2、25、40等 3個師於 1952年 10月改編而來。

84 第 49、51兩師係由第 201、206、340等 3 個師於 1952年 11 月改編而來。

番號			主官姓名				
			40.2.15	40.9.15	41.9.1	42.1.24	42.10.8
預備兵團司令部	司令部						袁　樸
	第 18 軍	司令部					尹　俊
		第 17 師					林豐炳
		第 19 師					
	第 50 軍	第 26 師					張國英
	第 87 軍	司令部					周伯道
		第 9 師					黃信武
		第 10 師					吳淵明
	第 6 軍	司令部					徐汝誠
		第 68 師					汪奉曾
		第 69 師					何　俊
	第 80 軍	司令部					葉　成
		第 49 師					周建磐
		第 51 師					戴傑夫
	第 13 師	司令部					劉明奎
		第 37 團					劉培炎
		第 38 團					段昌義
		第 39 團					汪啟敬
	裝甲兵旅	司令部					郭　彥
		第 1 總隊（欠）					△
		第 2 總隊					趙志華
		第 3 總隊					尹學謙
		第 4 總隊					駱福全
		憲兵第 9 團第 2 營第 5 連					△
		裝校練習大隊					△
	工 2 團（欠）		周伯仲	周伯仲			
	工 20 團（欠）		陳駿鳴				
	通信兵第 6 團		朱錫鈞	朱錫鈞	朱錫鈞	△	夏志遠
	通信兵第 8 團第 1 營		△	△			
	憲兵第 7 團		王介庭	王介庭			
	陸軍總部甲屬通信兵第 1、2 營			△	△	△	△
	聯勤特種工兵總隊（欠）				任廣銘	任廣銘	
	陸軍獨立工兵營				△	△	△
	憲兵特務營第一連				△		
	陸軍第一補訓處				鮑步超		

番號		主官姓名				
		40.2.15	40.9.15	41.9.1	42.1.24	42.10.8
	憲兵特務營第 3 連				△	△
	通信兵第 8 團第 1 營 3 連			△	△	△
備考	1.「空白」表示該部隊在當時不屬於該序列內。「△」表示該部隊在當時仍屬於該序列內，惟主官姓名原序列中未載明。 2. 本表係由以下資料彙整調製： A.「陸軍戰鬥序列表及總預備隊集中行動表」，〈美國協防臺灣（一）〉（1952 年 8 月 20 日）《蔣中正總統文物》，國史館藏，典藏號 002-080106-00058-006。 B.「1950 年至 1954 年國軍軍師部隊整編概況表」，〈國防部參謀總長職期調任主要政績（事業）交代報告〉（1954 年 6 月），附錄一。 C.「東南長官公署（國防部）陸軍師、團級戰鬥序列表」，《國軍歷屆戰鬥序列表彙編》第 2 輯，《國軍檔案》，國防部藏。					

表3-14　1951 年至1953 年間
金門防衛司令部戰鬥序列表[85]

番號			主官姓名				
			40.2.15	40.9.15	41.9.1	42.1.24	42.10.8
金門防衛司令部	司令部		胡　璉	胡　璉	胡　璉	胡　璉	胡　璉
	第 5 軍	司令部	高吉仁	薛仲述	薛仲述	薛仲述	薛仲述
		第 14 師	劉宗邦	劉宗邦	劉宗邦	劉宗邦	鄭為元
		第 75 師	汪光堯	汪光堯	汪光堯	李有洪	蕭宏毅
		第 200 師	華心權	華心權	華心權	△	王　文
		軍官戰鬥團	鄒鵬奇	鄒鵬奇			
	第 19 軍	司令部	陸靜澄	陸靜澄	陸靜澄	陸靜澄	胡翼烜
		第 18 師	孟述美	孟述美	孟述美		
		第 45 師	侯志磐	侯志磐	侯志磐	陳簡中	陳簡中
		第 196 師	張定國	張定國	張定國	陳德坒	陳德坒

85 「東南長官公署（國防部）陸軍師、團級戰鬥序列表」。

番號			主官姓名				
			40.2.15	40.9.15	41.9.1	42.1.24	42.10.8
金門防衛司令部	馬祖守備區	司令部				孟述美（兼）	
		第 18 師				孟述美	孟述美
		馬祖巡防處				陳安華	陳安華
		閩北地區司令部				王調勳	
		特種工兵第 3 中隊（欠）				△	
		憲 9 團 3 營 7 連之一排				△	
	金門守備砲兵團		△				
	砲 14 團 1 營 第 1 連		△	△			
	第 87 軍砲兵營		△				
	空軍高射砲 5 團第 12 連		△	△			
	工兵 20 團第 3 營		△	△	△	△	
	裝甲兵金門指揮所		△				
	憲兵第 9 團 3 營第 8 連		△	△			
	技術總隊第 4 大隊		△				
	第 18 軍軍官戰鬥團			△			
	砲兵第 11 團			△	△	△	
	裝甲兵第 4 總隊第 46 大隊及 43 大隊之第 3 中隊			△	△	△	
	特種工兵總隊第 4 大隊			△			
	第 5 軍官戰鬥團				張毓金	張毓金	張毓金
	聯勤特種工兵第 1 大隊（欠）				△	△	
	空軍高砲第 5 團第 10 連				△	△	△
	第 6 軍官戰鬥團					李運成	李運成
	第 9 軍官戰鬥團					鍾祖蔭	鍾祖蔭
	憲兵第 9 團 3 營第 7 連				△	△	
	裝甲兵第 2 總隊第 22 大隊及 21 大隊之第 3 中隊						△
	聯勤特種工兵獨立第 1、2 中隊						△

番號		主官姓名				
		40.2.15	40.9.15	41.9.1	42.1.24	42.10.8
	憲兵第 9 團 2 營第 6 連					△
	閩南地區司令部					王盛傳
	閩北地區司令部					王調勳

三、1954 年第三次整編

1952 年10 月，蔡斯又向國軍提出一個新的建議，他說：「美國標準式野戰軍團之組織原則，亦適用於貴國之陸軍。」[86] 蔡斯的建議，國防部當然重視，即著手研擬相關方案。1953 年11 月國防部向美軍顧問團提出改編陸軍的計畫，蔣介石日記亦提到：「聽取軍援團提出改編全部陸軍為二個集團軍之計畫，由蕭副總長報告其經過情形，余認為不妥之至，乃指示對案，在臺澎陸軍改為二個集團軍，在外島者改為四個師，編二獨立軍為準。」[87] 如遵循美方要求，將國軍改編為 2 個集團軍，國軍勢必再裁撤 6 個軍部、10 個師部、5 個指揮機構和2 個裝甲兵總隊，才能達成任務。陳誠表示：「這又是一個重大難題，國軍已有難於應付之感。」[88]

國防部對改編陸軍所提出的對案，原則同意野戰軍團編組的建議，不過希望編組 3 個軍團，其中 2 個軍團各轄 3 個軍、9 個步兵師、1 個裝甲師，另 1 個軍團轄 2 個軍、6 個步兵師及 1 個裝甲師；共計編成 3 個軍

86 薛月順編輯，《陳誠先生回憶錄——建設臺灣》，上冊，頁 254。

87 秦孝儀總編纂，《總統蔣公大事長編初稿》，第 12 卷，1953年11月 5日記事，頁 229。

88 薛月順編輯，《陳誠先生回憶錄——建設臺灣》，上冊，頁 254。

團、8個軍、24個步兵師、3個裝甲師，裁併3個指揮機構、4個軍部、1個整編師、3個未整編師及1個裝甲兵總隊。不過這個方案，未能為顧問團所接受。[89] 蔣介石為能爭取保留更多軍師，要求國防、外交兩部持續努力，尤其希望透過外交管道來爭取更多機會。不過，1954年3月13日在聽取葉公超報告與美方商討整編陸軍情形時，他自記：「公超報告其昨日與美方商討整編陸軍二十四師總數之提議無結果，以美只肯二十一師也。故彼擬致函雷德福直商，或較易為力也。」[90] 蔣要求葉公超直接致函雷德福，表明我方難處，以爭取最大空間。

葉公超奉蔣介石指示後，以私人名義致雷德福的信函中有幾個重點：第一，整編最終目標問題。中華民國政府除加強臺灣防務之外，尚須持續以收復大陸為最終目標激勵軍民，美方目前固不能明白表示支持此項目標，然此項目標為中華民國政府提高士氣之最有效口號，亦為中華民國政府之所以存在之基本理由。第二，整編軍師數量問題。蔡斯的立場，堅持各步兵師之兵力至少須達其所建議編制裝備之95%（照其建議，每師兵力約為1萬1千人），並稱華府方面僅能支援21個步兵師，對於不足額之師，則不能以軍援予以裝備。國軍則擬維持24師，每師以編制82%之員額組成；所缺18%之員額，則俟動員開始時，用經過

89 薛月順編輯，《陳誠先生回憶錄——建設臺灣》，上冊，頁254。
90 秦孝儀總編纂，《總統蔣公大事長編初稿》，第13卷，1954年3月13日記事，頁46。

訓練之預備兵補充之。[91]

葉公超這封信函，點出美軍顧問團蔡斯對於整編的態度與中華民國政府的立場。國軍如依美方標準各師員額 95% 基準進行整編，則僅能編成18 個師。但國軍擬維持 24 師（每師以編制82%之員額組成）；不足員額，則於動員開始時，用經過訓練之預備兵補充之，如此，將可於極短期間內，獲得可資戰鬥之 24 個師。另外，維持 24 個師尚有另一原因，從1951 年美軍顧問團在臺設立開始，陸軍已自38 個師改編為 28 個師，現又擬縮編為 24 個師。如師之數目更行減少，則將予中華民國軍民一錯誤印象，以為政府將繼續裁減各師數目，而離收復大陸之目標，將越行越遠。按裁減各師之數目，固不至影響陸軍戰鬥實力，但一般士兵明瞭此點殊非易事；再者，過去每次裁減師之數目，均曾造成相當時期之紊亂，因而產生逃兵及謠言四起之現象。葉公超這封信從理性陳述到感性的訴求，最後都沒有得到美方正面回應。[92] 然而，整編案進行到 4 月，經過兩次中美聯席會議的討論後，美軍顧問團態度上有一些軟化和妥協，除了堅持 6 個軍 21 個師的美援武器不能平均分配到 8 個軍 24 個師之外，至於美援裝備部隊不能使用於臺澎以外地點，以及各師編制必須現員95% 等問

91 秦孝儀總編纂，《總統蔣公大事長編初稿》，第 13 卷，1954年3月 23日記事，頁 47-48。

92 秦孝儀總編纂，《總統蔣公大事長編初稿》，第 13 卷，1954年3月 23日記事，頁 47-48。

題已不再堅持。[93]

當整編軍師數量確定之後，裁併哪個軍、師還是有部分爭議？其中第 27 師與第 32 師裁撤問題，讓蔣介石與孫立人在「軍事會談」中有一些爭論。當時副參謀總長蕭毅肅表示依照指示「暴行犯上」比例最高的師要優先裁撤，第 27 師被列為第一順位。但孫立人建議，經過數次整編，現存 1 個師實由 4 個以上之師一再整編而來，並且經過 13 週與 17 週各級幹部之反覆訓練，戰力甚強。而外島戰力僅整編一次，如果僅以部隊中極少數暴行犯上的案件作為依據，將有損戰力，但此建議當時並未被採納。[94] 不過後來因為金門防衛司令部第19 軍第45 師改編為陸戰師，第 27 師才免於被裁撤。[95]

原訂於1954 年 6 月底以前正式編成的共識，在美軍顧問團方面又有一些狀況。蔣在 4 月 23 日、24 日 30 日及 5 月1 日的日記中連續提到美軍顧問團態度的反覆。[96] 4 月23 日：「聞蔡斯等以金門調防與軍援為由阻礙整編計畫與日期，乃令公超轉向藍卿，警告其顧問團麥唐納之態度勢將重蹈史蒂華（按：即史迪威）之覆轍為戒，并決下令如期整編，聲明金門部隊即使不允軍

93 「總統府軍事會談記錄」（1954年 4 月 24 日），〈軍事會談記錄（三）〉，《蔣中正總統文物》，國史館藏，典藏號：002-080200-00601-001。

94 「總統府軍事會談記錄」（1954年 4月 24日）。

95 「總統府軍事會談記錄」（1954年 5月 1日）。

96 秦孝儀總編纂，《總統蔣公大事長編初稿》，第 13 卷，1954年 4 月 23日至 5月 1日記事，頁 72-78。

援，亦不能妨碍整編之計畫也。」[97] 4月24日上星期反省錄：「顧問團忽反對陸軍整編太快，要求延緩至四個月整編完畢，究為何意，誠令人莫名其妙。余嚴詞斥責，命葉公超轉告藍卿，顧問團無理取鬧，且余已明告蔡斯，整編陸軍以六月三十一日為完成日期，已有三次之多，而彼皆同意，今忽反案，且在余下令之前夕，殊所不料，余決心照預定計畫下令實現，寧使不要美援武器部隊調防金門也，最後仍遵照余意實施，不加阻鬧，此仍為孫與麥唐納之作祟也。」[98] 4月30日：「蔡又提陸軍整編時間太匆促，希望展延日期。余總不了解其意何在，或以其國防部長威爾生與總統代表菲列塔將來臺解決明年度軍援，與我開字計畫之問題，蔡等不能自決，故有所待乎，此亦非意外之事，如其果為此，則於我整編計畫並不衝突，隨時可以修正。余仍告以命令已下，計畫已定，不可再有改編，乃彼亦無異議，以知我決心甚堅也。」[99] 以及「顧問團拖延我整軍計畫，究為何故，誠使人莫明其妙，但余決依照原定方針與日期發布明令如期實施，以彼無理取鬧耳。」[100] 5月1日：「研討顧問團再三反對陸軍整編，主張其延期之原因何在，豈為越南軍事即將使用國軍，若一整編必致延誤時

---

97 秦孝儀總編纂，《總統蔣公大事長編初稿》，第13卷，1954年4月23日記事，頁72-73。

98 秦孝儀總編纂，《總統蔣公大事長編初稿》，第13卷，1954年4月24日記事，頁73-74。

99 秦孝儀總編纂，《總統蔣公大事長編初稿》，第13卷，1954年4月30日記事，頁77。

100 秦孝儀總編纂，《總統蔣公大事長編初稿》，第13卷，1954年4月30日記事，頁77。

間，妨礙調動乎，抑其不願將在本島美械部隊調赴金門，更不願將金門國械部隊調來本島，以妨礙其使用之計畫乎，此皆非真正之原因，三思終不得其解。惟余仍本既定方針實施，不為其所阻也，決定各軍師調整方案。」[101]「惟蔡又提美械部隊調赴金門，已請示其陸軍部云，可歎。」[102] 從 4 月下旬到 5 月初的這段時間，美方態度反覆，使蔣莫名其妙。這種情況，激怒了蔣，使蔣不斷在尋找美方態度轉變的原因。在人的方面，他歸咎於孫立人與美軍顧問團副團長麥唐納兩人居中作梗；在事的方面，他則認為美方可能在越南軍事方面，即將使用國軍等等。蔣無法得知事情的真正原因。因此，在日記中，僅能以 6 月底整編乃既定方針，將不再改變等來捍衛自我的決心。[103]

整編工作蔣介石希望依照他的的意志繼續進行，另一方面，整編以後所衍生新的人事問題更是讓蔣必須深深思考。新的人事問題首先是總長周至柔的任期已屆，而新編成的軍團司令及各軍（師）長的人事也需一併考量。總長人事之接任人選勢必牽動高階將領人事，

101 秦孝儀總編纂，《總統蔣公大事長編初稿》，第 13 卷，1954年 5 月 1 日記事，頁 78。

102 秦孝儀總編纂，《總統蔣公大事長編初稿》，第 13 卷，1954年 5 月 1 日記事，頁 78。

103 上星期反省錄：「顧問團忽反對陸軍整編太快，要求延緩至四個月整編完畢，究為何意，誠令人莫名其妙。余嚴詞斥責，命葉公超轉告藍卿，顧問團無理取鬧，且余已明告蔡斯，整編陸軍以六月三十一日為完成日期，已有三次之多，而彼皆同意，今忽反案，且在余下令之前夕，殊所不料，余決心照預定計畫下令實現，寧使不要美援武器部隊調防金門也，最後仍遵照余意實施，不加阻鬧，此仍為孫與麥唐納之作祟也。」秦孝儀總編纂，《總統蔣公大事長編初稿》，第 13 卷，1954年 4月 24日記事，頁 73-74。

尤其是孫立人的問題最難處理。4 月23 日蔣接見周至柔、王叔銘：「昨午課後召見至柔，指示調動陸軍整編人事之計畫與方針，及軍長以上名單，決於明日軍事會談發表也。」[104] 4 月24 日主持軍事會談：「聽取陸軍整編計畫後，宣布軍團正副司令與新編八軍軍長，此乃一大事也。」[105]

新的人事命令發佈，第 1 軍團司令胡璉，下轄第 1、2、3、4 軍，第 1 軍軍長蕭銳、第 2 軍軍長何世統、第3 軍軍長徐汝誠、第 4 軍軍長胡翼烜；第 2 軍團司令石覺，下轄第 7、8、9、10 軍，第 7 軍軍長尹俊、第 8 軍軍長劉玉章、第 9 軍軍長許朗軒、第10 軍軍長曹永湘。[106] 不過這項新的人事任命並未得到所有將領的支持。5 月4 日蔣自記「據至柔報告胡璉對第一軍團司令之任命不滿態度，及其不願就職之言行，此殊出意料之外，較之吳國楨叛變情形，對余精神打擊更大。以胡為一手造成，而乃其竟專為地位與權利惟視，如此則尚有何言，此人不能再寄有希望矣。」[107] 蔣甚為不解並且難過，為何一手提拔的將領會有不同於他的想法。於是11 日召見胡璉，親自詢問其是否接受命令，「彼答現

---

104 秦孝儀總編纂，《總統蔣公大事長編初稿》，第 13 卷，1954年 4 月 23日記事，頁 72-73。

105 秦孝儀總編纂，《總統蔣公大事長編初稿》，第 13 卷，1954年 4 月 24日記事，頁 73-74。

106「民國 43年至 46年間陸軍（臺灣防衛）總司令部戰鬥序列表」，《國軍歷屆戰鬥序列表彙編》，第3輯，《國軍檔案》，國防部藏。

107 秦孝儀總編纂，《總統蔣公大事長編初稿》，第 13 卷，1954年 5 月 11日記事，頁 79。

在接受，殊有將來辭去之意，余未加斥責也。」[108]

1954 年 6 月國軍依既定期程整編，國軍原 12 個軍及 27 個師（45D/19C 另撥海軍陸戰隊），整編之後為 2 個軍團、8 個軍、24 個師，如表3-15，戰鬥序列表如 3-16。

表3-15 1954 年陸軍整編概況表[109]

<table>
<tr><th colspan="4">原有番號</th><th colspan="3">整編後番號</th></tr>
<tr><th colspan="2">軍</th><th colspan="2">師</th><th>軍團</th><th>軍</th><th>師</th></tr>
<tr><td>50</td><td rowspan="5">45</td><td>26、27、58D/45C</td><td rowspan="9">13DS</td><td rowspan="5">第一軍團</td><td>1</td><td>26、27、58</td></tr>
<tr><td>67</td><td>81、84、57D/45C</td><td>2</td><td>81、84、57</td></tr>
<tr><td>87</td><td>9、10、32DS[110]</td><td>3</td><td>9、10、32</td></tr>
<tr><td>19</td><td>18、196、45（撥陸戰隊）</td><td rowspan="2">4[111]</td><td rowspan="2">22、23、24</td></tr>
<tr><td>5</td><td>14、75、200</td></tr>
<tr><td>18</td><td rowspan="2">6</td><td>17、19、69D/6C</td><td rowspan="4">第二軍團</td><td>7</td><td>17、19、69</td></tr>
<tr><td>52</td><td>33、34、68D/6C</td><td>8</td><td>33、34、68</td></tr>
<tr><td>75</td><td rowspan="2">54</td><td>41、46、92D/54C</td><td>9</td><td>41、46、92</td></tr>
<tr><td>80</td><td>49、51、93D/54C</td><td>10</td><td>49、51、93</td></tr>
</table>

108 秦孝儀總編纂，《總統蔣公大事長編初稿》，第 13 卷，1954年 5 月 11日記事，頁 79。

109 「三十九年至四十三年國軍軍師部隊整編概況表」。

110 1954年 4 月 13 日，蔣介石召見周至柔、黃鎮球等，聽取陸軍改編計畫，曾論及第三十二師是否取消問題。秦孝儀總編纂，《總統蔣公大事長編初稿》，第 13 卷，1954年 4 月 13 日記事，頁 64。

111 依「三十九年至四十三年國軍軍師部隊整編概況表」中所列，第四軍成立後轄 4、14及 24師，經參酌「民國 43年至 46年間陸軍（臺灣防衛）總司令部戰鬥序列表」，應為 22、23及 24師。

表3-16　1954年8月18日（臺灣防衛）總司令部戰鬥序列表[112]

番號				主官姓名	駐地
總司令部				黃　杰（兼）	臺北
第一軍團	司令部			胡　璉	中壢龍崗
	第1軍	司令部		蕭　銳	苗栗
		第26師	司令部	張國英	新竹赤土崎
			砲指部	李光謙	
			第76團	高　任	頭份
			第77團	賀　銓	新庄子
			第78團	劉家福	後龍
		第27師	司令部	彭啟超	楊梅
			砲指部	李　珍	
			第79團	常持琇	太平山
			第89團	李清判	高山頂
			第81團	苟雲森	高山頂
		第58師	司令部	趙振宇	后里
			砲指部	裴　超	
			第172團	施振鐸	后里
			第173團	黎柏森	川堵
			第174團	韓　斌	內埔
		681砲指部		王靜遠	
	第2軍	司令部		何世統	臺中
		第57師	司令部	王公堂	臺中烏日
			砲指部	張德溥	
			第169團	袁子濬	臺中烏日
			第170團	王枝春	臺中烏日
			第171團	臧家駿	臺中烏日
		第81師	司令部	江肇基	彰化
			砲指部	范京生	
			第241團	王亮儒	南投
			第242團	楊崙白	清水
			第243團	謝榕楚	溪湖
		第84師[113]	司令部	尹國祥	臺北六張犁
			砲指部	楊鑄九	六張犁
			第250團	顏珍珠	松山

112「民國43年至46年間陸軍（臺灣防衛）總司令部戰鬥序列表」。
113 歸臺北衛戍司令部指揮。

番號				主官姓名	駐地
第一軍團			第 251 團	李光達	士林
			第 252 團	李向辰	六張犁
		982 砲指部		張禮思	
	第 3 軍	司令部		徐汝誠	臺北圓山
		第 9 師	司令部	董信武	臺北關渡
			砲指部	王廣法	
			第 25 團	陳其鋑	基隆
			第 26 團	顏　宣	臺北北新庄
			第 27 團	張嶸生	淡水
		第 10 師	司令部	李維錦	霄裏[114]
			砲指部	王以煇	
			第 28 團	張洪昇	觀音
			第 29 團	蔡若慶	林口
			第 30 團	湯紹基	大園
		第 32 師	司令部	丘一介	林口
			砲指部	李桂新	林口
			第 94 團	黃實秋	林口
			第 95 團	楊青坡	林口
			第 96 團	李虎辰	林口
		983 砲指部			
	第 4 軍	司令部		胡翼烜	桃園虎頭山
		第 22 師	司令部	孫竹筠	林口
			砲指部	金萬舉	
			第 64 團	鄭立軍	桃園龜山
			第 65 團	陳宗芳	林口苦苓林
			第 66 團	張　彝	桃園五股
		第 23 師[115]	司令部	蕭宏毅	宜蘭員山
			砲指部	張式琦	
			第 67 團	甘慕良	蘇澳
			第 68 團	趙少芝	礁溪
			第 69 團	廖發祥	臺北雙溪
		第 24 師	司令部	王　文	中壢
			砲指部	高英俊	
			第 70 團	李作平	中壢
			第 71 團	韓卓環	霄裏
			第 72 團	連守仁	崎頂

114 霄裏，今日桃園市八德區。

115 第 23 師，遲至 1955年 4 月始整編完成。「民國 43 年至 46 年間陸軍（臺灣防衛）總司令部戰鬥序列表」。

番號				主官姓名	駐地
第一軍團	第 4 軍	684 砲指部		周書庠	
第二軍團	司令部			石　覺	鳳山
	第 7 軍	司令部		尹　俊	屏東大武營
		第 19 師	司令部	葛先樸	番子田
			砲指部	張芳桐	
			第 55 團	唐俊賢	善化
			第 56 團	楊青田	官田
			第 57 團	張執中	六甲
		第 17 師[116]	司令部	陳德坒	澎湖馬公
			砲指部	任　修	
			第 49 團	王文明	澎湖尾仔港
			第 50 團	王誠華	澎湖西嶼
			第 51 團	武子初	澎湖鼎灣
		第 69 師[117]	司令部	余伯音	金門小徑
			砲指部	李文標	金門小徑
			第 205 團	劉殿犨	金門斗門
			第 206 團	王統佐	金門陳坑
			第 207 團	門　肅	金門瓊林
		687 砲指部		耿若天	
	第 9 軍	司令部		許朗軒	嘉義山子頂
		第 41 師	司令部	馬公亮	嘉義中庄
			砲指部	江　雲	
			第 121 團	牛鹿邰	嘉義中庄
			第 122 團	黎植楷	嘉義步兵崗
			第 123 團	姜浩奇	嘉義內角
		第 46 師[118]	司令部	胡　炘	嘉義中庄
			砲指部	鄒　凱	
			第 136 團	王士品	嘉義中庄
			第 137 團	彭學昭	嘉義步兵崗
			第 138 團	江樹平	嘉義烏樹林
		第 92 師	司令部	鄭　昆	新營
			砲指部	劉自皓	
			第 274 團	范　仲	朴子
			第 275 團	蕭華卿	六角頂
			第 276 團	項育位	烏樹林
		689 砲指部			

116 第 17 師配屬澎湖防衛司令部，另第 50團 1955年 4月始整編完成。

117 第 69 師配屬金門防衛司令部，另第 205團 1955年 4月始整編完成。

118 第 46 師於 1954年編成歸大陳防衛司令部指揮。

番號				主官姓名	駐地
第二軍團	第 10 軍	司令部		曹永湘	臺南
		第 49 師	司令部	周建磐	臺南三分子
			砲指部	童俊明	
			第 145 團	張勉思	旗山
			第 146 團	劉新銘	南化
			第 147 團	丁伯瀛	烏樹林
		第 51 師	司令部	張立夫	新化
			砲指部	胡　健	
			第 151 團	余世儀	新化
			第 152 團	崔霖山	新化
			第 153 團	石志堅	新化
		第 93 師	司令部	雷開瑄	潮州
			砲指部	朱秉一	
			第 276 團		溪州
			第 278 團	朱　訓	恆春
			第 279 團	張碩昌	鳳山五塊厝
		690 砲指部		韓哲明	
高雄守備區	指揮部			張國疆（兼）	高雄壽山
		高雄要塞	司令部	張國疆	高雄壽山
			第一大臺	江執中	高雄桃子園
			第二大臺	羅賢書	臺南國民道場
			軍官守備大隊	文　澤	高雄壽町
		左營守備軍			左營
宜蘭守備區	第 23 師	指揮部		蕭宏毅（兼）	宜蘭員山
		司令部		蕭宏毅	宜蘭員山
		砲指部		張式琦	
		第 67 團		甘慕良	蘇澳
		第 68 團		趙少芝	礁溪
		第 69 團		廖發祥	臺北雙溪
東部守備區	指揮部			吳劍秋（兼）	花蓮
	779 搜索團			汪起敬	臺東
	780 搜索團			段昌義	花蓮北埔
澎湖防衛司令部	司令部			劉安祺	馬公
	第 17 師	司令部		陳德坒	澎湖馬公
		砲指部		任　修	
		第 49 團		王文明	澎湖尾仔港
		第 50 團		王誠華	澎湖西嶼
		第 51 團		武子初	澎湖鼎灣

番號				主官姓名	駐地
澎湖防衛司令部	馬公要塞	司令部		鄭　瑞	馬公
		第 1 大臺			澎湖拱北
		第 2 大臺			澎湖雞母塢
		第 3 大臺			漁翁西堡
		軍官守備大隊		胡　笙	澎湖拱北
裝甲兵司令部	司令部			郭　彥	臺中清泉崗
	裝甲兵第 1 師			趙志華	湖口
	裝甲兵第 2 師			尹學謙	臺中清泉崗
	獨戰第 1 營			郭道鈞	臺中清泉崗
	獨戰第 3 營			王樟榮	湖口
第 1 軍官戰鬥團				吳垂昆	水底寮
第 3 軍官戰鬥團				吉星文	中壢
第 4 軍官戰鬥團				林　杞	臺東
第 5 軍官戰鬥團				鄭　彬	民雄
第 6 軍官戰鬥團				林豐炳	花蓮
第 12 軍官戰鬥團				羅伯剛	嘉義大林
金門防衛司令部	司令部			劉玉章	金門
	第 8 軍	司令部		郭　永	金門
		第 33 師	司令部	侯程達	金門洋宅
			砲指部	古　今	金門
			第 97 團	賈乃隆	金門后山
			第 98 團	江春曉	金門吳坑
			第 99 團	張聞聲	金門后埔頭
		第 34 師	司令部	張文博	烈嶼湖下
			砲指部	穆德恕	烈嶼湖下
			第 100 團	楊敬斌	心頭
			第 101 團	劉朝槐	烈嶼後宅
			第 102 團	葉曜蘅	烈嶼南塘
		第 68 師	司令部	汪奉曾	金門下堡
			砲指部	汪文元	金門下堡
			第 202 團	趙華蔭	金門東堡
			第 203 團	周雲飛	金門湖下
			第 204 團	張文俊	金門埔頭
		688 砲指部		李卿雯	金門

番號				主官姓名	駐地
金門防衛司令部	第 7 軍之第 69 師	第 69 師[119]	司令部	余伯音	金門小徑
			砲指部	李文標	金門小徑
			第 205 團	劉殿羣	金門斗門
			第 206 團	王統佐	金門陳坑
			第 207 團	門　肅	金門瓊林
	第 45 師	司令部		陳簡中	金門珠山
		第 133 團		時迴川	金門舊金城
		第 134 團		林書矯	金門歐厝
		第 135 團		袁國徵	金門水頭
	馬祖守備隊	指揮部		陳威那（兼）	馬祖山隴
		第 205 團		劉殿羣	馬祖山隴
		第 206 團第 3 營		何國權	馬祖北竿
		第 69 砲指部 274 營		黃　胄	馬祖山隴
		海軍馬祖巡防處		曹元中	馬祖
	第 2 軍官戰鬥團			張毓金	金門后湖
	第 4 軍官戰鬥團			鍾祖蔭	金門內洋
	裝甲兵獨戰第 2 營			鄭　律	金門

1954 年之整編，係為完成軍隊標準組織，增強戰鬥與後勤支援力量，將所有軍師部隊改為 2 個標準野戰軍團，並以其他部隊充實之，著重健全組織，改善編制。另外，所有過去整編後多餘之幹部，悉編為整編後之軍官戰鬥團，以備人事上之調節及動員之補充使用。[120]

119 第69師配屬金門防衛司令部，另第205團1955年4月始整編完成。

120〈國防部參謀總長職期調任主要政績（事業）交代報告〉（1954年6月），頁246。

四、砲兵部隊整編

砲兵是陸軍最重要的火力，1950 年在臺陸軍砲兵部隊僅有第 3、[121] 8、10、13[122] 及14 團[123] 等 5 個獨立砲兵團及 11 個軍師砲兵營。但實際上砲兵部隊的架構是個空殼子，人員及大砲均不足編制數。[124] 韓戰初期，美方主動表示願意為我裝備 3 個砲兵團及 31 個師砲兵營。當然這是一個難得的機會，但是其條件就是要讓美軍對我砲兵部隊進行實際的觀察後再予以決定。然而，在美方聯絡人員實際參觀國軍砲兵部隊之後，對國軍砲兵訓練及幹部素質評價很差，並且表示不願意撥配良好火砲及器材給國軍，國防部對此深以為憂。[125]

為了爭取美援，國防部決定對砲兵部隊進行大幅

121 原鳳山陸訓部希望由第 31 軍成立砲兵團，但是並未獲得同意。不過後來同意由陸軍訓練司令部負責編訓一個獨立砲兵團，並賦予獨立砲兵第 3團番號。砲 3團於 1948年 11月 1日正式成立。本團使用火砲為美製 75 榴砲。「復砲三團於戌東編成准予備查」（1948年 11月 1日），〈砲兵部隊編制案〉（1949年 2月 - 5月），《國軍檔案》，國防部藏，檔號：583.61/1761.2。

122 砲 8、13 團，從大陸撤退來臺，使用 75 山砲及 105 榴砲。陳鴻獻訪問、歐世華、曾曉雯整理，〈盧全樞先生訪問紀錄〉，《戡亂時期知識青年從軍訪問紀錄》（臺北：國防部史政編譯局，2001），頁 54。

123 此團原由第 204、205師合併改編的第 31 軍從臺灣移防北平時，在美軍顧問團的建議下留下六個迫擊砲連，準備將 82迫擊砲換裝為42迫擊砲，42迫擊砲威力大，還可以發射化學彈。後於 1949年 3月 1日改編為重迫擊砲第 14團，團長駱效賓，駐地在屏東大武營。見陳鴻獻訪問、歐世華、曾曉雯整理，〈盧全樞先生訪問紀錄〉，《戡亂時期知識青年從軍訪問紀錄》，頁 53-54。另見「為復所請重迫砲十四團於三月一日成立，准予備查」（1949年 3月 16日），〈砲兵部隊編制案〉（1949年 2月 -5月）。

124 〈呈砲兵部隊編組方案〉（1950年 10月 5 日），〈砲兵部隊編組方案〉，《國軍檔案》，國防部藏，檔號：1930.1/1761。

125 「為研討美援火砲之編選用」（1950年 8月 31 日），〈砲兵部隊編裝案〉，《國軍檔案》，國防部藏，總檔案號：00056938。

度的整編。[126] 首先，進行一連串對砲兵部隊重新編組的計畫。編組原則有三。第一，155 及105 榴彈砲編組為獨立砲兵團。第二，42 重迫擊砲編組為軍砲兵營。第三，75 山（榴）砲編組為師砲兵營。[127] 編組原則律訂了各級砲兵部隊及所使用火砲口徑開始。至此，獨立砲兵團、軍砲兵營及師砲兵營等各級砲兵部隊及使用之砲種大致確定。

在編組要領方面，區分火砲編配及部隊編成兩個方面。在火砲編配方面：1、獨立砲兵先就現有之 5 個砲兵團（第3、8、10、13 及14 團）改編換裝，以砲 3、8、13、14 團換裝105 榴砲，砲十團換裝155 榴砲。2、每軍以 42 重迫砲編組 1 個軍砲兵營，以現有之12 個軍砲兵營裝備（換裝）之。3、每師以75 山（榴）砲編組 1 個師砲兵營，以現有之 3 個師砲兵營、36 個師砲兵連擴編裝備，如火砲不足時，暫以一部以戰防砲、機關砲裝備，以後陸續調整。4、155、105、75 榴砲以每連 4 門，42 重迫砲每連 6 門編成。5、各砲兵部隊之編成與換裝（裝備）依火砲到達情形逐次實施。6、爾後如增加之火砲，則準獨立團編組155 級重砲團，各軍編組 105 級重砲團或營，各師編組 75 榴砲營之原則，實施換裝（火砲數量及編組詳如表3-17）。

126「為研討美援火砲之編選用」（1950年 8月 31日）。
127「呈砲兵部隊編組方案」（1950年 10月 5日）。

表3-17　火砲數量及編組表[128]

區分	現有數	外購數	合計	可編成單位數使用辦法					
				團	營	連	編為獨立砲兵團（5）	編為軍砲兵營（12）	編為師砲兵營（39）
美 155 榴砲		36	36				1		
美 105 榴砲	7	144	151	4			4		
美 4.5 火箭砲		144	144		4				
美 42 重迫砲	102	116	218		12			12	
美 75 山（榴）砲	102	200	302		25				25
日 75 山砲	41		41		3				3
加 5.7 戰防砲	29		29		1	2			1 另 2 連
美 3.7 戰防砲	41		41		2	1			1 另 1 連
日 2.5 機關砲	138		138		7	2			7
合計	453	316	769						

陸軍砲兵部隊最大的改變，是在1952 年配合臺澎區陸軍軍師整編進行整編。依照1952 年3 月30 日核定的「臺澎區陸軍軍師整編計畫」，各軍軍砲兵於各軍改編時，以臺澎區現有 5 個獨立砲兵團及 3 個要塞砲兵內之人員撥編至師砲兵，並以軍師現有砲兵部隊編成，如表3-18。[129]

在部隊編裝及美援火砲獲得方面，1951 年 5 月砲 8 團（原使用75 榴砲團編裝）獲得美式105 榴砲後，於

128 「呈砲兵部隊編組方案」（1950年 10月 5日）。

129 「為檢呈臺澎區陸軍軍師整編計畫一份敬乞鑒核由」（1952年 3月 30日），〈陸軍整編計畫〉。

6 月1 日併同砲3 團修正編裝，之後砲10、[130] 14 團[131]也陸續依照105 榴彈砲編裝修正，以符合國情並與美制相似，以利典範令之修訂。[132] 1951 年 5 月金門防衛司令部守備砲兵團也在爭取美援後，改編為陸軍砲兵第11 團。[133] 1952 年4 月國軍獲得美援75 山砲136 門，5 月 1 日國防部先行核定第 1 軍、第18 軍、第 50 軍、第 52 軍、第 80 軍等 5 個軍，每軍按步兵師 75 山砲營編制表編成兩個 75 山砲營，暫隸屬於軍集中整訓，並規定以各軍原有軍砲兵營及 3 個師之砲兵連為基幹編成。如表3-18。各軍原有軍砲兵營及所屬各師砲兵連同時撤銷。[134]

130「為砲十團編成報告表准予備查由」（1951年8月21日），〈砲兵部隊編裝案〉。

131「隨電檢送砲兵十四團編成報告表恭請核備」（1952年 2 月 25日），〈砲兵部隊編裝案〉。

132「為頒發陸軍一五五榴砲團制表并飭砲三、八團改編具報由」（1951年 5月 25日），〈砲兵部隊編裝案〉。

133 金門防衛部守衛砲兵團原為廈門要塞之第二總臺（設金門），廈門撤守後，改編為金門要塞，1949年 11月又改為目前番號，直隸金門防衛司令部。目前有官佐 243員、士兵 1698員，砲種為榴砲 11門及機關砲 20門。見「為請改編金門防衛部守備砲兵團賦予陸軍砲兵第十一團番號由」（1951年 5 月 31 日），〈砲兵部隊改組方案〉，《國軍檔案》，國防部藏，總檔案號：00055298。

134「為核定 6A52A80A50A18A每軍編成兩個 75山砲營由」（1952年 5月 1日），〈砲兵部隊編裝案〉。

表3-18　臺澎區陸軍軍師砲兵部隊整編辦法表[135]

整編順序	整編部隊	現有砲兵部隊數	整編時所缺砲兵部隊數	撥編部隊	編成辦法
1	67A	2個營又2個連	2個營又1個連	砲8團	1. 該軍現有砲兵部隊編成兩個師屬山砲營，多餘兩個連之人員不予撥出，由該軍自行調配。 2. 砲8團全部撥編為軍砲兵。
2	75A	1個營又3個連	3個營	砲14團	1. 該軍現有砲兵部隊編成兩個師屬山砲營。 2. 砲14團全部撥編軍砲兵。
3	87A	1個營又3個連	3個營	砲13團	1. 該軍現有砲兵部隊編成兩個師屬山砲營。 2. 砲13團全部撥編為軍砲兵。
4	32DS	1個營	1個營		以該師現有砲兵營編成。
5	6A	1個營又3個連	3個營	砲10團	1. 該軍現有砲兵部隊編成兩個師屬山砲營。 2. 砲10團全部撥編為軍砲兵。

135「為檢呈臺澎區陸軍軍師整編計畫一份敬乞核備由」（1952年3月30日）。
一、按本表編成辦法需9個負擔雙重任務之營（在臺灣防守作戰期間肩負野戰軍及要塞雙重作戰任務）計基隆要塞4個營、高雄要塞3個營、馬公要塞2個營。為使負擔雙重任務之營，在掉服野戰任務時，其原負擔要塞任務能有部雙重任務隊適時接替計，應作以下之處置：
（一）基隆要塞軍官守備團擴編為4個大隊之團（增加1個大隊）。
（二）馬公要塞軍官守備大隊擴編為3個大隊之團（增加1個團部及2個大隊）。
（三）各守備團編制，根據要塞需要，重新調整期所需增加大隊及戰鬥員，由現有5個砲兵軍官教導營撥編。
二、撥編各軍之要塞部隊（含雙重任務單位）均隸各軍建制，用各軍番號，其負雙重任務期間，在要塞上作為配要塞使用。
三、編成辦法中所稱之砲兵指揮組本部而言，其本部連、衛生隊、高射機砲連等3單位，仍由各軍自行編成。

整編順序	整編部隊	現有砲兵部隊數	整編時所缺砲兵部隊數	撥編部隊	編成辦法
6	52A	1 個營又 3 個連	3 個營	基隆要塞	1. 該軍現有砲兵部隊編成兩個師屬山砲營。 2. 在基隆要塞第一期抽編之 2 個營中，以一個營編成該軍軍砲兵之一營，另由基隆要塞編組兩個營負擔雙重任務。 3. 該軍軍砲兵之砲兵指揮組由高雄要塞編成。
7	80A	1 個營又 3 個連	3 個營	砲 3 團	1. 該軍現有砲兵部隊編成兩個師屬山砲營。 2. 砲 3 團全部撥編為軍砲兵。
8	50A	2 個營又 2 個連	2 個營又 1 個連	高雄要塞	1. 該軍現有砲兵部隊編成兩個師屬山砲營及軍砲兵之一營（尚欠一個連由該軍自行編成）。 2. 在高雄要塞第一期，抽編之兩個營中，以一個營編成該軍軍砲兵之一營，另由該要塞編組一個營負擔雙重任務。 3. 該軍軍砲兵之砲兵指揮組由高雄要塞編成。
9	18A	1 個營又 3 個連	3 個營	基隆要塞	1. 該軍現有砲兵部隊編成兩個師屬山砲營。 2. 在基隆要塞第一期抽編之兩個營中，以一個營編成該軍軍砲兵之一營，另由基隆要塞編組兩個營負擔雙重任務。 3. 該軍軍砲兵之砲兵指揮組由高雄要塞編成。
10	54A	1 個營又 3 個連	3 個營	高雄要塞	1. 該軍現有砲兵部隊編成兩個師屬山砲營。 2. 在高雄要塞第一期抽編之兩個營中，以一個營編成該軍軍砲兵之一營，另由該要塞編組兩個營負擔雙重任務。 3. 該軍軍砲兵之砲兵指揮組由高雄要塞編成。

整編順序	整編部隊	現有砲兵部隊數	整編時所缺砲兵部隊數	撥編部隊	編成辦法
11	96A	1 個營又 3 個連	3 個營	馬公要塞	1. 該軍現有砲兵部隊編成兩個師屬山砲營。 2. 以馬公要塞第一期抽編之兩個營中，以一個營編成該軍軍砲兵之一營，另由該要塞編組兩個營負擔雙重任務。 3. 該軍軍砲兵之砲兵指揮組由馬公要塞編成。

1954 年在美援火砲獲得較為充分的情況下，國軍砲兵編制原則有部分修正：一、軍砲兵編制，155 榴砲 2 個營、105 榴砲 2 個營，先裝備155 榴砲 1 至 2 個營。二、師砲兵編制75 山砲 2 個營、105 榴砲 1 個營，裝備為75（M3-105）砲 2 個營、M2-105 砲 1 個營。[136] 有關陸軍各級砲兵部隊編裝的擬定，1954 年軍砲兵編裝草案（含陸軍野戰155 榴彈砲兵連編制裝備表等）[137] 與師砲兵編裝草案（含陸軍野戰105 榴彈砲兵連編制裝備表、陸軍野戰 75 榴彈砲兵連編制裝備表等）[138] 陸續完成，從表3-19 中可以清楚瞭解1954 年第1、2 軍團所屬的 8 個軍師砲兵營裝備編制與現況，原則上可以歸納出幾個脈絡，首先是軍砲指部編制為155 榴砲 2 個營、105 榴砲 2 個營，但裝備現況為155 榴砲 1 至 2 個營；

136「為呈一、二軍軍團所屬八軍師砲調配狀況由」（1954年 11 月18日），〈砲兵部隊編裝案〉。

137「軍砲兵指揮部編制裝備表（四十三年）」（1954年 4 月 24日），《國軍檔案》，國防部藏，總檔案號：00028849。

138「師砲兵指揮部編制裝備表（四十三年）」（1954年 4 月 24日），《國軍檔案》，國防部藏，總檔案號：00028848。

在師砲指部編制為75山砲2個營、105榴砲1營，裝備現況大致滿足，依統計軍師砲兵營尚未裝備者計20個營。[139]

砲兵部隊的整編併同軍師第三次整編至此告一段落，陸軍軍隊的型態也形塑完成。

表3-19 1954年陸軍第一、二軍團所屬八個軍師火砲現況統計表[140]

部別		編制		裝備現況		備考
		火砲種類	單位（營）	火砲種類	單位（營）	
第1軍	軍部	155榴砲 105榴砲	2 2	M1 155榴砲 --	1 --	
	26師	75山砲 105榴砲	2 1	75山砲 M2 105榴砲	2 1	
	27師	75山砲 105榴砲	2 1	75山砲 M2 105榴砲	2 1	
	58師	75山砲 105榴砲	2 1	M3 105榴砲 M2 105榴砲	2 1	
第2軍	軍部	155榴砲 105榴砲	2 2	M1 155榴砲 --	2 --	
	81師	75山砲 105榴砲	2 1	75山砲 M2 105榴砲	2 1	
	84師	75山砲 105榴砲	2 1	M3 105榴砲 M2 105榴砲	2 1	
	57師	75山砲 105榴砲	2 1	75山砲 M2 105榴砲	2 1	
第3軍	軍部	155榴砲 105榴砲	2 2	M1 155榴砲 --	2 --	
	9師	75山砲 105榴砲	2 1	75山砲 M2 105榴砲	2 1	
	10師	75山砲 105榴砲	2 1	M3 105榴砲 M2 105榴砲	2 1	

139「為呈一、二軍軍團所屬八軍師砲調配狀況由」（1954年11月18日）。

140「為呈一、二軍軍團所屬八軍師砲調配狀況由」（1954年11月18日）。

部別		編制		裝備現況		備考
		火砲種類	單位（營）	火砲種類	單位（營）	
第 3 軍	33 師	75 山砲 105 榴砲	2 1	75 山砲 M2 105 榴砲	1 1	另一個營陸總部告知另案呈報
第 4 軍	軍部	155 榴砲 105 榴砲	2 2	--	--	
	22 師	75 山砲 105 榴砲	2 1	日式 75 山砲 美式 75 山砲	1 1	
	23 師	75 山砲 105 榴砲	2 1	美式 75 山砲 日式 75 山砲 日式 92 榴砲	1 1 1	
	24 師	75 山砲 105 榴砲	2 1	美式 75 山砲 日式 75 山砲	1 1	
第 7 軍	軍部	155 榴砲 105 榴砲	2 2	-- --	-- --	
	17 師	75 山砲 105 榴砲	2 1	75 山砲 M2 105 榴砲	2 1	
	19 師	75 山砲 105 榴砲	2 1	M3 105 榴砲 M2 105 榴砲	2 1	
	69 師	75 山砲 105 榴砲	2 1	75 山砲 M3 105 榴砲	2 1	
第 8 軍	軍部	155 榴砲 105 榴砲	2 2	M1 155 榴砲 --	1 --	
	33 師	75 山砲 105 榴砲	2 1	M3 105 榴砲 M2 105 榴砲	2 1	
	34 師	75 山砲 105 榴砲	2 1	75 山砲 M2 105 榴砲	2 1	
	68 師	75 山砲 105 榴砲	2 1	75 山砲 M2 105 榴砲	2 1	
第 9 軍	軍部	155 榴砲 105 榴砲	2 2	M1 155 榴砲 --	2 --	
	41 師	75 山砲 105 榴砲	2 1	75 山砲 M2 105 榴砲	2 1	
	46 師	75 山砲 105 榴砲	2 1	75 山砲 M2 105 榴砲	2 1	
	92 師	75 山砲 105 榴砲	2 1	75 山砲 M2 105 榴砲	2 1	
第 10 軍	軍部	155 榴砲 105 榴砲	2 2	M1 155 榴砲 --	2 --	
	49 師	75 山砲 105 榴砲	2 1	M3 105 榴砲 M2 105 榴砲	2 1	
	51 師	75 山砲 105 榴砲	2 1	75 山砲 M2 105 榴砲	2 1	

部別		編制		裝備現況		備考
		火砲種類	單位（營）	火砲種類	單位（營）	
第10軍	93師	75山砲 105榴砲	2 1	75山砲 M2 105榴砲	2 1	
合計		155榴砲 105榴砲 75山砲 小計	16 40 48 104	155榴砲 M2 105榴砲 M3 105榴砲 75山砲 日式92榴砲 小計	10 20 11 37 1 79	軍師砲兵尚未裝備者計20個營

五、國軍整編成效

1950年代初期國軍軍隊整編雖然歷經波折，但成效卓著，其重大之影響如下：

（一）軍隊精實化

國軍自1950年以來歷經三次整編，三次整編的目的雖有不同，但都達到一個共同目的，就是透過員額管制及人員核實的手段，使部隊吃空缺及黑官的情況日益消減，終至滅跡，進而讓部隊編制員額與現有員額得以透明並且得到控制，以減輕國家財政負擔。

另外，配合軍援要求，國防部在進行部隊整編時，首先劃分受援與非受援單位。非受援單位不能獲得美援之支持，在總員額運用上亦發生困難，因部分員額為非受援單位占用，至受援單位之兵力充實至100%，則無員額可用，故對非受援單位中不必要之單位則必須予以撤銷，以其人力運用於受援單位，以爭取美援，減少員額之負擔。非受援單位配合美援的要求，諸如軍官戰鬥團、軍官教育團、陸軍補助幹部大隊、基隆、高雄及馬公要塞等單位，則在員額壓力下陸續撤銷或改編。

實施之後，成效有二，一使受援單位人員充實，並騰出非受援單位員額用於補充受援單位；二減少冗員現象，在人力運用上更顯彈性。[141]

（二）軍隊青壯化

歷經數次整編，軍隊變的更為年輕且具戰力。以1952年7月至9月各單位補給人數統計表來看，國軍現員官兵合計53萬1,926員，總平均年齡為28歲。各階平均年齡：上將57歲、中將49歲、少將44歲、上校41歲、中校38歲、少校33歲、上尉32歲、中尉30歲、少尉28歲、准尉28歲、士兵27歲。[142] 但隨著來臺時間增加，官兵年齡不斷增長，為保持青壯人力以確保戰力，國軍透過假退役方式緩解現員員額擁擠的狀況，[143] 一旦國家財政稍微好轉，即辦理官兵退役，發佈正式退役令，並配合行政院國軍輔導委員會輔導退除役官兵就業，身體殘廢老弱機障者，並視個人情況協助就醫、就養及就學等。[144]

---

141 「國防部參謀總長職期調任主要政績（事業）交代報告」（1952年11月），〈參謀總長政績交代〉（1957年6月），總檔案號：00036033，頁54-55。

142 1951年官兵的平均年齡為27.7歲「國軍官兵年齡調查統計總表」（1952年11月），〈國防部參謀總長職期調任主要政績（事業）交代報告〉（1954年6月），附錄二。另外，當時國防部第四廳也統計各軍總部官兵平均年齡，軍（士）官平均年齡：陸軍39歲、海軍31歲、空軍30歲、聯勤31歲；士兵平均年齡：陸軍26歲、海軍24歲、空軍26歲、聯勤26歲。「總統府軍事會談記錄」（1952年1月12日），〈軍事會談記錄（一）〉。

143 政府遷臺，為精壯國軍，強化國防，於1952年10月22日公布〈陸海空軍軍官在臺期間假退役假除役實施辦法〉，以安置退役人員。秦孝儀總編纂，《總統蔣公大事長編初稿》，第11卷，頁249。

144 單身以安置榮家，有眷者以回家自養為原則。「國防部參謀總長職期調任主要政績（事業）交代報告」（1952年11月），〈參謀

（三）軍隊中央化

1950 年代部隊是否還存有省籍界線及私人色彩，劉安祺認為老部隊慢慢淘汰，這過程中最困難的是整理，抽樑換柱費了許多苦心。有些能作戰、或有作戰經驗的將領，或許在學術上有所欠缺，但對有功的人總得妥善安排，才能心安理得。因此，人事的安排頗費周章。[145] 以劉安祺為例，1957 年任職中部防守區司令時，蔣介石要他整理廣東的3 個軍，這3 個軍是薛岳、陳濟棠等人的部隊，處理不好，易生是非。[146] 另外，汪敬煦於1958 年12 月任陸軍第 81 師師長時，他還深覺第81 師是百分之百的廣東部隊。[147]

1950 年代中期的國軍都還存在昔日舊派系的現象，遑論1950 年代初期舊派系勢力更為明顯。有鑑於此，蔣介石善用每次整編的機會，排除異己。1952 年10 月 31 日蔣介石在日記中透露出他埋藏心中多年的想法：

駐臺澎國軍由三十一師整編為二十一師，本月完

總長政績交代〉（1957年 6月），頁 61。

145 張玉法、陳存恭訪問，黃銘明紀錄，《劉安祺先生訪問紀錄》（臺北：中央研究院近代史研究所，1991），頁 157-158。

146 張玉法、陳存恭訪問，黃銘明紀錄，《劉安祺先生訪問紀錄》，頁 158。

147 陸軍第 81 師，部隊的基礎是前第 4 軍，原先是張發奎的部隊，後來轉至薛岳系統。從海南島來臺時，番號是第 4 軍，軍長薛仲舒（薛岳的弟弟）。各級幹部中，很多都與薛家有親戚關係，汪敬煦接師長時，經理組長還姓薛，主計室主任也是薛岳夫人家的人。劉鳳翰、何智霖、陳亦榮從訪問，何智霖、陳亦榮紀錄整理，《汪敬煦先生訪談錄》（臺北：國史館，1994），頁 47。

成，此乃軍事渣滓可以澈底消除矣。而加之假退役制亦於月杪實施，尤其是高級垃圾乃可開始掃除矣。以上二項實為建黨建軍最基本之問題，若非經此次大失敗，則在余手中，決不能有如今日建設方案之成立也。[148]

軍隊整編成為蔣貫徹意志與消除異己的工具。劉鳳翰也認為，經過1950、1952及1954年三次整編後，陸軍已成為清一色的中央軍，幹部以黃埔、陸大為多數（少數例外，如蔣緯國等），不過初期尚有陳誠——胡璉、高魁元；湯恩伯——石覺、陳大慶；胡宗南——羅列、袁樸等三大派系的影子存在，其他如關麟徵的劉玉章；孫立人的唐守治等，這種影子，幾經調整，亦完全消失，成為真正的國軍，軍隊國家化的國軍。[149] 劉鳳瀚的論點，經過更準確的資料比對之後，發現在1954年第三次整編完成之際，陸軍軍團及軍師長，僅第1軍團第2軍第84師師長尹國祥非黃埔陸軍官校系統畢業（詳如表3-20）。這種人事安排的趨向，雖不能說明派系已經完全消弭，但卻也透露出非黃埔系出身者，已難再有掌握軍隊指揮權的機會了。

148 秦孝儀總編纂，《總統蔣公大事長編初稿》，第 11 卷，1952年10月31日記事，頁 269。

149 劉鳳翰，〈國軍（陸軍）在臺澎金馬整編經過（民國 39 年至 70 年）〉，《中華軍史學會會刊》，第 7 期（2002年 4 月），頁 277-278。

表3-20 1954年陸軍部隊長背景一覽表[150]

番號				主官姓名	背景（學經歷）
總司令部				黃杰（兼）	湖南。黃埔陸軍官校第1期步科、臺北衛戍司令。
第一軍團	司令部			胡 璉	陝西。黃埔陸軍官校第4期步科、革命實踐研究院第1期、金門防衛司令部司令。
	第1軍	司令部		蕭 銳	湖北。中央陸軍官校第6期。
		第26師	司令部	張國英	安徽。中央陸軍官校第12期砲科、革命實踐研究院第1期。第36師師長。
		第27師	司令部	彭啟超	湖北。中央陸軍官校武漢分校第7期砲科。東南軍政長官公署防空處長。
		第58師	司令部	趙振宇	河南。中央陸軍官校第8期。
		681砲指部		王靜遠	遼寧。中央陸軍官校第10期砲科、高雄要塞第二總臺臺長
	第2軍	司令部		何世統	貴州。日本陸軍士官學校。
		第57師	司令部	王公堂	山東。中央陸軍官校第10期交通科。
		第81師	司令部	江肇基	查無資料。
		第84師	司令部	尹國祥	河北。北平黃寺河北軍事政治學校第二期（校長商震）、實踐學社。
		982砲指部		張禮思	湖南。陸軍軍官學校第四軍官訓練班幹部訓練總隊校官隊第10期。
	第3軍	司令部		徐汝誠	浙江。中央陸軍官校第6期砲科、革命實踐研究院。第67軍軍長。
		第9師	司令部	董信武	山東。中央陸軍官校第9期砲科。
		第10師	司令部	李維錦	查無資料。
		第32師	司令部	丘一介	查無資料。

150 中國戰史大辭典——人物之部編審委員會，《中國戰史大辭典——人物之部》（臺北：國防部史政編譯室，1992）；劉國銘，《中國國民黨九千將領》（臺北：中華工商聯合會，1993）；劉鳳翰、劉海若訪問記錄，《尹國祥先生訪問紀錄》（臺北：中央研究院近代史研究所，1993）。

番號				主官姓名	背景（學經歷）
第一軍團	第 3 軍	983 砲指部		查無資料	查無資料。
	第 4 軍	司令部		胡翼烜	江西。中央陸軍官校第 6 期。第 54 軍軍長。
		第 22 師	司令部	孫竹筠	中央陸軍軍官學校廣州分校第 12 期步科。
		第 23 師	司令部	蕭宏毅	湖南。中央陸軍軍官學校第 12 期步科。
		第 24 師	司令部	王　文	江西。中央陸軍官校洛陽分校。金防部副參謀長。
		684 砲指部		周書庠	江蘇。中央陸軍官校第 11 期砲科。陸軍砲兵第 11 團團長。
第二軍團	司令部			石　覺	廣西。黃埔陸軍官校第 3 期步科、舟山群島防守區司令、臺灣防衛總司令部副總司令兼北部防守區司令。
	第 7 軍	司令部		尹　俊	湖南。中央陸軍官校武漢分校第 7 期。第 18 軍軍長。
		第 19 師	司令部	葛先樸	湖北。中央陸軍軍官學校第 12 期。
		第 17 師	司令部	陳德坒	四川。中央陸軍軍官學校第 5 期。
		第 69 師	司令部	余伯音	查無資料。
		687 砲指部		耿若天	江蘇。中央陸軍軍官學校第 12 期。
	第 9 軍	司令部		許朗軒	湖北。中央陸軍官校第 11 期。第 75 軍軍長。
		第 41 師	司令部	馬公亮	中央陸軍軍官學校第8期。
		第 46 師	司令部	胡　炘	浙江。中央陸軍官校第 10 期砲科、革命實踐研究院第 1 期。舟山防衛司令部副參謀長。
		第 92 師	司令部	鄭　昆	中央陸軍軍官學校第 10 期步科。
		689 砲指部		查無資料	查無資料。
	第 10 軍	司令部		曹永湘	湖南。中央陸軍軍官學校第 8 期步科。
		第 49 師	司令部	周建磐	中央陸軍軍官學校第 7 期步科。

番號				主官姓名	背景（學經歷）
第二軍團	第 10 軍	第 51 師	司令部	張立夫	浙江。中央陸軍官校第 8 期步科、革命實踐研究院第 2 期。
		第 93 師	司令部	雷開瑄	四川。中央陸軍官校第 11 期。
		690 砲指部		韓哲明	查無資料。
高雄守備區		指揮部		張國疆（兼）	遼寧。中央陸軍官校第 9 期。東部防守區副參謀長。
		高雄要塞	司令部	張國疆	同上。
宜蘭守備區	第 23 師	指揮部		蕭宏毅（兼）	湖南。中央陸軍軍官校第 12 期步科。
		司令部		蕭宏毅	同上。
東部守備區	指揮部			吳劍秋（兼）	江蘇。中央陸軍官校武漢分校第 7 期。
澎湖防衛司令部	司令部			劉安祺	山東。黃埔陸軍官校第 3 期步科、革命實踐研究院第 1 期。中部防守區司令。
	第 17 師	司令部		陳德坒	四川。中央陸軍軍官學校第 10 期。
	馬公要塞	司令部		鄭　瑞	浙江。 中央陸軍官校第 6 期。
裝甲兵司令部	司令部			郭　彥	四川。中央陸軍官校第 6 期。
	裝甲兵第 1 師			趙志華	河北。中央陸軍官校第 10 期。
	裝甲兵第 2 師			尹學謙	查無資料。
金門防衛司令部	司令部			劉玉章	陝西。黃埔陸軍官校第 3 期步科。圓山軍官訓練團第 2 期、中部防守區司令。
	第 8 軍	司令部		郭　永	湖南。中央陸軍官校第 8 期。革命實踐研究院第 4 期。第 52 軍軍長。
		第 33 師	司令部	侯程達	遼寧。東北陸軍講武堂。中央陸軍官校第 6 期、革命實踐研究院高級班第 2 期。第 2 師師長。
		第 34 師	司令部	張文博	中央陸軍軍官學校軍官訓練班第 10 期。

番號				主官姓名	背景（學經歷）
金門防衛司令部	第 8 軍	第 68 師	司令部	汪奉曾	湖南。湖南大學、中央陸軍官校第 16 期。東南軍政長官公署警衛團團長、國防大學副教育長。
		688 砲指部		李卿雯	查無資料。
	第 7 軍之第 69 師	第 69 師	司令部	余伯音	查無資料。
	第 45 師	司令部		陳簡中	江西。中央陸軍官校第 6 期步科。
	馬祖守備隊	指揮部		陳威那（兼）	廣東。中央陸軍官校廣州分校第 13 期步科。

除了黃埔嫡系的考量之外，蔣介石在用人方面，還有「忠誠」的因子。1954 年4 月第三次部隊整編即將完成，蔣在考量人事問題時，對於孫立人職務調動頗費周章，並在日記中表示：「此次整編最重要人事為立人問題之安置如何，研究其內容與心理，甲、彼恃美自驕，已成為有恃無恐，而美副團長且為其保鏢〔驃〕，作有利之後盾，并已為其宣傳，有參謀總長非其不可之勢，但蔡、藍等已知其過去行為與態度，認為不當矣。乙、彼不自知其愚拙已為共諜間接利用，顯與國防部、政治部為敵，且對余無形中亦加威脅，惟其尚有忌憚，非如吳逆之狡橫而已。但其陸軍總部環境與心腹之心理，暗中已受匪諜之操縱，而不可救藥，非令其完全脫離不可。故先以精誠告之，冀其覺悟，調就參軍長，隨從學習，勿使自棄，則公私兩全，如其不然，乃只有依法處治，不能放任也。使用法律之前，應先告知蔡、藍

以事實，不使誤解，此案萬不能再處被動地位也。」[151] 蔣介石對於人事的衡量，並非從用人唯才著眼，在這波人事的檢討中他並無視孫立人個人的才幹，而是擔心孫立人對他可能造成威脅。另外，對於未來由何人來接任陸軍總司令時，蔣決定以黃杰繼任，這項任命過程，他自記：「黃鎮球與黃杰二員任為陸軍總司令誰較相宜，對外聲望皆無上下，惟杰則在越被俘，外人皆知，但其始終忠貞不二，且仍能率其所部（最後）回臺，聽命盡職，實為難得之事。而其對內關係，則杰優於振〔鎮〕球耳。故決任杰為陸總司令。」[152] 對任命黃鎮球與黃杰兩者難以抉擇之際，最後由黃杰擔任陸軍總司令，其最重要之理由可能是黃杰在富國島期間處理國軍滯留表現傑出，最後並將3 萬軍民順利帶回臺灣有關。因而，蔣介石才以其「忠貞不二，聽命盡職」而任命之。

（四）軍隊美式化

美國以軍援作為軍隊整編的推力及誘餌，要求國軍配合整編，蔣介石也利用這樣的機會借力使力，進行三次大整編，[153] 一方面國軍可趁機裁減空虛駢枝單位，清除缺額及淘汰老弱。另一方面，在美軍顧問團的協助下，國軍部隊可趁機換裝，從1954 年起國軍部隊

151 秦孝儀總編纂，《總統蔣公大事長編初稿》，第 13 卷，1954年4月 16日記事，頁 65。

152 秦孝儀總編纂，《總統蔣公大事長編初稿》，第 13 卷，1954年6月 22日記事，頁 127。

153 林桶法，〈重起爐灶的落實：1950年代蔣中正在臺的軍事整頓〉，「100年蔣中正學術論壇：蔣中正總統與中華民國發展-1950年代的臺灣」會議手冊，臺北：中華軍史學會，2002年 4月，頁 24-25。

開始全面換裝美援裝備，此刻起國軍從武器、裝備、教範、操典、戰鬥技能、作戰計畫、後勤補給到三軍聯合作戰演練等等，到處都有美國軍事的影響。很特別的是國軍部隊也希望成為美援單位，並主動爭取到美國受訓的機會。[154] 情勢如此發展，使得國軍對美式裝備更加依賴，同時國軍軍事教育及體質也在這樣的時空下全面美式化。就另一層面而言，武器裝備及教育訓練素質的提升，國軍的質量，[155] 也從二次大戰前的前現代化軍隊，進入了具有現代化作戰能力的軍隊行列。[156]

---

154 1954 年 10 月 19 日傅亞夫寫信呈給蔣中正，信中大意為陸軍自改編為軍團以來，因美援裝備有限，致第 4軍全軍及第 7軍軍部與軍直屬部隊未獲美援裝備，其獲有美援裝備者，無論武器、車輛、被服、器材等均較非美援部隊為優，如以被服而言美援部隊官兵均發皮鞋，而非美援部隊仍發給膠鞋；以車輛而論，美援部隊營長均有汽車可供乘坐，採買有時亦用汽車，而非美援部隊則相形見拙。據聞非美援部隊官兵多以為同為國軍，任務相同而待遇有異，心茲不滿，頗多煩言。部隊中高級長官對此亦深為困擾，若不予以解釋，使其明瞭政府困難及美援限制，則影響士氣甚大。〈1952-1959軍協案發展狀況〉，《國軍檔案》，國防部藏，總檔案號：00046057。此事蔣也致電葉公超「葉部長。目前軍援問題急須解決者為八個軍二十四個師問題，現因有兩個軍部與三個師尚未為美援裝備，以服裝武器皆有差別，故引起內部不平之糾紛，對我士氣與團結之影響極大，務望兄在華府期間，切實交涉解決。」秦孝儀總編纂，《總統蔣公大事長編初稿》，第 13 卷，1954 年 10 月 23 日記事，頁 202。

155 以國軍火力與機動力二者之成長來看，火力部分，1950年火力噸位為 12 萬 5,230 噸，1954年為 32 萬 1,963 噸；機動力部分，1954年較 1950年之機動力就增加了百分之 271.95。二者所代表的意涵是國軍現代戰力的提升。〈國防部參謀總長職期調任主要政績（事業）交代報告〉（1954 年 6 月），附錄六「陸軍整編軍師各年度火力增加比較表」、附錄七「國防部三十九年至四十二年機動力成果比較表」，頁 170-171。

156 鄭為元認為軍隊整編，為使「汰弱留強」有一客觀標準，在整編過程中，評估的客觀標準慢慢出現並成為整編的指標，對陸軍組織而言，標準化成為一種可能。鄭為元，〈組織改造的權力、實力與情感因素：撤臺前後的陸軍整編（1949-1958）〉，《中華軍史學會會刊》，第 7期（2002年 4月），頁 277-278。

第四章　雙軌教育訓練之建構

1950年代初期政府面對局面紛擾，百廢待舉的情勢，蔣介石手擬亟待辦理事項之優先順序「甲、整編與充實部隊；乙、改革軍事教育與戰術思想；丙、實施動員計畫與民眾組訓；丁、增強生產，利用難民，編組高等冗員，指定荒地開墾；戊、健全金融事業，整頓公營事業；己、生活平等，文武合一；庚、軍民合作，成為一體；辛、改進黨務之宗旨與時期應重加研究；壬、發展軍隊黨務與實踐運動；癸、補召未受訓之軍師長、參謀長。」[1] 當時政府首要之務為整編與充實部隊，次之則是改革軍事教育與戰術思想。

為謀求軍事教育與訓練之改革，在各種條件不利及資源不足的情況下，蔣介石透過岡村寧次居中主持，巧妙運用日本舊軍人，成立一支以富田直亮為首的舊日軍顧問團（俗稱「白團」）協助國軍教育訓練。[2] 而在韓戰後，美國恢復對臺軍援，先於1951年2月簽訂中美聯防互助協定（Mutual Defense Assistance Agreement），復於5月1日成立美軍顧問團，提供中

1 秦孝儀總編纂，《總統蔣公大事長編初稿》，第9卷，1950年5月26日記事，頁163。

2 陳鴻獻，〈蔣中正先生與白團〉，《近代中國》，第160期，頁91-119。

華民國政府諮詢，及國軍教育、訓練與裝備之協助。[3] 因此，本章以美、日兩國顧問團在臺之雙軌運作，探討渠等對國軍教育與訓練所帶來的變化與產生的影響。

第一節　美式教育訓練體制的建立

一、遷臺初期的概況

1946 年 5 月政府採納美國軍事顧問團建議，在各軍種陸續成立不同屬性之軍事學校。隸屬陸軍者有陸軍軍官學校、步兵、騎兵、砲兵、裝甲兵等各專科學校，另新設陸軍參謀學校及直隸國防部之新制聯合軍官學校籌備處。因戡亂戰事吃緊，陸軍參謀學校停止籌設，後歸併於陸軍大學。隸屬聯勤者有新設之副官、運輸、財務、特勤等學校，加上原有之通信、工兵、測量、兵工等各業科學校。軍官學校負責養成初級軍官；兵科學校內分初級及高級班，循序調訓現職尉、校級軍官，施以專科訓練。因戡亂戰事逆轉，大陸淪陷，各軍事教育機構撤遷損失慘重，大半教育陷於停頓狀態。[4]

政府遷臺之初，各軍事學校除已遷臺者大部保持完整外，其餘設在大陸各校均未能及時撤出，來臺軍事學校寥寥可數，僅國防部所屬之陸軍大學、測量、通信、兵工學校及國防醫學院，以及陸軍總部所屬之裝甲

3 國防部史政編譯局編，《美軍在華工作紀實．顧問團之部》，頁 3、6-7。

4 「改革軍事教育研審小組（軍官教育）會議紀錄」（1950年 1月20日），〈各種軍事組織報告意見〉，《國軍檔案》，國防部藏，總檔案號：00026934。

兵學校及陸軍軍官學校第四軍官訓練班等數校，如表4-1。[5] 海、空軍所屬學校，海軍有海軍官校、機校、士校等3所，及電務、軍醫2個訓練班；空軍各學校比較完整，計有參謀大學、空軍官校、機校、通校、防校及預校等6所。總共來臺者，僅有18個校班，各軍事學校現況大多殘破不全，招訓能量，極為有限。[6]

表4-1 軍事學校及訓練機構現況一覽表[7]

區分	隸屬	單位名稱	主官姓名	駐地	備考
現存	國防部	陸軍大學	徐永昌	臺灣新竹	
現存	國防部	測量學校	曹　謨	臺灣花蓮	
現存	國防部	通信學校	李昌來	臺灣宜蘭	
現存	國防部	兵工學校	建　立	臺灣花蓮	
現存	國防部	國防醫學院	盧致德	臺灣臺北	
現存	國防部	獸醫學校	楊守紳		該校在黔未撤出
現存	國防部	憲兵學校	譚煜麟		該校在川未撤出
現存	國防部	中央訓練團	萬耀煌		該團名義保留人員已另案安置
現存	國防部	政工訓練團			該校在蓉未撤出
現存	陸軍總部	步兵學校	溫鳴劍	海南海口	該校保留官兵100員
現存	陸軍總部	裝甲兵學校	蔡慶華	臺灣臺中	
現存	陸軍總部	陸軍軍官學校	張耀明		該校在川未撤出
現存	陸軍總部	陸軍官校直屬軍官訓練班			該校在川未撤出
現存	陸軍總部	陸軍軍官學校第四軍官訓練班	孫立人（兼）	臺灣鳳山	

5 「改革軍事教育研審小組第一次記錄」（1950年1月17日），〈各種軍事組織報告意見〉。

6 「國防部參謀總長職期調任主要政績（事業）交代報告」（1954年6月），〈參謀總長政績交代〉，《國軍檔案》，國防部藏，總檔案號：00003712，頁254（周至柔）。

7 「改革軍事教育研審小組第一次記錄」（1950年1月17日）。

區分	隸屬	單位名稱	主官姓名	駐地	備考
已裁撤	國防部	工兵學校			在成都時已明令撤銷
已裁撤	國防部	運輸學校			在成都時已明令撤銷
已裁撤	陸軍總部	陸軍官校分校			在海口時已明令撤銷
已裁撤	陸軍總部	騎兵學校			在重慶時已明令撤銷
已裁撤	陸軍總部	砲兵學校			在成都時已明令撤銷

蔣介石對軍事教育之改革非常急迫與重視，1950 年 1 月 3 日日記中還特別寫下要審核龔愚〈軍事教育改革案〉一事。[8] 為解決國軍軍事教育問題，國防部於 1950 年 1 月17 日召開「改革軍事教育」審研小組第一次會議。會議主席由林蔚主持，會中討論事項有二：第一，龔愚，〈改革軍事教育意見書〉；第二，現有各軍事學校存廢問題。經過激烈討論，林蔚提示幾個重點作為研擬依據：1、各軍事學校教育內容應切實加以改革，使適應當前需要。2、訓練人數與需要人數必須配合，不浪費受訓員額。3、為反攻大陸擴充部隊，若干師應有一個幹部訓練機構對幹部施以訓練。4、軍士除新軍外，由各部隊自行訓練為原則。5、軍官養成教育仍由軍官學校負責。6、設立聯合兵科學校以防衛司令部幹訓班及第四軍訓班為骨幹組成。7、政工幹部之教育制度另訂。8、後勤各校視需要情形另訂。9、海空軍

8 秦孝儀總編纂，《總統蔣公大事長編初稿》，第 9 卷，1950年 1 月 3 日記事，頁 8。

幹部教育由各總部自行籌劃。10、整個教育制度及方針由國防部確定後再由相關單位監督考核。[9]此次會議最後決議，成立軍官教育小組及軍士教育小組依據會議決定原則分別起草方案。[10]國防部依此原則與會議結論，由第五廳負責研擬「軍官教育改革方案」。[11]2月20日「改革教育研審小組（軍官教育）」召開會議，會中決議：1、不設聯合兵科學校，由軍校擔任訓練。2、通過第五廳所擬軍官教育改革方案，方案內容以第一次研審會議會議重點為原則。其中，對於現職軍官調訓、補充各級幹部與籌備軍官訓練，以及教育機構及任務作一規範。[12]

1950年2月21日國防部由林蔚、吳石擔任召集人，各軍種總司令等人連同審查，制訂「改革軍事教育案」，經蔣介石（時為中國國民黨總裁）指示，以「時間有效」、「財力可能」及「適合現實」等三項作為考量，並於3月實施。蔣指示的三項原則對於政府遷臺初期之國家情勢而言，可謂切中時弊。政府在百廢待舉之際，如何在短時間內，有效率且經濟的教育訓練一批可供作戰的國軍幹部及士兵殊為重要。[13]這項軍事教育改

9 「改革軍事教育研審小組第一次記錄」（1950年1月17日）。

10 「改革軍事教育研審小組第一次記錄」（1950年1月17日）。

11 「改革軍事教育研審小組（軍官教育）會議紀錄」（1950年1月20日）。

12 會議主席徐笙。「改革軍事教育研審小組（軍官教育）會議紀錄」（1950年1月20日）。

13 「改革軍事教育方案小組討論會議」（1950年3月1日），〈陸軍教育方案〉，《國軍檔案》，國防部藏，總檔案號：00044384。

革的原則如下：

> 一、確立軍事教育方針。軍事教育需以精神教育（革命教育）為中心，生活教育（人之教育）為基礎，學校教育（軍事教育）為目標。練成適合現代戰鬥之革命軍人，與堪任反共抗俄之革命軍隊，必達成國防建軍之目的。
>
> 二、確立幹部教育政策。各軍事學校針對當前剿共需要，必須縮短教育時間，期間精神教育與軍事教育並重，配合現實部隊之需要培育各級幹部。
>
> 三、各軍種教育應確實注重與其他軍種聯合作戰之教育。
>
> 四、部隊學校化、學校部隊化。軍事教育之主體在部隊，欲求軍事教育之改進與國軍素質之提高，必須在部隊著手，使部隊如學校、幹部如教官、兵卒如學生。而實行部隊學校化、幹部教官化、兵卒學生化，軍人之事業在部隊，軍人之歸宿在部隊。故學校之教育訓練必須適合部隊之需要，學校之生活管理需一同部隊之實情，使學校如部隊、教官如幹部等。
>
> 五、講堂操場化、操場戰場化。[14]

14 「改革軍事教育方案小組討論會議」（1950年3月1日）。

從教育原則可以看出國軍在精神、戰技方面訓練不足且素質低落，而各軍事學校來臺者有限，無論訓練場地、流量與時間上都無法給予軍隊完整教育訓練，所以提出「部隊學校化、學校部隊化」以及「講堂操場化、操場戰場化」的教育方式，以期獲得最大教育訓練上之效果。1954 年1 月19 日蔣介石主持 1954 年度國軍軍事會議時也再度提出「士兵幹部化，軍隊學校化」之工作目標，藉以激勵士氣，提升戰鬥意志。[15]

而在政府遷臺之初，陸軍軍官學校尚未復校之際，在臺灣培養新軍及國軍幹部最主要的搖籃為陸軍軍官學校第四軍官訓練班。第四軍官訓練班於1947 年10 月 1 日奉命成立於臺灣鳳山，初定名為「陸軍軍官學校臺灣軍官訓練班」，後因戡亂需要，各軍官訓練班相繼成立，於是更名為「陸軍軍官學校第四軍官訓練班」。該班組織上隸屬於成都校本部，歸臺灣訓練司令部指揮，由司令官孫立人兼任班主任。就實際運作而言，擔任訓練工作的是陸軍軍官學校第四軍官訓練班以及幹訓總隊。軍訓班由司令官孫立人兼任班主任，和司令部實際上兩位一體。[16] 1949 年政府在大陸局勢急遽轉變，陸軍官校成都本校及其他9 所分校相繼淪陷，僅在臺灣第四軍官訓練班能如常運作，持續進行國軍基層幹部之訓練。在陸軍官校復校之前，第四軍官訓練班總

---

15 秦孝儀總編纂，《總統蔣公大事長編初稿》，第 13 卷，1954年1月 19日記事，頁 10。

16 任重，〈生活在軍訓班十五期〉，《陸軍軍官學校第四軍官訓練班十五期畢業同學錄》（鳳山，十五期畢業同學錄籌備委員會，1948）。

計完成學生隊等班次共計3 萬7,125 人次的訓練（如表4-2），對國軍在1950 年代初期幹部之教育訓練與補充至為重要。

表4-2　第四軍訓班及歷屆畢業學員生人數統計表（1952 年7 月）[17]

隊別	期別	畢業人數	備考
學生隊	15-19 期	7,772	軍訓班第 19 期畢業時間為 1951 年 2 月
教官隊	1-19 期	1,058	
尉官隊	1-15 期	8,184	
軍士隊	1-14 期	10,145	
砲兵隊	1-14 期	2,778	
工兵隊	1-12 期	868	
通訊兵隊	1-12 期	2,286	
機械兵隊	1-8 期	534	缺第 2 期
騎兵隊	1-5 期	694	
政工隊	1-4 期	485	
射擊訓練隊	1 期	114	
人事經理訓練隊	1-9 期	1,386	
文書講習隊	1-2 期	204	
司號訓練隊	1 期	50	
情報訓練隊	1-5 期	567	
合計		37,125	

1950 年第四軍官訓練班改組為陸軍軍官學校後，所有各隊之校、尉級軍官班及軍事補習教育均暫停止。國防部後因需要，命令尉官班繼續召訓，惟校官班與軍士補習教育並未恢復。孫立人建議恢復前項班次之訓練，以延續部隊之校、尉級軍官及軍事各階層幹部之戰

17 「蔣經國呈蔣中正民國三十九年度各部隊機關處理匪諜（嫌）案件統計表及軍中自首份子清冊」（1951年 10 月 9 日），〈中央政工業務（二）〉，《蔣中正總統文物》，國史館藏，典藏號：002-080102-00015-005。

術思想、戰鬥動作與訓練方法之一致。蔣介石也認為軍士制度為建立軍隊之基礎。[18] 國防部因此建議蔣介石在不妨礙圓山軍官訓練團召訓原則下仍由該部繼續辦理。蔣介石批示：「一、軍士補習教育如何辦理應由國防部擬訂具體辦法與方針呈核為要。二、軍官學校附設軍士班訓練可約白總教官先擬具意見參考。」[19] 1951 年 2 月 20 日全案再呈，有關外籍教官提供軍士訓練意見有二：第一，步兵軍士由各防守區（防衛）司令部設班訓練，每期訓練 1 個月。第二，特種兵軍士由軍校設班訓練，每期訓練 6 個月。但國防部認為軍官學校擔任軍官教育任務已甚繁重，不宜再增加軍士訓練，宜由各部隊繼續自行辦理。蔣介石同意由陸軍總部統一規定後頒布實施。[20] 5 月22 日陸軍總部經核定軍士教育辦法如下：1、由陸軍總部設立「陸軍軍士訓練班」，班址設臺南營房。2、為顧慮設備及教官教材之關係，先予調訓各部隊步兵軍士（曾在前第四軍訓班受訓者緩調），統計未受訓步兵軍士3 萬6,032 人，分 4 期調訓完畢，預定 6 月 1 日開訓，年底完成。3、訓練期限每期6 週。4、訓練編組每期編為 4 個總隊，內設 3 個輕兵器組隊，1 個重兵器總隊。5、陸軍軍士訓練班開訓時，各部隊原設

---

18 「總統府軍事會談記錄」（1951年 4 月 14 日），〈軍事會談記錄（一）〉，《蔣中正總統文物》，國史館藏，典藏號：002-080200-00599-001。

19 「查第四軍官訓練班改組為陸軍官校後，所有各部隊之校官、為官、軍士補習教育均暫停止」（1950年 11 月 6 日），〈陸軍軍士訓練辦法〉，《國軍檔案》，國防部藏，總檔案號：00044297。

20 「為各部隊軍士訓練，請仍准由各該部隊自行辦理簽祈鑒核由」（1951年 2月 20日），〈陸軍軍士訓練辦法〉。

軍士訓練班停止辦理。本班開辦經費因非年度預算，由行政院撥發專款支應。[21]

蔣介石為能掌握軍隊教育訓練的概況，1951 年年初請白鴻亮就「國軍教育訓練制度提供改革意見」。4 月29 日白鴻亮將改革意見回覆。國防部研擬相關審查意見經蔣介石批示：「准如審查意見辦理並送彭（孟緝）教育長與白總教官一閱，如仍有意見可再另報。」[22] 教育訓練制度改革意見審議，如表4-3。

表4-3 圓山軍官訓練團對白總教官教育訓練制度改革意見審議表[23]

第一要旨	原意見概要（白鴻亮意見） 一、以適應反攻準備及實行反攻作戰之要求為目標與現狀為基礎而訂立，即可實行之方策。 審議意見 立案要旨甚善。
第二監督指導機構	原意見概要（白鴻亮意見） 一、國防部增設參謀次長 1 員（或兼任）掌三軍偕同訓練之有關事項及訓練制度之長久計畫。 第五廳主管教育人員應脫離原次長改隸增設次長。 陸軍：陸軍總司令之下設陸軍訓練司令，訓練司令下設各兵監，現第五署脫離參謀長改隸訓練司令。 海軍：概與陸軍同。 空軍：維持現狀。

21 據陸軍總部原報預算每月為 41 萬 7934 元，經按最低需要核減26萬 871元，實際核給 15 萬 7063 元，以 7 個月計，共需 109 萬9441元。另外開辦教材費用，陸軍總部原報預算 47 萬 256 元，經按最低需要核減 9萬 6598元 7角，核給 37 萬 3658 元。「謹將陸軍軍士訓練辦法簽請鑒核備案由」（1951年 5月 22日），〈陸軍軍士訓練辦法〉。

22 「呈復對白總教官教育訓練制度改革意見審議恭祈核示」（1951年 5月 21日），〈如何建立國軍軍事教育制度及教育制度得失檢討〉國防部典藏，國軍檔案，總檔案號：00051018。

23 「呈復對白總教官教育訓練制度改革意見審議恭祈核示」（1951年 5月 21日）。

第二監督指導機構	審議意見 查德國於第一次大戰前訓練與作戰分立，即參謀本部訓練總監部並立之制度（日本亦採此制）第一次大戰後德國鑑於訓練與作戰計畫脫節，毅然將訓練總監隸屬於參謀本部之下，隨後即演化為各軍種總司令部，二次大戰後，美國亦採用此制，於參謀本部內設一作戰次長，專管作戰計畫與編制、訓練計畫之策定與督導實施，以第三第五兩廳幕僚，本部組織即採取此制度，目下似不宜再增設訓練次長或總監，以恢復他國已廢棄之制度。 備考 查我陸海空軍各總部，即為軍隊教育訓練之執行機構，總司令平時即以教育訓練為主要業務，自不必另增設訓練機構及人員，但為求訓練與作戰不致脫節，應將作戰有經驗之人員與訓練機關之人員對調，俾得訓練符合作戰要求。過去我各訓練機關其擔任訓練之人員恆為積數十年教育經驗之人員，實無作戰經驗者實我訓練上最大之缺點，擬注意改進之。
第三教育訓練之設施	原意見概要（白鴻亮意見） 其一教育系統如另紙第一 其二新增設之學校 一、陸海空軍聯合大學 1、教育項目 2、由圓山軍訓團改組 3、附設士林學校實施諜報、謀略、占領地政策、特工等秘密訓練。 二、陸軍諸兵聯合學校 1、待 32 師訓練完成後設於湖口 2、該校組織如另紙第二（略） 3、各防守區設軍士訓練班 三、海軍聯合術科學校，如另紙第三（略） 四、海兵團（擔任新兵教育） 空軍實驗航空隊 空軍專科學校 空軍供應學校 審議意見 所列教育系統層次在大體上不如本部最近呈報之教育制度條理清楚。 一、聯合大學： 1、所列之教育項目尚未完全 聯合大學係美國產物，其背景、編組教育範圍方式等另案整理。 二、陸軍諸兵聯合學校 陸軍各兵種技術訓練門類繁多，非一個聯合兵種學校所能辦理，故各國均分設專校，中華民國目下已有裝甲兵學校、砲兵訓練處已成立，將來即可附設砲兵學校、騎兵軍官之訓練，似宜設一搜索兵訓練處於裝甲兵學校附近（因將來搜索必須配賦裝甲汽車）因各軍

第三教育訓練之設施	搜索部隊兵數不多，此五種訓練處規模不大，將來即可改為騎兵或搜索兵學校，聯勤總部已有通信學校，最近又設立工兵學校訓練班，將來可改為工兵學校，所餘者只步兵學校而已，步兵目前仍為主兵，故急應恢復步兵學校，至日顧問所建議之諸兵聯合學校之訓練場，至軍士訓練一節，因軍士需要數過多，且為鼓勵部隊士氣，於去年春季軍事教育會議中，決定由各軍設立幹部訓練班，現各軍均已設立，將來由陸總設軍士幹訓班訓練之。（總統指示） 三、海軍聯合術科（專科較宜）學校可行（新學制內以增設海軍專科學校） 四、海兵團似可行（似較士兵學校為妥） 五、空軍實驗航空隊似可行，擬交空總部核議。 六、空軍專科學校新學制內已有空軍戰術學校，只名稱上之不同。 七、空軍供應學校應否成立擬再詳加研究。
備考	原意見概要（白鴻亮意見） 一、陸軍軍官學校之性質 二、如各軍均設參謀學校及大學，則聯合大學之創設自有重複之感，如僅設參謀學校，則又形成偏重幕僚之教育，主張各軍只設大學不設參校。 三、裝校以訓練戰略兵團之裝甲師之運用及各種術科為主，聯合學校內之戰車教育，以與其他兵種協同戰鬥為主。 審議意見 一、略。 二、查二次大戰前，各國陸海軍學制，兩軍種均設有大學，各大學軍以培養本軍種之高中級指揮官及參謀為主旨，故其功課繁多，如陸軍大學中除一般戰略戰術戰史後勤參謀業務為主課外，必須兼習海軍戰術、空軍戰術、國防動員、總動員、新兵器、戰略、使地各項科學，以及政治、經濟等課，故必須 3 年始能完成。日本戰前及中華民國陸大均採是項制度，美國在二次大戰開始時，軍隊擴大驟感參謀缺乏，於是將陸大停辦。另辦 2 個月之分業參謀教育，行之一年，但所造成之參謀缺乏合作能力，乃延長為 10 個月，戰爭期間深感中級指揮官亦需接受此種參謀教育。戰爭後，乃改為陸軍指揮與參謀學校，其目的專在造就中級指揮官與參謀，故其功課著重於戰區以下之行政與師戰術至高級指揮官與參謀之養成，另辦陸海空軍聯合大學。蓋爾後之作戰高級指揮官與參謀非練習三軍種之聯合指揮不可。而為人事之聯繫尤須三軍種高級軍官同出一校，使精神友誼團為一氣也。綜觀美國高級軍事教育改進之過程，簡言之即將過去陸海兩大學之教育分為前後兩極，前級係過去陸海兩大學之前期課程，專係造就各軍種之中級指揮官與參謀，後級係兩大學之後期課程，專係造就各軍種之高級指揮官與參

備考	謀，目下本不已奉核准之各軍種參謀學校與陸海空聯合大學，即係仿照美制擬定，似不宜再加變更。

從表 4-3 白團教官對國軍教育訓練的意見中，可以瞭解白團教官對國軍教育訓練監督機構、各兵科學校及聯合大學的設立等有提供相關意見。不過國防部在審查建議時，所提之理由多以美軍制度為主，大部不同意白團教官之建議，而蔣介石在最後的裁示，也同意國防部所擬。[24] 1953 年 4 月 28 日蔣介石在主持國防部軍事會談時指示：「今後軍事教育方針採用美式制。」[25] 9 月 6 日召見彭孟緝與白鴻亮明確表達，明年石牌實踐學社課程與教育方針，應以美國陸大為規範。[26] 從此之後，國軍教育制度不斷修正，朝全面美軍軍事教育的方向前進。

在「建軍首重建校」的原則下，從1950 年起國防部為彌補在臺軍事院校能量不足問題，除原有校班加以調整外，陸續成立相關校班。在1950 年下半年國軍各軍事院校班別、駐地，以及容量如表4-4，分布如圖4-1。

24 「呈復對白總教官教育訓練制度改革意見審議恭祈核示」（1951 年 5月 21日）。

25 秦孝儀總編纂，《總統蔣公大事長編初稿》，第 12 卷，1953年 4月 28日記事，頁 95。

26 秦孝儀總編纂，《總統蔣公大事長編初稿》，第 12 卷，1953年 9月 6日記事，頁 185。

表4-4 1950年下半年國軍各軍事院校班別、駐地、容量一覽表[27]

區分	校（班）別	駐地	教職員人數	學生人數
國防部	陸軍大學	新竹	171	262
	政工幹部訓練班	湖口	237	2,950
	革命實踐研究院（黨政訓練）	草山	323	120
	革命實踐研究院（軍官訓練）	圓山	92	200
陸軍	陸軍官校（第四軍官訓練班）	鳳山	1,420	4,427
	後備軍官訓練中心	鳳山	755	3,749
	裝甲兵學校	臺中	185	375
海軍	海軍官校	左營	295	714
	海軍技術學校	左營	109	234
	海軍測量中心（士兵）	左營	395	986
空軍	空軍參謀學校	東港	159	60
	空軍官校	岡山	676	520
	空軍技術學校	岡山	331	181
	空軍通信學校	岡山	355	468
	空軍防砲學校	花蓮	297	176
	空軍預備學校	東港	266	234
聯勤	通信學校	宜蘭	146	53
	測量、製圖學校	花蓮	114	159
	兵工學校	花蓮	296	411
	軍醫學校	臺北	406	867
	聯合訓練中心	三義	68	605

27 “Fox Report: Survey of Military Assistance Required by the Chinese Nationalist Forces”, August 25,1950, J. C. S. Part II, 1946-1953, MAP No. 10.

圖4-1　1950年下半年國軍各軍事學校駐地圖[28]

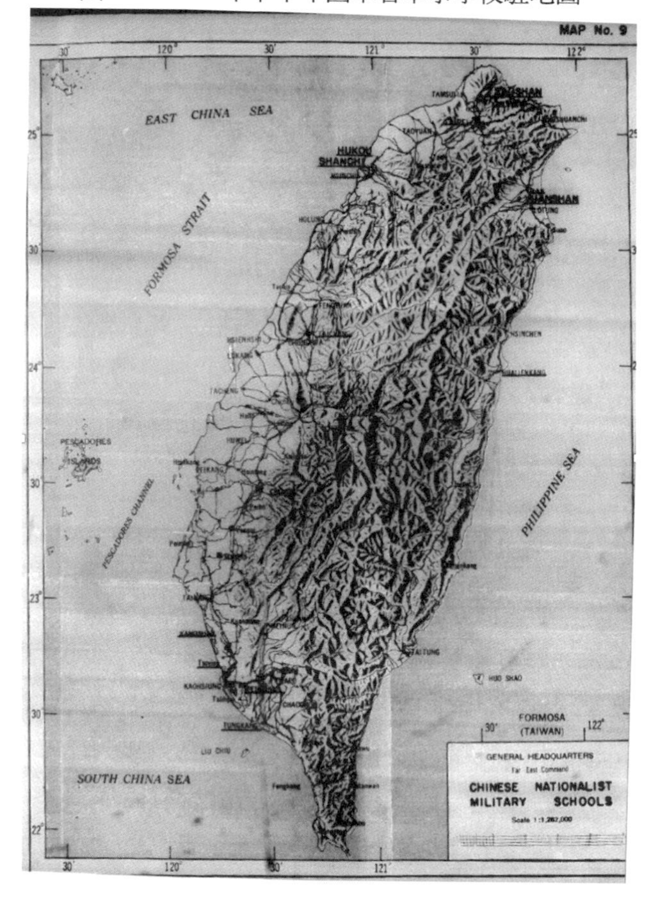

28 "Fox Report: Survey of Military Assistance Required by the Chinese Nationalist Forces", August 25,1950, J. C. S. Part II, 1946-1953, MAP No. 10.

1951 年在國防部方面主要有政工幹部學校、情報參謀訓練班、外勤人員訓練班、游擊幹部訓練班等校、班；在陸軍方面，主要有陸軍軍官學校、砲兵訓練處等；在海軍方面，主要有海軍參謀研究班等；在聯勤方面，主要有工兵、運輸、軍需、兵工保養、外事等各訓練班。1951 年底計設立校班25 所，連前共43 所。1952 年國防部欲建立新的軍官教育制度體系，全力積極配合美軍顧問團並與之密切合作，國軍各校、班大都參照美軍制度改組成立。新成立之校、班，在國防部方面計有以陸軍大學為基礎而改組的國防大學；陸軍方面，主要為陸軍指揮參謀學校、步兵學校及砲兵學校等；在海軍方面，主要為海軍指揮參謀學校、海軍陸戰隊學校及術科訓練班等；空軍方面，主要為戰術空軍協同作戰訓練班；聯勤方面，主要成立工兵及運輸兵學校。在1952 年共計成立18 所。1953 年又成立了憲兵學校、空軍射擊訓練班、財務經理學校、補給訓練班等4 所。1954 年則成立了副官學校。1950-1954 年間國軍校班隊如表4-5。[29]

---

29 「國防部參謀總長職期調任主要政績（事業）交代報告」（1954 年6月），頁256-257（周至柔）。

表4-5　1950-1954 年間國軍校班隊一覽表[30]

區分	1950	1951	1952	1953	1954
國防部	陸軍大學	政工幹部學校、情報參謀訓練班、外勤人員訓練班、游擊幹部訓練班	國防大學[31]		
陸軍	陸軍軍官學校第四軍官訓練班、陸軍裝甲兵學校	陸軍軍官學校、[32]砲兵訓練處	陸軍指揮參謀學校、陸軍步兵學校、陸軍砲兵學校[33]	憲兵學校	
海軍	海軍軍官學校、海軍機校、海軍士校、海軍電務訓練班、海軍軍醫訓練班	軍參謀研究班	海軍指揮參謀學校、海軍陸戰隊學校、海軍術科訓練班		
空軍	空軍指揮參謀學校、空軍軍官學校、空軍機校、空軍通校、空軍防校、空軍預校		戰術空軍協同作戰訓練班	空軍射擊訓練班	
聯勤	兵工學校、通信學校、測量學校、國防醫學院	工兵訓練班、運輸訓練班、軍需訓練班、兵工保養訓練班、外事訓練班	工兵學校、運輸學校	財務經理學校、補給訓練班	副官學校

二、美式教育的展開

美援武器裝備陸續獲得之後，國軍配合軍援實施部隊整編。為使國軍對於新編制、新裝備與新戰術之運

30 〈改革軍事教育研審小組第一次記錄〉（1950年1月17日）；「國防部參謀總長職期調任主要政績（事業）交代報告」（1954年 6月），頁 256-257。

31 陸軍大學改組。

32 陸軍軍官學校第四軍官訓練班撤銷，陸軍軍官學校在原址成立。

33 「砲兵訓練處編於三月十六日成立恭請核備」（1951年3月26日），〈砲兵學校編制案〉，《國軍檔案》，國防部藏，總檔案號：00056552。

用，能夠增進各軍種及各兵種之基本戰鬥技術，及各兵種間與各軍種間之協同作戰；同時提高官兵之戰鬥意志，以及換裝美軍武器、裝備能夠順利，1952 年國防部頒佈「四十一年度國軍教育訓令」，這是國防部與美軍顧問團合作下的產物，[34] 目的在使陸、海、空軍，以達成反登陸作戰及登陸戰之密切協同為訓練目標。在部隊（陸軍）教育方面，全年度分為 3 期，每期訓練時間，視美援到達及部隊整編情形，並參酌防務關係，由陸軍總部與美顧問團陸軍組洽定。教育進度分為 3 期：第 1 期，完成實驗編制之排、連戰鬥教練。第 2 期，完成實驗編制之營戰鬥教練，及加強營之戰教練。第 3 期，完成團以上之幕僚勤務演習，及以步兵團為基幹之諸兵種協同作戰。[35]

在軍官教育方面：區分為養成教育、召集教育，及深造教育等三個階層。[36] 茲分述如下：

1、養成教育：以養成初級軍官為目的。

甲、兵科軍官

乙、業科軍官

2、召集教育：以增進現職中、下級軍官之學能

34 「總統府軍事會談記錄」（1951年 12 月 1 日），〈軍事會談（一）〉。

35 「國防部呈四十一年度國軍教育訓令」（1952年2月4日），〈中央軍事報告及建議（一）〉《蔣中正總統文物》，國史館藏，典藏號 002-080102-00044-005。

36 由陸海空聯勤各學校及國防部直屬之政工幹部學校、國防大學分別辦理之。

為目的。

甲、兵科軍官

乙、業科軍官

3、深造教育：以培養未來之高級指揮官與高級幕僚，及增強現職高級指揮官與高級幕僚之學能為目的。

甲、各軍種指揮參謀學校：除空軍總部現有之空軍參謀學校（改稱空軍指揮參謀學校）照常辦理之外，海軍總部成立海軍指揮參謀學校（以現有之海軍參謀研究班改組），陸軍總部成立陸軍指揮參謀學校。

乙、國防大學：隸屬國防部，以現有之陸軍大學改組。

丙、國防研究院：附屬於國防大學內，以研究國防有關之廣泛問題為目的。[37]

1954年起國軍各校、班為謀求新式教育體系的建立與配合美援與軍事顧問團的要求，全部參照美制進行教育改組。國軍在大陸時期實施之軍官教育制度，就階層區分、教學範圍，及招訓對象三者而論：在陸軍方面，大體分為三個階層，即軍官學校3年，兵科學校1年，陸軍大學3年。然而，軍官學校畢業只須升至中尉階級，亦可不經兵科學校即可直接考入陸軍大學，實際上僅有2個階層，而且每一階層之教育時間均嫌過長，

37 「國防部呈四十一年度國軍教育訓令」（1952年2月4日）。

第一年所學者，畢業時已感不盡適用。第二，教學範圍亦嫌過於廣泛。如軍官學校戰術一課，進度教到加強團，甚至以旅為骨幹之支隊戰術；陸軍大學則教至大軍戰術，雖對於軍官所必修之戰術課程，均已完備，惟招訓對象（中尉至少校），階級過低。學員畢業後，均不能立即充分運用其所學，待階級升遷至需要較高深之學術時，則往日所學，已感陳舊。此種教育制度所發生之弊端為階層較少，不能適合分類專精之要求；教學範圍太廣，很難達到即學即用之目的。尤其教育時間太長，最不適合現代戰爭動員時幹部補充快、多、精之原則。至於海軍僅有最基層之教育，空軍雖有基層教育與指揮參謀教育，但仍缺乏專科教育的階層。依現代軍事需要而言，此種教育制度，已不符現代需求。[38]

為針對當前戰爭需要，國防部參酌美軍教育制度，制訂「國軍軍官教育制度體系」，區分為「基礎教育」、「專科教育」、「指揮參謀教育」，及「聯合教育」等四個階層。新式教育制度的特質：1、採取多階分段，循序漸進進修的體制，其功用乃為即學即用，亦即學一段，用一段，用一段，再學一段的方式，使各階層的教學範圍，以切合各級職務上的需要，以求選、訓、用三者合一，使經驗與學術熔為一爐，學術與時代不至於脫節。2、在教育與人事供求上密切配合，基於人事需求數量與素質的標準，平衡培養，使教育供需

38 「國防部參謀總長職期調任主要政績（事業）交代報告」（1954 年 6 月），頁 263-264。

密切配合，無過剩或不足的問題，並作有計畫人才之培養。3、分類專精，現代戰爭為高度藝術化之科學戰爭，對各級幹部戰鬥技能，以及裝備、保養、修護及製造等，必須配合軍職專長的要求，採分類專精的教育，不僅能配合作戰需要，退伍後還能便利就業。4、聯合教育與交織教育的實施，現代戰爭為兵種協同作戰軍種聯合作戰的時代，各級幹部皆應具有與他兵種或他軍種之學術素養，以增進彼此之間的瞭解，提高作戰的效能，發揮統合戰力。[39] 國軍事教育體制表如表4-6。

表4-6　1958 年以前國軍軍事教育體制表[40]

區分		教育體系	教育使命	教育內容	入學百分比
深造教育	國防教育	國防研究院（受訓 8 個月）	培養政府文武官員以利國防計畫之策訂及戰爭指導	國防計畫、戰爭指導	約 5-10%
	軍種大學及聯合教育	國防大學（聯合作戰系，受訓 8 個月）	1. 軍種大學：培養軍種高級將校 2. 聯合作戰系：培養聯合部隊指揮官及聯合作戰指揮參謀人才	1. 軍種大學：軍種建軍及戰略與國策及國際政治之關係 2. 聯合作戰系：三軍聯合作戰區作戰與	約 20%

39 「國防部參謀總長職期調任主要政績（事業）交代報告」（1957 年 6 月 1 日），〈參謀總長政績交代〉，《國軍檔案》，國防部藏，總檔案號：00036033，頁 313-314。

40 「為研討國軍高階層軍事教育學制體系」（1959年 8 月 15 日），〈指揮參謀大學組織系統表〉，《國軍檔案》，國防部藏，總檔案號：00055622。軍種大學及聯合教育入學階級為上校至中將軍官。指參教育入學階級為少校至少將軍官，指參教育以上入學年齡為現役現齡前二年。專科教育包括初級班與高級班。入學階級：初級班為尉級軍官，高級班為校級軍官。除基礎教育係考選高中畢業學生，其餘均係召訓現職軍官。

區分		教育體系	教育使命	教育內容	入學百分比
				盟軍之聯合作戰	
深造教育	指揮參謀教育	陸軍參校（受訓 6 個月） 海軍參校（受訓 9 個月） 空軍參校（受訓 8 個月）	培養軍種指揮參謀人才	陸軍：以師戰術為主 海軍：戰隊及艦隊戰術 空軍：大隊及聯隊之指揮運用與戰術空軍之戰術	約 30-50%
專科教育		陸軍各專科學校（受訓 3 個月至 1 年） 海軍專科學校（受訓 5 個月至 2 年 6 個月） 空軍中隊軍官班（受訓 3 個月）	培養兵科軍官現職所需之學識及技能	本兵科戰術與技能	100%
基礎教育		各軍種官（受訓 2 至 4 年）	培養軍種基幹	大學理工課程 基本軍事學能	按建軍目標人力需求而定

1951 年美國對中華民國政府恢復軍事援助之後，為使美軍援助之武器能有效運用，因而在軍援款項下撥出一百萬美金，做為國軍選派優秀幹部赴美軍軍事院校接受訓練，以配合美式裝備武器之接收與運用。[41] 美軍顧問團團長蔡斯對於國軍派訓在美國的學員之素質與狀況頗為讚賞。蔡斯在 1952 年上半年工作報告書中特別提到，各軍事學校普遍已從創立或改組之階段，進入實際執行的階段，其中以陸軍指揮參謀學校（校長黃占

41 薛月順編輯，《陳誠先生回憶錄——建設臺灣》，上冊，頁 258-259。

魁）、砲兵學校（校長王觀洲）、裝甲兵學校（校長郭彥）等校之進展最值得讚揚。[42] 另外，對於約 150 員在美受訓之軍官的表現與成績亦高度肯定。蔡斯提及收到美國相關訓練單位對於國軍受訓學員因成績優異而發函讚揚的信件數封。這些表現優異的軍官，蔡斯建議返國之後應派往各軍事學校擔任教官之職，以培養更多人才。[43] 不過，赴美受訓之學員返國後擔任各軍事學校教官其薪水待遇都比部隊同階軍職低，美軍顧問團提出調整建議。周至柔也認為這種狀況事實存在，但國家財政困難，只能儘量籌措鐘點費及津貼使教官待遇與部隊相等。[44] 另外，蔣介石在選派送訓人員時特別謹慎，也會指派高級將領前往美國考察，以瞭解學員們受訓的狀況，如國防部參謀次長徐培根，步兵學校校長龔愚，砲兵學校校長王觀洲及工兵學校校長劉雲瀚等都曾被指派訪美，渠等回國之後也被蔣馬上召見並向蔣報告在美國考察軍事訓練及軍事學校教育方面之心得。[45]

1954 年國軍接受美援之軍事學校、班次計有：國

42 「美國軍事援華顧問團團長蔡斯將軍一九五二年上半年工作報告書」（1952年 7月 9日），〈國防部與美顧問團文件副本彙輯〉，《國軍檔案》，國防部藏，總檔案號：00003200，頁 3。

43 「美國軍事援華顧問團團長蔡斯將軍一九五二年上半年工作報告書」（1952年 7月 9日），頁 8。

44 「蔡斯將軍一九五二年上半年工作報告書檢討會議紀錄」（1952年 8月 19 日），〈國防部與美顧問團文件副本彙輯〉，《國軍檔案》，國防部藏，總檔案號：00003200。

45 秦孝儀總編纂，《總統蔣公大事長編初稿》，第 12 卷，1953年 3月 28 日記事，頁 75；4月 29日記事，接見國防大學教育長余伯泉及國軍將領吳文芝，聽取美國軍事教育系統及戰術構想等之報告，公表示：「於我啟發得益頗多」。頁 96。

防大學、政工幹校、情報學校、副官學校、軍官外語學校、軍法人員訓練班、憲兵學校、陸軍官校、步兵學校、砲兵學校、裝甲兵學校、工兵學校、通信兵學校、通信兵學校聯合作戰通信人員訓練班、陸軍指揮參謀學校、海軍指揮參謀學校、空軍指揮參謀學校、海軍官校、海軍機械學校、海軍士兵學校、海軍術科訓練班、陸戰隊學校、空軍官校、空軍通信學校、通軍機械學校、空軍防空學校、空軍預備學校、戰術空軍協同作戰訓練班、運輸學校、經理學校、財務學校、兵工學校、國防醫學院及陸海空軍編譯人員訓練班等。[46]

由於各軍事學校陸續列入美援單位，而所需新式裝備器材短時間內不能滿足所有教育上之需要；另部分學校所採用美軍教材與國軍現行編裝也不盡符合。[47] 為爭取更多美援設備器材，國防部態度必須更加積極。不過，美援範圍有幾個必要條件：1、由顧問團指派專任或兼任顧問。2、根據各有關顧問建議定案，配賦軍援支援（如訓練輔助器材、訓練器材、美式教範及訓練彈藥等）。3、利用相對建築計畫，定案配賦財務支援（包括訓練輔助教材）。4、配賦留美人員名額，使指派充任學校教職。5、自美國軍事學校申請供給教材。

46 「美軍顧問團所支援國軍各軍事學校校班名稱表」，「為簽報國軍各軍事學校四年採用美制教育後得失總檢討事項批示各點遵辦情形由」（1955年 7月 13日），〈如何建立國軍軍事教育制度及教育制度得失檢討〉。

47 「為簽報國軍各軍事學校四年採用美制教育後得失總檢討事項批示各點遵辦情形由」（1955年 7月 13日）。

6、預算支援。[48] 換言之，決定權並非在國防部，而是美軍顧問團依其評估做最後決定，美軍顧問團決定的範圍還包括是否提供美援，以及決定提供何種軍援內容。由於教材與參謀作業方面，國軍是採用美制教育與裝備，所以在教材與參謀作業方面也必須仰賴美軍顧問團提供適切之美式教材與相關標準作業規範。[49]

三、部隊訓練

部隊士兵素質低落及訓練不足的情況，對1950 年代的國軍而言，無疑是最需要克服的問題，1950 年 4 月 1 日孫立人對砲兵軍官的訓話中就提到：

> 我知道大家常常耽心，大砲不夠，這與我的看法不同，我所著急的，第一是使用砲的人夠不夠？第二是如何發揮砲火的威力？第三是如何延長砲的壽命？第四是如何發揮砲的機動性？我常說裝備一個團，三個鐘頭就夠了，可是訓練一個砲兵團，絕對不是三個小時可以完成的。現在砲兵團的士兵缺額最多，有的連上甚至沒有士兵，這是最根本的問題。[50]

48 「為簽報國軍各軍事學校四年採用美制教育後得失總檢討事項批示各點遵辦情形由」（1955年 7月 13日）。

49 「為簽報國軍各軍事學校四年採用美制教育後得失總檢討事項批示各點遵辦情形由」（1955年 7月 13日）。

50 孫立人，〈對砲兵軍官訓話〉（1950年 4 月 11 日），收入朱浤源主編，《孫立人言論選集》（臺北：中央研究院近代史研究所，2000），頁 114。

孫立人這一段談話中顯現國軍部隊在訓練上幾個問題，一是訓練合格士兵有限，二是補保維修後勤人員不足，三是沒有完整的訓練時間。因此，士兵補充及訓練是就成為部隊教育訓練的重點之一。尤其，在美援及美軍顧問團的要求下，國軍部隊的教育訓練必須更符合美方的期待。[51]

為能妥善運用美援裝備，各級部隊必須在防務繁重且軍援逐步到位的情況下，思考如何一邊接受美援裝備與技術，一邊進行部隊的訓練等任務。因此，在訓練程序方面亦採取階段教育，實施基地輪流集訓辦法。在訓練內容方面，一概採用美軍典範與教學方法，使國軍各部隊，均循一定程序，由兵種基本技術及戰術訓練，進而為兵種協同，與軍種聯合訓練，並為適應反攻大陸作戰要求，實施特種專長訓練，熟悉各種特殊地區之基本戰鬥技術與作戰原則。[52]

陸軍部隊來臺後，一方面整編，一方面採取美制訓練方式，予以13 週輪替之初級部隊訓練，及各種兵器射擊訓練，並實施幕僚演習及獨立師之戰鬥演習，1954 年除外島 2 個軍及 1 個師外，計已完成10 個軍 1 個獨立師之訓練。已經完成 13 週訓練之各部隊，繼之以輪替方式在湖口、烏日及嘉義3 個訓練基地，予以為

51 美軍顧問團在 1955 年年中報告書中之建議事項，仍要求要盡力設法招募知識水準較高之人員，服務三軍。「美國軍援顧問團蔡斯將軍一九五五年年中工作報告書」（1955年 6 月），〈美國軍顧問團團長蔡斯將軍報告書〉，《國軍檔案》，國防部藏，總檔案號：00004423，頁 14。

52 「國防部參謀總長職期調任主要政績（事業）交代報告」（1954 年 6月），頁 260。

期 17 週之高級部隊訓練，完成營以上師以下之兵種部隊分科教育，與諸兵種協同訓練，並實施營測驗與師演習，總計完成10 個軍及 1 個獨立師之訓練。[53]

在訓練成效方面，美軍顧問團會主動積極參與國軍之各項演習，並予以觀察及給予建議。1951 年11 月 26 日至 28 日陸軍第 32 師在湖口地區進行演習，蔣介石希望美軍顧問團團長蔡斯對演習所見作出講評，蔡斯遂針對此次演習狀況，諸如營對抗、營戰鬥射擊（步砲聯合）、夜間機動及拂曉攻擊、工兵渡河與跨越山谷作業、衛生訓練、反戰車戰鬥、陣地編成及防禦戰等所見之缺失一一陳述，[54] 蔡斯也認為第32 師之裝備以及官兵整體之禮節、體力、基本訓練與士氣表現都有很好的表現。[55] 另外，在1952 年 1 月 24 日蔣介石親自主持第 67 師 1951 年度年終校閱時，也邀請蔡斯、魏雷（Willey，美軍顧問團副團長）等及在臺訪問之美國駐沖繩島地面部隊司令貝特萊少將（Robert S. Beightler）、美第20 航空隊司令史德萊少將（Ralph F. Stearley）一同參觀，參訪過程蔣介石在日記寫下：「九時半，到樹林口校閱第六十七師新編美制試辦教育，閱兵如儀後，校閱各種兵

53 「國防部參謀總長職期調任主要政績（事業）交代報告」（1954 年 6月），頁 260。

54 「陸軍第三十二師年終校閱預定表」（1954年 11月 26日），〈國防部與美軍顧問團文件副本彙輯〉，《國軍檔案》，國防部藏，總檔案號：00003189。

55 “32nd Division Demonstrations”, December 3, 1951, Files Number: MGCG 452.09（1954 年 12 月 3 日），〈國防部與美軍顧問團文件副本彙輯〉，《國軍檔案》，國防部藏，總檔案號：00003189。

器射擊，及班的戰鬥教練。其排長與班長之指揮優良，語調儀容，皆臻上乘，殊堪欣慰。」、「下午校閱營戰鬥演習，其步兵皆站立前進，毫不顧及敵方火力，與射擊之損害，殊不相宜。其火力之熾盛，即所謂火海之演成，今始見之，但其彈藥之消耗，只有美國所能為也。」[56] 從蔣介石參觀第 67 師演習所寫下的心得，其對僅經過 71 日訓練的第 67 師在演習中有這麼好的表現，是非常感到欣慰的，同時他也肯定美軍顧問團對國軍訓練的貢獻，以及對美軍火力強大的軍備感到讚嘆。

自1954 年 7 月 1 日開始，陸軍部隊訓練為配合訓練基地、射擊場所，以及擔任海島防禦任務之部隊等因素而調整訓練計畫。在美軍顧問團的協助下，訓練區分為 3 階段，每階段 16 週。三個階段分別為基地訓練、守備訓練及射擊訓練等。[57] 基地訓練包括部隊戰術演練，營與團各兵種聯合演習及師演習，美軍顧問團非常重視基地訓練，因此將大部分的資源、裝備投入在基地訓練之中。在本島之陸軍每一個步兵師都要接受分佈在臺灣 5 個基地之基地訓練。每一個基地，每次可訓練 1 個加強師。未進入基地訓練之師。則接受海岸防禦任務有關之守備及射擊術訓練。這項訓練計畫，包括基本及高級個別訓練、專長訓練、單位基本訓練、射擊術、高司演習及圖上作業。所有訓練計畫係根據美軍陸軍訓練計畫之適用國軍部分而制訂。

---

56 秦孝儀總編纂，《總統蔣公大事長編初稿》，第 11 卷，頁 20-21。
57 「美國軍援顧問團蔡斯將軍一九五五年年中工作報告書」，頁 20。

除外島 7 個師未列入這項計畫之外，總計完成14 個師之訓練。[58] 非美援師單位之訓練，不能得到美軍顧問團之協助，則由陸軍總部自行計畫訓練。[59]

完成訓練之部隊，美軍顧問團為能掌握訓練的成效，每半年都會對國軍戰力進行評估，以 1955 年年中報告書中有效戰力的評估，顧問團認為陸軍在實施臺灣防衛戰能持續 10 至 15 天之防禦，其主要原因該係受野戰軍支援部隊後勤上之脆弱所限制。另外，在外島防禦方面，如果海空軍能夠適當支援，金門防衛能防禦 10 至 15 天；而馬祖守備區，能防禦 1 至 3 天。[60] 在陸軍部隊士氣與紀律方面，受評估有 91 個單位，士氣部分，優等單位有 27 個，合格單位 64 個；紀律部分，優等單位有 21 個，合格單位 70 個。兩者都無不合格之單位，但美軍仍提出影響部隊士氣最大的妨礙因素，就是缺乏強有力的領導能力，而其內涵包括「主官未能建樹一適當指揮與參謀系統關係」、「軍士地位缺乏」、「當主官或重要參謀官缺席時，即無人負責及保證業務之不斷」、「各階層均願意接受顧問團建議，惟不實施之」、「低級軍官之主動精神，仍嫌不足」、「命令不

---

58 「美國軍援顧問團蔡斯將軍一九五五年年中工作報告書」，頁 20。

59 依據「共同防衛互助法」援助下之部隊，其實際所需之武器與裝備有剩餘時，應給予未受該法案援助之部隊（包含外島部隊），換言之，外島部隊並非美援單位與訓練單位。U.S. Training for Kinmen Troops, September 16, 1953, Files Number: MGGE 353，〈國防部與美顧問團文件副本彙輯〉，《國軍檔案》，國防部藏，總檔案號：00003189。

60 「美國軍援顧問團蔡斯將軍一九五五年年中工作報告書」，頁 7、26。

能貫徹，例如即辦公時間亦不能遵守」，以及「主官缺乏下達命令之能力」等。另一項導致士氣低落的原因，為缺乏訓練用裝備。[61] 缺乏訓練用裝備的原因，乃是因為陸軍仍保留若干非受援單位，致使各受援部隊之體力與智力上合格人力，分散使用於非受援部隊，並招致用以充分裝備受援部隊所需之裝備被秘密轉移使用。[62] 但如以1955 年與1953 年上半年報告比較，臺灣有效戰力已提升 2 至 3 倍，以1953 年上半年有效戰力為例，陸軍防衛臺灣能力僅有 5 天而已，而各軍之平均戰力不考慮後勤因素，計46%，如將後勤因素列入，則戰力為零。[63]

陳誠也認為：「關於國軍部隊的訓練，多得力於美軍顧問團的協助。美軍顧問團對於訓練建議，多特別強調『真實性』，凡是缺乏真實性的訓練或演習，他們多不客氣的建議停止，這是提高我們訓練成果的一大樞紐。」[64] 而過去抗戰期間，士兵訓練如同兒戲，有見到士兵投出手榴彈，卻不懂拉開火門，結果被敵人拾去，即以其人之彈還敬其人之身，此類悲劇性的笑話何止一端。而美軍顧問團協助下的訓練已有一大成效，非昔日

61 「美國軍援顧問團蔡斯將軍一九五五年年中工作報告書」，頁 18。

62 「美國軍援顧問團蔡斯將軍一九五五年年中工作報告書」，頁 5。

63 各軍有效戰力如下：第 6 軍 35 %、第 18 軍 45 %、第 45 軍 43 %、第 50 軍 54 %、第 52 軍 56 %、第 54 軍 42 %、第 67 軍 30 %、第 75 軍 54 %、第 80 軍 50 %、第 87 軍 54 %、第 32 師 25 %。「美軍顧問團蔡斯將軍一九五三年上半年工作報告書」（1953年 8 月 3 日），〈美國軍顧問團團長蔡斯將軍報告書〉，《國軍檔案》，國防部藏，總檔案號：00004477，頁 9-10。

64 薛月順編輯，《陳誠先生回憶錄——建設臺灣》，上，頁 258。

吳下阿蒙。無論是武器的使用、獨立的戰鬥、協同的作戰、登陸或防禦的戰鬥，以及山地、河川、居民地、隘路、橋樑、攻堅等等的各種戰鬥，無不以儘量「真實」為訓練要領。如有機會一顯身手，相信我們的部隊必有驚人的表現。[65]

在軍事書籍之編定與譯印方面，國軍原有之軍事基本書籍頒行日久，內容陳舊，均不適合現代軍隊教育之用。各部隊間以片段選擇外國典範自編教材，造成國軍教育訓練，無標準典範作為依據。對國外軍事書籍之譯印，亦未加管制，既無完整系統，復無中心目標，因之工作重複，浪費人力、財力與時間。更為甚者是讓國軍戰術思想與制式、法則，益趨分歧，影響國軍整建至鉅。[66]為配合美援裝備，軍事書籍在編定方面，首重野戰書籍之整理，故先期編修各兵種操點，以應教育訓練之急需，並採不斷修訂方式，以保持教材之新穎。在譯印方面，以野戰勤務手冊、技術手冊，以及三軍聯合作戰及兩棲作戰等教範為主，以提高使用維護新裝備之技術水準，並建立國軍軍事新觀念。1950 年 5 月國防部開始草擬國軍軍事基本書籍及第一期修訂計畫，對國軍使用典範，做全般性之編纂與審訂，1951 年策定第二期修訂計畫。1952 年年終蔡斯建議，停止修編陸軍軍事基本書籍，全部採用美軍教材。幾經研商，除基本教練在國軍裝備未全部改換美式前，仍用國軍原有操典

65 薛月順編輯，《陳誠先生回憶錄——建設臺灣》，上，頁 258-259。

66 「國防部參謀總長職期調任主要政績（事業）交代報告」（1954 年 6 月），頁 263-264。

外，餘則以美軍書籍為基準。[67] 至 1955 年止，陸軍利用美援所供給之技術代表人員補助教材與圖書，已有重大成效，[68] 計用以教授美國原則、戰術與技術，已翻譯 1,250 種以上之美國圖書。[69]

教育為百年大計，軍隊教育之得失，關係整軍建軍之成敗，而軍隊教育的重心，實係以幹部教育為首要。因此，經過多方的努力，國軍教育訓練成果相當豐碩，自1950 年至1953 年間，國軍各校班先後訓練畢業員生：1950 年 2 萬 1,071 人次、1951 年 3 萬 751 人次、1952 年 2 萬 4,404 人次、1953 年 3 萬 8,945 人次，總計完成受訓人次計有 11 萬 5,171 人次之訓練。另外陸海空三軍及聯勤各及軍官，受訓人數與現員比：陸軍及聯勤74%、海軍26%、空軍34%。其中海、空軍受訓人數少乃因其專科教育班次較少所致。[70]

---

67 國防部史政編譯局編印，《美軍在華工作紀實．顧問團之部》，頁 46。

68 有關軍事書籍等譯印問題，在 1950 年代初期譯者欠缺的情況之下，對國防部造成極大的困擾。因作業程序緣故，國防部編譯處必須先將英文譯成中文，交由顧問團審核，美軍顧問團審核時又需將中文譯成英文，審查合格後然後付印。一來一往的時間，加上譯者參差不齊，致使翻譯進度很慢。另外經費以及美軍顧問團所提供的書籍也沒有準時提供，都是很大的問題。為了解決問題，一方面提高譯者待遇，二方面就是將譯本審查權分開，英文由美軍顧問團負責，中文則由國防部負責。詳見「總統府軍事會談記錄」（1953年 1 月 17 日），〈軍事會談（二）〉，《蔣中正總統文物》，國史館藏，典藏號 002-080200-00600-001。

69 「美國軍援顧問團蔡斯將軍一九五五年年中工作報告書」，頁 22。

70 「國防部參謀總長職期調任主要政績（事業）交代報告」（1954 年 6月），頁 258。

第二節　「白團」與「實踐學社」

國軍軍事教育除了採用美軍軍事教育制度進行國軍教育體系及訓練改造之外，同時還有一批來自日本的舊日軍軍人所組成的軍事顧問團協助國軍從事教育訓練工作。這批舊日軍所組成的顧問團，其所以會來到臺灣，最主要是緣起於二次大戰日本戰敗投降，舊日軍面對國內戰敗的指責以及地位的低落，無論在生理與心理方面都承受巨大痛苦，於是有部分舊日軍希望尋找一個能夠發揮專才及有尊嚴的地方重新開始。[71] 國共內戰的情勢的確讓為數不少的舊日軍主動希望協助國民政府作戰，一方面可以報答蔣介石以德報怨的恩德，一方面也可以遠離日本國內戰敗的氛圍。[72] 早在 1948 年 12 月就有日人酒白景映透過湯恩伯轉信建議蔣介石，信中表示中共軍隊已席捲東北、華北，正在進攻京滬，他們擔心中華民國有全盤共產化的危機。而在此之前，也曾經向張羣及駐日代表商震建言，對中共作戰必須迅速並實施雇用日本的軍隊。如果能夠雇用日本兵並採取積極攻勢，加上美國的軍事援助，這樣將能結合優良的軍備和

---

71 如「昭和三十年代初期，對舊軍人的責難，仍十分強烈。但與其說是責難，憎惡當更為貼切。」詳見保阪正，《瀨島龍三——参謀の昭和史》（東京：文藝春秋，1991，文春文庫版），頁 173。

72 岡村寧次受蔣介石之邀，「用所謂報答終戰時之恩義的名目」，在 1950 年 2 月將富田直亮少將等 19 名陸軍參謀送至臺灣。此一被稱為「白團」的軍事顧問團，之後持續了 15 年，團員數曾達到 83名。在此期間，岡村本人則在日本本地邊處理白團事務，邊協助設立在鄉軍人會等舊軍人聯誼組織。詳見舟公木繁，《支那派遣軍司令官　岡村寧次大將》（東京：河出書房新社，1984），頁 345。

優越和士兵，戰爭的效果可想而知。而日本國內現有對中共具有作戰經驗的軍人就有十數萬之多，可妥善加以運用。[73] 在這氛圍之下，1949 年 8 月出現一份「中日義勇軍」建立計畫書，其目的乃為確保中華民國政府在東南之反攻基地，反守為攻，建議必須迅速選拔中日兩國軍人意志堅決果敢有為之青年組成 1 個軍，並依情勢發展逐次擴大為精兵 10 萬，編成數個軍，組成一強有力義勇軍成為擊滅共軍之骨幹兵團。[74] 但後因局勢變化，這個計畫最後不了了之，雖然中日義勇軍未能成立，但「運用日本」的想法與行動卻有了一個開端。[75]

一、「白團」的緣起

蔣介石為了挽救後期國共內戰的頹勢，除在政治、外交、經濟、軍事各方面持續努力之外，同時，也秘密派出國民政府駐日代表團第一處（軍事武官處）處長曹士澂[76] 連繫前日本之中國派遣軍總司令岡村寧次，

73 「酒白景映呈蔣中正建議雇用日本兵對中共採取積極攻勢等建議案」，〈對日本外交（一）〉，《蔣中正總統文物》，典藏號：002-080106-00064-001。

74 「中日義勇軍建立計畫書」，〈對日本外交（一）〉，《蔣中正總統文物》，國史館藏，典藏號 002-080106-00064-008。

75 1949年 7月 31 日蔣介石對侯騰、曹士澂等指示中提到：「為改進中國之陸軍及策畫東亞反共聯軍計，選用日本優秀軍官來華工作，特別注重於教育訓練及建立制度，必要時直接參與反共作戰。」詳見「侯騰曹士澂呈蔣中正依據使用日本軍官計畫指示報告研討結果並擬具計畫綱領」，〈對日本外交（一）〉，《蔣中正總統文物》，國史館藏，典藏號 002-080106-00064-005。

76 1949年 4 月 24 日派曹士澂少將接任駐日代表團第一組組長（原任總統府參軍王武少將），總長顧祝同，代表團團長朱世明。〈駐日代表團案〉，《國軍檔案》，國防部藏，總檔案號：00003295。

討論募集日本志願軍，組成國際反共聯盟，打擊共產黨，並組成一支日本人的軍事顧問團，前往臺灣援助作戰。[77] 其間，蔣介石在 1950 年 7 月 5 日再派蔡孟堅代表前往日本接洽新聘日籍教官及相關協調事項。蔡孟堅兩度與岡村寧次接觸，旋於 8 月 4 日返國，並將日方的訊息向蔣介石報告。報告內容主要有三部分，第一是協調事項，次為日方的態度和要求，第三為建議事項。在協調事項方面，由蔡孟堅成立之景華公司，採兩條軸線與親臺日人接觸。一為以岡村寧次為主的「東邦會社」，負責人為脇本正男及小笠原清；一為有白鴻亮等參加之「永和會社」，負責人為佐佐木四郎（原為三井董事）、田中精一等。景華公司之態度，以採用個別運用，達成掩護便利為目的。[78] 在日方的態度方面，岡村寧次表示：一、中日聯絡需得到美方同意或支持；二、希望在東京成立非正式之中日俱樂部以便連繫；三、來臺之日本教官須有返日探眷機會；四、來臺日本教官待遇請酌予增加；五、請保留曹士澂、陳昭凱等在日任務。第二部分是將日本吉田內閣及前海軍大將津田和日本國家警察本部長官齋藤實等表達對親華份子的支持之訊息帶回。[79] 在建議事項方面可區分為三點：第一點為

---

77 中村祐悅著、楊鴻儒譯，《白團——協助訓練國軍的前日軍將領校官（協訓國軍的日本軍事顧問團）》，頁 2-7。

78 蔡孟堅為景華貿易公司總經理，該公司係為我方為發展對日工作，以掩護中日之聯繫而與岡村寧次合組之公司，詳見「報告在日工作情形及建議事項」（1950年 8 月 8 日），〈革命實踐研究院聘用日籍教官情形〉，《國軍檔案》，國防部藏，檔號：0420/3080。

79 「報告在日工作情形及建議事項」（1950年 8月 8 日）。

待遇方面，希望就聘人員之待遇能夠提高。以盟總聘用日人，平均待遇為 200 美元，而中華民國政府現予待遇僅 80 美元左右，日方希望提高待遇，平均 100 至 120 美元，以安定其生活。第二點各教官探眷問題，岡村寧次希望受聘人員能適時返國省親。蔡孟堅則建議最好能夠攜眷來臺，但必須做好保密工作。第三點斟酌接受盟總推薦之人員，尤其盟總第二處（G2）向政府推薦之24 人中遴聘數人，以杜絕美方疑慮以及岡村寧次的不安。[80]

經過折衝，白團成員終於分批來臺。白團成員來臺時間除白鴻亮（富田直亮）和帥本源（山本親雄）分別在1949 年 11 月 1 日和1952 年 10 月 10 日來臺之外，其餘教官大抵在1950 年來臺，人數最多時有83 人之多。離臺時間則有幾個時間點，分別是1950 年下半年有2 人；1952 年上半年有 15 人；同年7 月28 人；1953 年12 月 19 人；1962 年12 月有14 人。[81] 1963 年以後續聘的白團教官僅白鴻亮、江秀坪、賀公吉、喬本及楚立山等 5 人；[82] 1968 年底再解聘 4 人，僅餘白鴻亮 1 人，並改擔任參謀總長顧問，直至1969 年白鴻亮過世，[83] 白團任務至此完全結束。除臺灣之白團成員外，

---

80 「報告在日工作情形及建議事項」（1950年 8月 8日）。

81 黃慶秋編，《日本軍事顧問（教官）在華工作紀要》（臺北：國防部史政局，1968），頁 10-21。

82 〈白團聘任案〉，《國軍檔案》，國防部藏，檔號：425/6010。

83 資料班又名富士俱樂部，1969年 3 月 17 日白鴻亮返日休假，卻於 4 月 26 日在東京去世，享年 81 歲。白鴻亮臨終前，囑咐其妻，死後將其一半骨灰存放在臺灣，目前安置在臺北縣樹林鎮海明寺中。見林照真，《覆面部隊——日本白團在臺秘史》，頁 172。

在日本東京由岡村寧次主導，小笠原清負責的東京資料班[84]最盛時期亦有 16 人之多，合計人數最多時期計有 99 人。[85]

這批由日本舊日軍官所組成來臺之軍事顧問團的代稱取名白團，源於白團團長富田直亮少將，來臺化名白鴻亮，故名之為「白團」。[86]而富田直亮取姓為白，因共產黨是「紅」色，而相對抗之意。[87]白團成員來臺後，主要是由曹士澂負責協助白團成員化名。化名原則基本上以三國演義中之人物姓氏為主，[88]代名的題取，是在原名中擇一字，例如本鄉健，就取一個健字而為范健，守田正之則取之為曹正之。[89]除83 名來臺的白團成員外（見表4-8），連在東京的岡村寧次也化名為甘存寧，小笠原清則化名為蕭立元。

84 小笠原清負責的「東京資料組」直至 1968年實踐小組結束才解散。〈白團聘任案〉。

85 1969年 1月 16日小笠原清致蔣緯國信函，詳見〈白團聘任案〉。

86 在國軍檔案中一般稱呼這批日籍教官為外籍教官、外籍顧問、研究員、或者以實踐小組稱之，不過在陸軍指揮參謀大學於 1965 年 8 月 16 日（54）山字第 1567 號給陸軍總部，事由為「為呈覆實踐小組之撥編構想」的公文中，其內容的構想原則開宗明義即為：「實踐小組以外籍人員（白團）為主體，係客卿立場，……。」可見白團之名稱呼在臺已成為慣稱，詳見〈實踐學社結束處理案〉，《國軍檔案》，國防部藏，檔號：1932/3080。

87 中村祐悅，《白團——協助訓練國軍的前日軍將領校官（協訓國軍的日本軍事顧問團）》序言，頁 4。

88 中村祐悅，《白團——協助訓練國軍的前日軍將領校官（協訓國軍的日本軍事顧問團）》，頁 34。

89 林照真，《覆面部隊——日本白團在臺秘史》，頁 58。

表4-7　日籍軍事顧問（教官）人員及異動一覽表[90]

職稱	舊日軍階級	姓名		來臺起訖時間		備考
		譯名	原名	抵臺時間	離臺時間	
總教官	陸軍少將	白鴻亮	富田直亮	1949年11月1日	1969年	1965年7月以後任實踐小組總顧問；1968年以後擔任參謀總長顧問。
副總教官	海軍少將	帥本源	山本親雄	1952年10月10日	1963年12月	擔任海、空軍教官
副總教官	陸軍砲兵大佐	范　健	本鄉健	1950年1月	1963年12月	擔任戰爭之指導、大軍統帥及戰史，第一次陸海空軍聯合演習計畫負責人；有戰史之神美譽。
教官	陸軍後勤中佐	江秀坪	岩坪博秀	1950年1月	1968年12月	原陸軍第32師教官，後擔任後方勤務教官，54年7月後擔任實踐小組顧問。
教官	陸軍步兵中佐	賀公吉	系賀公一	1950年1月	1968年12月	原陸軍第32師教官、後擔任後方勤務教官，54年7月後擔任實踐小組顧問。
教官	陸軍軍需中佐	喬　本	大橋策郎	1950年1月	1968年12月	原陸軍第32師教官，後擔任技術、軍事工業及動員教官，1965年7月後擔任實踐小組顧問。
教官	陸軍步兵少佐	楚立三	立山一男	1950年1月	1968年12月	擔任後方勤務教官，1965年7月後擔任實踐小組顧問。
教官	陸軍航空中佐	曹士進	內藤進	1950年1月	1950年下半年	

90 黃慶秋編，《日本軍事顧問（教官）在華工作紀要》，頁10-21。〈革命實踐研究院聘用日籍教官情形〉，《國軍檔案》，國防部藏，檔號：019530/3080。

職稱	舊日軍階級	姓名		來臺起訖時間		備考
		譯名	原名	抵臺時間	離臺時間	
教官	陸軍憲兵大佐	黃治毅	藤本治毅	1950年下半年	1950年下半年	
教官	陸軍步兵大佐	曾正之	守田正之	1950年下半年	1952年上半年	第二次陸海空軍聯合演習負責人
教官	陸軍後勤少佐	馮運利	山藤吉郎	1950年下半年	1952年上半年	
教官	陸軍砲兵大佐	林吉新	佐佐木伊吉郎	1950年下半年	1952年上半年	
教官	陸軍砲兵大佐	王民雄	鈴木勇雄	1950年下半年	1952年上半年	
教官	陸軍航空少佐	鄭義正	伊井義正	1950年下半年	1952年上半年	
教官	陸軍裝甲少佐	謝人春	海卷益次郎	1950年下半年	1952年上半年	
教官	海軍槍砲大佐	鮑必中	今井秋次郎	1950年下半年	1952年上半年	
教官	海軍作戰大佐	鄒敏三	杉田敏三	1950年下半年	1952年上半年	
教官	陸軍情報大尉	林　光	荒武國光	1950年下半年	1952年上半年	
教官	陸軍通信大佐	溫　星	岡本覺次郎	1950年下半年	1952年上半年	
教官	陸軍砲兵少佐	李德三	岩上三郎	1950年下半年	1952年上半年	
教官	陸軍空降中佐	周祖蔭	市坡信義	1950年下半年	1952年上半年	
教官	陸軍步兵中佐	魯大川	石川賴夫	1950年下半年	1952年上半年	
教官	陸軍憲兵少佐	阮志誠	小島俊治	1950年下半年	1952年上半年	
教官	陸軍後勤中佐	張金先	坂牛俊之	1950年下半年	1952年上半年	
教官	陸軍砲兵中佐	趙理達	堀田正英	1950年下半年	1952年7月	
教官	海軍輪機少佐	夏保國	萱治洋	1950年下半年	1952年7月	原陸軍第32師教官
教官	陸軍通信少佐	陸南先	三上憲次	1950年下半年	1952年7月	
教官	陸軍裝甲中佐	賴達明	瀨能醇一	1950年下半年	1952年7月	

職稱	舊日軍階級	姓名		來臺起訖時間		備考
		譯名	原名	抵臺時間	離臺時間	
教官	陸軍步兵少佐	蔡　浩	美濃部浩次	1950 年下半年	1952 年 7 月	
教官	陸軍步兵中佐	任俊明	都甲誠一	1950 年下半年	1952 年 7 月	
教官	陸軍工兵少佐	朱　建	春山善良	1950 年下半年	1952 年 7 月	
教官	陸軍步兵少佐	閻新良	新田次尉	1950 年下半年	1952 年 7 月	
教官	陸軍登陸少佐	邵　傳	弘光傳	1950 年下半年	1952 年 7 月	
教官	陸軍通信少佐	曾固武	固武二郎	1950 年下半年	1952 年 7 月	
教官	陸軍通信少佐	馬松榮	松尾岩雄	1950 年下半年	1952 年 7 月	
教官	陸軍步兵中佐	丁建正	藤村甚一	1950 年下半年	1952 年 7 月	
教官	陸軍工兵少佐	閔　進	小針通	1950 年下半年	1952 年 7 月	
教官	陸軍通信少佐	紀軍和	大津俊雄	1950 年下半年	1952 年 7 月	
教官	陸軍步兵少佐	鈕彥士	進藤忠彥	1950 年 1 月	1952 年 7 月	
教官	陸軍通信少佐	汪　政	宮瀨蓁	1950 年 1 月	1952 年 7 月	
教官	陸軍步兵少佐	宮成炳	御守洸正夫	1950 年 1 月	1952 年 7 月	
教官	陸軍工兵大佐	甘勇生	服部高景	1950 年 1 月	1952 年 7 月	
教官	陸軍工兵中佐	孟　成	後藤友三郎	1950 年 1 月	1952 年 7 月	
教官	陸軍憲兵中佐	楊　廉	大塚清	1950 年 1 月	1952 年 7 月	
教官	陸軍戰車少佐	柯人勝	野町瑞穗	1950 年 1 月	1952 年 7 月	
教官	陸軍步兵少佐	石　剛	市川芳人	1950 年 1 月	1952 年 7 月	
教官	陸軍防空中佐	沈　重	神野敏夫	1950 年 1 月	1952 年 7 月	
教官	陸軍砲兵少佐	金朝新	川田治正	1950 年 1 月	1952 年 7 月	

職稱	舊日軍階級	姓名		來臺起訖時間		備考
		譯名	原名	抵臺時間	離臺時間	
教官	陸軍步兵少佐	宋　岳	杉本清士	1950 年 1 月	1952 年 7 月	
教官	陸軍步兵少佐	梅新一	川野岡一	1950 年 1 月	1952 年 7 月	
教官	陸軍步兵少佐	蔡哲雄	村木哲雄	1950 年 1 月	1952 年 7 月	
教官	陸軍經理（主計）大佐	黃聯成	笠原義信	1950 年 1 月	1952 年 7 月	
教官	陸軍航空少佐	陳松生	河野太郎	1950 年 1 月	1953 年 12 月	
教官	海軍輪機中佐	杜　盛	松崎義森	1950 年 1 月	1953 年 12 月	
教官	陸軍步兵大佐	何守道	市川治平	1950 年 1 月	1953 年 12 月	
教官	陸軍步兵少佐	池步先	池田智仁	1950 年 1 月	1953 年 12 月	原陸軍第 32 師教官
教官	陸軍步兵少佐	常士光	伊藤常男	1950 年 1 月	1953 年 12 月	原陸軍第 32 師教官
教官	陸軍砲兵少佐	彭博山	福田五郎	1950 年 1 月	1953 年 12 月	原陸軍第 32 師教官
教官	陸軍步兵大佐	林　飛	山本茂男	1950 年 1 月	1953 年 12 月	
教官	陸軍步兵中佐	鄧智正	中尾捨象	1950 年 1 月	1953 年 12 月	
教官	陸軍步兵少佐	潘　興	井上正規	1950 年 1 月	1953 年 12 月	原陸軍第 32 師教官
教官	海軍槍砲中佐	劉啟勝	西村春芳	1950 年 1 月	1953 年 12 月	
教官	海軍通信中佐	桂通海	高橋勝一郎	1950 年 1 月	1953 年 12 月	
教官	陸軍步兵少佐	張　幹	中山幸男	1950 年 1 月	1953 年 12 月	原陸軍第 32 師教官
教官	陸軍步兵少佐	齊士善	左藤正義	1950 年 1 月	1953 年 12 月	原陸軍第 32 師教官
教官	陸軍經理（主計）中佐	錢明道	土屋季道	1950 年 1 月	1953 年 12 月	原陸軍第 32 師教官
教官	陸軍砲兵少佐	麥　儀	藤田正治	1950 年 1 月	1953 年 12 月	原陸軍第 32 師教官
教官	陸軍工兵少佐	文奇贊	村川文男	1950 年 1 月	1953 年 12 月	原陸軍第 32 師教官

職稱	舊日軍階級	姓名		來臺起訖時間		備考
		譯名	原名	抵臺時間	離臺時間	
教官	陸軍通信少佐	蕭暢通	川田一郎	1950 年 1 月	1953 年 12 月	原陸軍第 32 師教官
教官	陸軍憲兵中佐	谷憲理	小杉義藏	1950 年 1 月	1953 年 12 月	原陸軍第 32 師教官
教官	陸軍戰車少佐	關　亮	黑田彌一郎	1950 年 1 月	1953 年 12 月	
教官	海軍航空中佐	雷振宇	山口盛義	1950 年 1 月	1963 年 12 月	1952 年 5 月歸國，1955 年 5 月再度應聘至 1962 年 12 月歸國。
教官	海軍航海中佐	屠遠航	土肥一夫	1950 年 1 月	1963 年 12 月	原陸軍第 32 師教官
教官	陸軍航空中佐	周名和	瀧山和	1950 年 1 月	1963 年 12 月	
教官	海軍情報大佐	左理興	松元秀枝	1950 年 1 月	1963 年 12 月	
教官	陸軍步兵中佐	鄭　忠	酒井忠雄	1950 年 1 月	1963 年 12 月	擔任蘇軍情報戰略戰術教官
教官	陸軍步兵少佐	吳念堯	溝口清直	1950 年 1 月	1963 年 12 月	擔任登陸作戰船舶輸送、戰略戰術教官
教官	陸軍裝甲中佐	孫　明	村中德一	1950 年 1 月	1963 年 12 月	原陸軍第 32 師教官，後擔任戰略戰術教官
教官	陸軍步兵少佐	秦純雄	中島純雄	1950 年 1 月	1963 年 12 月	原陸軍第 32 師教官，後擔任戰略戰術教官
教官	陸軍動員大佐	徐正昌	富田正一郎	1950 年 1 月	1963 年 12 月	原陸軍第 32 師教官，後擔任動員戰略戰術
教官	陸軍步兵中佐	諸葛忠	左藤忠彥	1950 年 1 月	1963 年 12 月	原陸軍第 32 師教官，擔任動員戰略戰術教官
教官	陸軍步兵中佐	易作仁	山下耕	1950 年 1 月	1963 年 12 月	原陸軍第 32 師教官，後擔任動員教官
教官	陸軍步兵少佐	鍾大鈞	戶櫃金次郎	1950 年 1 月	1963 年 12 月	原陸軍第 32 師教官，後擔任戰略戰術教官

二、「白團」聘任的原因

蔣介石聘任白團，辦理軍官訓練團的目的，就是要讓國軍重獲新生，就如1950 年 5 月 21 日蔣介石在革命實踐研究院軍官訓練團[91]第一期開訓典禮講話時所說：「革命實踐研究院軍官訓練團訓練的目的，就是要從慘痛的失敗之後和無上的恥辱之中，來從頭做起，就是要以『從前種種譬如昨日死，以後種種譬如今日生』的新生精神，徹底悔悟、徹底改革。換言之，今後國家存亡，以及個人的成敗和榮辱，都要取決於這一次的訓練。」[92]

訓練的重點，精神訓練為最基本的課題，除此之外，尤其側重陸海空軍聯合作戰，要使陸海空軍徹底合作密切聯繫，發揮三軍一體協同一致的精神。蔣介石認為，在戡亂時期，國軍有四百萬以上的軍隊，當時中共在東北和華北最初只有三、四十萬人，比較起來我們的兵力要大過中共十倍以上，而且還有空軍和海軍，論軍隊數量和裝備，為什麼我們反而被打敗呢？最大的原因就是平時不注意聯合作戰的教育和協同一致的精神。[93]

除了陸海空軍聯合作戰外，還要注意指揮技能和戰術的運用。從1950 年4 月所舉行的東南區陸海空軍聯

---

91 軍官訓練團初名為軍官訓練班，見「革命實踐研究院軍官訓練班編制」，〈革命實踐研究院編制案〉，《國軍檔案》，國防部藏，檔號：1932.1/4450。

92 蔣介石，〈革命實踐研究院軍官訓練團成立之意義—民國三十九年五月二十一日在軍官團講〉，收入李雲漢主編，《蔣中正先生在臺言論集》，第 1冊，頁 69。

93 蔣介石，〈革命實踐研究院軍官訓練團成立之意義—民國三十九年五月二十一日在軍官團講〉，頁 69-70。

合演習中，蔣介石認為中級以上的幹部，無論指揮技能和戰術運用都是非常幼稚和陳舊，以致在戰場實地上不能發揮他的功效，因之軍隊愈多，失敗亦就愈快，而且愈慘。[94]

蔣介石認為白團教官不但是陸大畢業，學識最優秀的軍事人才，而且是作戰經驗最豐富的青年將校；而檢討過去在軍事教育上，我們請過德國教官、英國教官、美國教官，以及俄國教官，但實際上，我們得到什麼效果，從戡亂失敗的事實，可以告訴我們，可以說是完全失敗。經檢討，蔣介石認為東西方間有幾項因素必須特別注意。

第一，東方和西方的物質條件不同。西方國家軍隊作戰，是以物質計算戰力，一旦物質不能超越對方，就認為沒有勝利的把握，只有屈服投降，這與東方觀念是有極大不同。

第二，就精神方面而言，東西方亦不同。歐美各國科學發達，一般官兵不但普遍具有科學的常識，而且自小學中學以來，就養成的一種自動自發、分權負責的概念，因此一般西方教官對於東方所謂的精神教育，認為在軍事學校裡，根本沒有必要。所以我們所聘的西方教官，無形中受了他們只重技術忽視精神的影響。而東方各國中，要算日本的軍事進步最快，而且其文化社會與我們相同，尤其是那些刻苦耐勞，勤儉樸實的生活習

94 蔣介石，〈革命實踐研究院軍官訓練團成立之意義—民國三十九年五月二十一日在軍官團講〉，頁 70。

慣，與我國完全相同。[95]

就東西方作比較後，蔣介石認為日本教官比西方國家的教官更適合國軍的再造，所以決定聘任日本教官。蔣聘任白團的作法，曾經徵求高級將領意見，多數仍以八年抗戰心魔難除為由，[96]也有部分將領表達不支持。[97] 1950 年12 月20 日國防部曾經詢問陸軍總部是否要聘用白團教官，孫立人就以國軍係為美械裝備為由，並未積極爭取。[98]另外，孫立人也在 1951 年度第1 期教育期末校閱講評中就提出：「就以圓山軍官訓練團第六期學員期末在湖口演習，以三十二師作示範部隊，我去看了四天，發現他們最大的缺點，就是班以下基本動作沒有確實。我又把三十二師教育計畫大綱與時間配當表拿來一看，全部三個月教育時間，只有五分之一時間講各個單兵及班的動作，其餘都是排、連、營以上的課目。真正的基本動作沒有做好，一旦大部隊演習，任何好戰術都無法實施。當時我就告訴日籍教官：『你們軍

95 蔣介石，〈革命實踐研究院軍官訓練團成立之意義—民國三十九年五月二十一日在軍官團講〉，頁 72；蔣介石，〈實踐學社的教育宗旨和使命—中華民國四十四年八月二十九日對革命實踐研究院聯戰班第五期軍事組研究員講〉，收入中國國民黨中央委員會黨史委員會編，《先總統蔣公思想言論總集》，第 26 卷（臺北：中國國民黨中央委員會黨史委員會，1984），頁 348-349。

96 秦孝儀總編纂，《總統蔣公大事長編初稿》，第 9 卷，1950年1月 12日記事，頁 10。

97 孫立人認為我國建軍不能純靠外國顧問，世界兩大軍系（英美派及德日派）各有其長處，也有其缺點。我們應該採取二者之長，而揚棄其短，以期建立自己的國防軍。孫立人，〈臺灣軍事講稿〉，收入朱浤源主編，《孫立人言論選集》，頁 228-230。

98 「（39）樸桓原字第一零七二號代電奉悉」（1950年 12月 20日），〈美特技顧問團在華工作專輯〉，《國軍檔案》，國防部藏，總檔案號：00004437。

官教育注重戰術鍛鍊是對的，可是我們就不能這樣。』因為日本士兵的動作，都是由班長教練，不需要各級官長多費心血。而我們班長一般水準很不齊，又沒有受過軍士的養成教育，所以必須各級長官從早到晚一點一滴的流汗流血親身教導，才能期望把士兵的動作訓練好，如果光靠軍士是辦不到的。」[99]

對於孫立人的講評，事實上並不客觀，因為日籍教官的工作本來就不負責士兵單兵訓練與戰鬥技能，主要是教導戰術與大軍作戰計畫的研擬等，講評的內容應屬孫立人對白團的觀感。[100] 另外，陳誠也認為，關於國軍部隊的訓練，多得力於美軍顧問團的協助。美軍顧問團對於訓練建議，多特別強調「真實性」，凡是缺乏真實性的訓練或演習，他們多不客氣的建議停止，這是提高我們訓練成果的一大樞紐。[101] 陳誠對美軍顧問團的肯定與褒獎，但對白團卻無類似的肯定。不過這些枝節，不但讓蔣沒也退縮反而直言強調：「日本原是我們在中日戰爭手下敗將，為何還要請他們來擔任教官？」[102] 蔣介石認為，抗戰的勝利，一

99 孫立人，〈四十年度第一期教育期末校閱講評〉（1951年4月），收入朱浤源主編，《孫立人言論選集》，頁 259。

100 孫立人在 1951年 9月 3日參加獨立三十二師的月會時，對張柏亭師長提到行列裡面的士兵，基本姿勢不夠要求，不合標準，譬如有的把肚子挺的很高等等言語，都可能是因為三十二師是接受白團的訓練有關。〈熟練技術，愛護武器〉（1951年 9月 3日於三十二師月會講話），收入朱浤源主編，《孫立人言論選集》，頁 280。

101 薛月順編輯，《陳誠先生回憶錄——建設臺灣》，上，頁 258。

102 蔣介石，〈革命實踐研究院軍官訓練團成立之意義一民國三十九年五月二十一日在軍官團講〉，頁 73。

半是靠總理的主義和正確的國策，一半是靠美國的援助，才有僥倖的勝利。尤其目前臺海局勢危急之際，日本教官卻肯冒險來臺，且以其一片至誠，來幫助我們反共抗俄，教授我們作戰的精神技能，我們更應該優禮他們、尊敬他們。[103]

蔣在1950年6月5日至圓山軍官訓練團召見學員，並與白鴻亮談演習事宜，當天自記：「一般學員對之皆感日本教官足以敬畏，不僅化敵為友之目的達到，半年來之苦心至此亦得稍慰矣。」[104] 另外，在稍晚6月27日軍官訓練團第1期畢業典禮時又強調必須要學習日本教官負責的精神、服從的精神、服務的精神、犧牲的精神、創造的精神和守法的精神。[105] 可見蔣對於國軍幹部能否接受白團教導頗為擔心，但他的決心與支持，也讓白團順利協助國軍推動再造的任務。

1953年1月16日周至柔向蔣介石報告被蔡斯質問關於日本教官訓練一事，蔣日記：「據至柔報稱蔡斯面質其石牌高級班由日本教官秘密訓練，認為對其日員不再作訓練工作之諾言背信，并言臺灣陸軍方面亦甚表不滿云。此當為立人方面對美軍顧問供給之消息，其藉外自重乃如此乎。」[106] 蔣不去思考對美軍顧問團的承

103 蔣介石，〈革命實踐研究院軍官訓練團成立之意義—民國三十九年五月二十一日在軍官團講〉，頁73-75。

104 秦孝儀總編纂，《總統蔣公大事長編初稿》，卷九，頁170。

105 蔣介石，〈軍官訓練團畢業學之任務—民國三十九年六月二十七日主持軍官訓練團第一期畢業典禮講〉，收入李雲漢主編，《蔣中正先生在臺言論集》，第1冊，頁103-105。

106「蔣中正日記」（未刊本），1953年1月16日。.

諾，卻反而認為孫立人向美國人打小報告，扯蔣介石的後腿。這件事讓蔣耿耿於懷，因此在上星期反省錄中也寫到：「一、陸軍總部對我黨政軍聯合作戰訓練班之秘密組訓，向蔡斯告密，此為其主官最不忠實之所為，不勝痛憤，但此決不足以破壞我之計畫與對美員之信仰也。」[107]

三、「白團」在臺活動

曹士澂認為白團在臺工作20年，國軍受訓人員達2萬人以上，其主要工作有四：一、圓山軍官訓練團（為中上級軍官的短期訓練）。二、實踐部隊（整訓第32師成為模範中山師團）。三、石牌實踐學社（高級軍官長期陸大教育）。四、動員（動員業務、組織）制度之建立，均有利國軍戰力之充實與兵員之新陳代謝。[108]白團除了在軍事教育之外，也協助國軍研擬反攻大陸及動員等計畫，同時也提供許多軍事建言和意見，例如1950年1月31日白鴻亮建議編組空軍突擊隊，俯衝轟炸共軍之船隻，即二次大戰末期日本所用之「神風隊」，但此建議並未被採用。[109]以下就白團在臺灣期

107「蔣中正日記」（未刊本），1950年1月17日。

108 曹士澂，〈奇蹟——仁恕與報恩的交集〉，收入林照真，《覆面部隊——日本白團在臺秘史》，頁14-15。

109 白鴻亮建議內容如下：1、全隊只需飛機31架，第一線25架，預備6架。2、每架攜帶500磅炸彈1枚、100磅炸彈6枚，可能百發百中，每架出動1次，可炸毀共軍船隻7艘，25架出動1次，可炸毀共軍船隻175艘。3、全隊官佐士兵82員，如需編組，短期內可於日本募得。4、該隊直轄空軍總司令部。〈白鴻亮擬具「編組空軍突擊隊之意見」〉（1950年1月31日），〈總統對軍事訓示（二）〉，《蔣中正總統文物》，國史館藏，典藏號：

間從事之教育相關班次與成效作一論述。

（一）圓山軍官訓練團

革命實踐研究院最初幾期調訓的學員，十之八九為國軍軍事幹部。只因其容量有限，於是就在 1950 年夏季，決定分設圓山軍官訓練團，並以力行主義，實踐革命為社團的基本精神，也是該團教育幹部的最高目的，同時也是本院命名的由來。

本團教育的宗旨，在革命實踐研究院軍官訓練團組織章程第一條提到：「為召訓國軍中級幹部，培養其革命精神，堅定其戰鬥意志，增進其學術能力，並倡導良好之風氣制度，使能領導實踐，以爭取反共勝利完成革命起見，特設革命實踐研究院軍官訓練團。」[110] 蔣介石也提到本團講習宗旨：「以恢復革命精神，喚醒民族靈魂，提高政治警覺，加強戰鬥意志，特別是能夠提振創造生動之活力，養成公正光明之風度；務實受教之學員，人人能自立自強，毋妄毋欺之人格，雪恥復仇，殺身成仁之決心。故必須鼓舞蓬蓬勃勃之朝氣，激勵沉痛悲哀之情緒，認識剿匪救民之責任，堅定革命建國之信心，培養自動自治，實踐篤行，貫徹到底之志節，不愧為三民主義國民革命之幹部。」[111]

002-080102-00063-011。

110〈革命實踐研究院編制案〉。

111 蔣介石，〈革命實踐研究院軍官訓練團教育綱領—民國三十九年五月二十二日主持軍官訓練團第一期開學典禮講〉，收入李雲漢主編《蔣中正先生在臺言論集》，第 1 冊，頁 77。

在課程的規劃方面，以軍事與政治二部門為正課，而以文藝修養為附課。軍事部門區分戰略戰術之原則、正規游擊之理論、部隊組織管理領導之技能，與革命黨史、剿匪戰史，以及民眾組訓、地方武力之應用、陸海空軍及各兵種聯合作戰演習之設計與實施。在政治部門區分黨史、政治、經濟、文化、社會，以及主義、理論、制度、政策之研究等課程。[112]

軍官訓練團教育期限為 5 週。召訓對象以召集陸海空中級幹部，以陸軍部隊現職軍師參謀長、團長、副團長、營長、副營長及軍司令部參謀人員，並海、空軍中級幹部為對象。受訓人數在軍種配比方面概約，陸軍75%、海軍10%、空軍15%。[113] 蔣介石期許軍官訓練團是一種基本精神與基本學術的現代教育，畢業之學員，應作現代化之軍人，建立現代化之軍隊。[114]

軍官訓練團高級班、學員隊班自1950 年 4 月 9 日至1952 年 6 月 22 日止，共結業 4,669 人。[115]

1、高級班：自1950 年 4 月 9 日 至1952 年 6 月22 日止，召訓三軍高級將領共3 期，結業人數計614 員。

---

112 蔣介石，〈革命實踐研究院軍官訓練團教育綱領—民國三十九年五月二十二日主持軍官訓練團第一期開學典禮講〉，頁 78。

113 蔣介石，〈革命實踐研究院軍官訓練團教育綱領—民國三十九年五月二十二日主持軍官訓練團第一期開學典禮講〉，頁 83。

114 蔣介石，〈軍官訓練團畢業學之任務—民國三十九年六月二十七日主持軍官訓練團第一期畢業典禮講〉，頁 95-96。

115 〈實踐學社結束移交清冊案〉，《國軍檔案》，國防部藏，檔號：1920.2/3080.21。

2、學員隊：自1950年5月22日開學至1952年1月25日止，共開辦10期，結業人數計4,065員。[116]

圓山軍官訓練團自5月22日開訓後，蔣介石幾乎每天都前往巡視，並於6月5日起分批召見學員考核，認此為革命唯一之基業。蔣日記中也認為軍官訓練團帶給他無限的希望，其團員多半優秀，超過其軍師長高級將領甚多，而日本教官的努力與適切的教育方法，讓全體學員消弭敵我界限，建立往後中日合作的基礎更足自慰。[117] 蔣對白團教官極為推崇，[118] 除了定位為培養國軍幹部的重要師資之外，也將其視為重新學習軍事學的的開始。[119]

（二）實踐部隊

成立實踐部隊，1951年1月選定以陸軍獨立第32師為實驗對象，當時師長為張柏亭。[120] 第32師尚未訓練前，白團教官曾對該師實施10天的觀察，觀察後對該師的評價：一、編裝缺乏，尤以砲、工兵為甚。二、軍隊的素質，營長級素質僅有舊日軍少尉等級的水準；連、排長級素質僅有舊日軍士官的素質；至於士官、士

116 黃慶秋，《日本軍事顧問（教官）在華工作紀要》，頁30。

117 秦孝儀總編纂，《總統蔣公大事長編初稿》，卷九，1950年6月10日記事，頁172。

118 「對日本教官之贊揚，比白鴻亮為朱舜水」。「蔣中正日記」（未刊本），1950年6月27日。

119 「蔣中正日記」（未刊本），1950年6月23日。

120 張柏亭為日本陸軍士校第44期，曾擔任過圓山軍官訓練團的副教育長，1957年晉升中將，1962年8月因貪污瀆職罪經判刑撤職，見林照真，《覆面部隊——日本白團在臺秘史》，頁134。

兵則普遍素質低落。[121]

1951 年 1 月白鴻亮總教官率日籍教官 40 餘人對駐地在湖口的陸軍第 32 師施行日式訓練（第一期教育由 1 月 7 日至 6 月 30 日止，共 24 週）為期半年，各教官分屬於3 個團及直屬營連，3 個團分別保持專精之演練，其重點在第 94 團為一般戰技演練，第 95 團為夜間戰鬥，第 96 團為山地戰鬥。隨訓練之進行，3 個團彼次相互觀摩，並逐次替換課目，其科目計有單兵、伍、班、排、連、營、團戰鬥教練等。[122] 1951 年 6 月 20 日，蔣介石親自前往新竹湖口聽取第 32 師師部訓練經過報告，並對該師第 1 期教育期終校閱進行講評，蔣認為該師自 1 月間決定為標準訓練師以來，並無例外增加任何經費，亦無特殊裝備或優待，只聘日籍教官參加指導訓練而已，今第一期教育校閱完畢，獲得預定之成績，實不愧為標準師，可見軍隊不在物質之優越，而在主官之精神與決心。[123]

經過白團教官一年半的訓練之後，第 32 師的成效已為楷模，不過，與當時美軍顧問團指定及訓練的美式示範部隊第 67 師，恰形成某種對立並存的形式。1952 年 1 月 25 日蔣介石發表對陸軍第 67 師校閱的觀感，還特別強調自今日起國防部及陸軍總部，應以去年年終校閱第 32 師與第 67 師兩部隊做為各部隊訓練

121 中村祐悅著、楊鴻儒譯，《白團——協助訓練國軍的前日軍將領校官（協訓國軍的日本軍事顧問團）》頁 139-140。

122 黃慶秋，《日本軍事顧問（教官）在華工作紀要》，頁 37-38。

123 「蔣中正日記」（未刊本），1951年 6月 20日。

的典範，[124] 這種說法也讓美軍顧問團頗有微詞。[125]

事實上，美國對於由舊日軍所組成的軍事教官早就表達不滿。1951 年 6 月 27 日美軍顧問團團長蔡斯將軍來臺月餘，蔣介石召見蔡斯與藍欽，聽取蔡斯一個月來工作經過報告。會中蔡斯突然提及日本教官問題，並略述美國對各國軍援案中，只有聘美國顧問一項，反對繼續聘用日籍教官。當時蔣介石不知如何回答，僅以此事未曾事先告知，故不便回應帶過。[126] 此事稍早（1951 年 6 月1 日）蔡斯就已向當時任美軍顧問團聯絡官余伯泉表示有關於日籍教官參加國軍訓練一節，認為極不恰當。蔡斯提到：「尚有一事，將於今後數日與周總長一談，即關於日本教官之問題。余知彼等係過去日軍之軍官，如敝國政府獲知此間有日本教官則將表示不滿，當敝國政府派遣一軍事顧問團協助外國時，自然認為惟有該團應實施全盤之訓練，加之吾人確能為貴軍擔任全盤任務。」周至柔向蔣介石的建議中提到，其於 6 月 7 日在陳誠官邸與陳誠、王世杰、黃少谷、郭寄嶠、葉公超會商後所研擬的處理方案有三案，建議採第一、二案。三案如下：第一案，全部解聘資送回國，其中不能回國者，留臺改任研究及編纂軍事書籍工作，如此不僅對美

124 李雲漢主編，〈對陸軍第六十七師校閱的觀感〉（民國四十一年一月二十五日對革命實踐研究院軍官訓練團第十期畢業學員講），收入李雲漢主編，《蔣中正先生在臺軍事言論集》，第 1 冊，頁 208。

125 林照真，《覆面部隊——日本白團在臺秘史》，頁 126。

126 秦孝儀總編纂，《總統蔣公大事長編初稿》，第 10 卷，1951年6月 27日記事，頁 168。

情感上不生隔閡，而國軍軍事教育上思想統一，實有利於將來軍隊之作戰。第二案，繼續留聘，但不擔任訓練工作，改任研究及編纂軍事書籍工作，其願回國者資送回國。第三案，暫維現狀，但停止參加第 32 師之部隊訓練，以免引起美顧問團之隔閡，其服務以圓山軍官訓練團為範圍，不再擴大，人員不再增聘，其聘約已期滿者不再續聘，不過圓山訓練團若繼續調集機關部隊軍官訓練，仍將引起美方之不滿而形成誤會。[127]

陳誠等人傾向於第一、二案，[128] 不過蔣介石最後是採取三案的折衷辦法，軍官訓練團之日籍教官改編為軍學研究會研究專員，並解聘部分日籍教官。對於此事，蔣甚為堅持，並於 7 月 23 日特別接見白鴻亮，說明日籍教官今後之職務，若不在練軍，可在機關任幕僚，決不以美顧問之故而辭退日員也。[129]

蔣介石作出折衷決定後，但對於美方的看法仍頗為在意。1952 年 7 月 7 日自記：「日本教官工作在兵學研究所工作與調集三十名之優秀官長從學，恐將引起美軍團之探悉，引起責難。故擬調換方式，以軍事雜誌社為名，聘其編輯雜誌研究學術之工作出之予以公開，但從學官長之調集名義與方法如何，勿使美員懷疑無

127「周至柔呈蔣中正蔡斯對日籍教官參加我軍訓練認為不便經與陳誠王世杰黃少谷郭寄嶠葉公超研擬處理方案二種」（1951年6月 11日），〈美軍協防臺灣（二）〉，《蔣中正總統文物》，國史館藏，典藏號：002-080106-00049-004。

128〈革命實踐研究院聘用日籍教官情形〉，《國軍檔案》，國防部藏，總檔案號：0420/3080。

129「蔣中正日記」（未刊本），1951年 7月 23日。.

言，應加研究也。」[130]「一、兵學研究會員之名義：甲、副侍衛長三人，乙、武官三人，丙、參謀三人—六人，丁、參軍六人，戊、戰略研究會六人—十人，己、戰略顧問會六人。二、研究會以反攻大陸各登陸地點之作戰計畫，與全部作戰計畫為主要研究之課題，其次為作戰之準備事項。」[131] 這段時間，蔣已在思考白團教官今後應以何種身分留在臺灣。7 月16 日周至柔又報告蔡斯要求明確告知日本教官的人數與工作。[132] 7 月18日國防部將白團處理情形回覆蔡斯，並對未能全數解聘之日籍教官之理由作一陳述。其陳述理由主要對日籍教官在臺灣遭受嚴重危機及大部分盟友棄之不顧時，自願為中華民國政府服務，其係違背日本政府之意志而來協助，且日本政府認為此種行動不合法，因此日籍教官不願返國，並希望取得中華民國國籍。在此種情況下，基於道義立場，不忍強迫其返國並解除其對中華民國政府之服務。因此，對留任之日籍教官將保證以後只從事宣傳及研究工作並不參與部隊之訓練。[133]蔣對白團重視與感情可見一斑，不過，蔣對美軍的承諾並未履行，白團成員的工作只是化明為暗，換塊招牌繼續讓白團成員為其訓練國軍幹部。

---

130 秦孝儀總編纂，《總統蔣公大事長編初稿》，第 11 卷，1952年7月 7日記事，頁 207。

131 秦孝儀總編纂，《總統蔣公大事長編初稿》，第 11 卷，1952年7月 7日記事，頁 208。

132 秦孝儀總編纂，《總統蔣公大事長編初稿》，第 11 卷，1952年7月 16日記事，頁 210-211。

133〈革命實踐研究院聘用日籍教官情形〉。

不過此事，美軍顧問團蔡斯仍極度關注這件事情的發展，1952 年 8 月 8 日周至柔表達其立場與不同意見如下：

> 一、自蔡斯率美軍顧問團來臺後，對政府聘請日籍教官協助軍事訓練工作一事極為注意，曾於去年六月正式表示，以為美國軍事顧問團協助我國，自然以該顧問團實施全般之訓練，如美國政府獲知另有日本人之訓練，則將認為係一嚴重事實，去年 6 月 11 日曾奉鈞座指示答覆蔡斯，允於日本教官合同期滿後不再續聘，在合同期未滿以前不擴大訓練範圍，並允今年六月底，高級班三期與三十二師訓練完成後停止訓練，此項答覆曾予蔡斯以書面保證，故今年七月蔡斯又詢問關於日本教官解約返國之情形及尚留臺灣之人數，可見對日本教官之動態，渠仍密切注意中，若仍令辦理高級幕僚人員訓練，雖可以觀光名義掩護，但因受訓時間長達一年，受訓人數多至三十，雖以研究方式出之，而秘密仍難免有洩漏之虞，一旦被發現其仍為軍官訓練機關，可能影響美顧問團與本部現正進行之合作情緒及信用。
>
> 二、美國政府對反共集團國軍軍援物資供不應求，倘此事被作為推卸責任之良好藉口，以遲緩對我之援助，似有得不償失之感。
>
> 三、關於高級幕僚與指揮官之訓練事屬重要，亟待辦理，但蔡斯一再表示願負完全責任，並經其建

> 議設立各軍種指揮參謀學校與國防大學，且負責供應各校全部教材，除各軍種指揮參謀學校均已開辦外，國防大學亦可於本年度內開學，故國軍軍官教育制度可於短期內樹立基礎，且今後國軍編制係全部採用美制，國軍裝備全部來自美援，國軍教育不能不接受美式訓練，現在各總部與各學校正翻譯中之美軍書籍與教材計 594 種，如在軍學研究會另辦高級幕僚人員訓練，在戰術思想上難免產生美日不一之流弊，在教育體系與人員學資方面，亦可能引起彼此難容之紛爭。[134]

周至柔表示他瞭解蔣介石時常訓示不要對美軍顧問團有稍存依賴或畏懼心裡，但能接受當接受之，不能接受者當不接受，但我方之前已明確答應美方，今日又不遵守承諾，以後如何建立雙方之互信基礎。[135] 周至柔充分表達國防部之立場，這對日後國軍軍事教育朝向美式教育的趨向有極大的關係。

另外，白團在動員方面的努力也看到成效。1952 年 2 月 8 日至 20 日「復興省動員演習」，由陸軍獨立第 32 師在「國防部動員籌備委員會」指導之下實施軍事動員演習。本師演習北部師管區由第 94 團擔任常設

134「周至柔呈蔣中正用日籍教官訓練我高級幕僚恐破壞周與美合作及體系紛爭困擾等」（1952年 8 月 8 日），〈中央軍事報告及建議（三）〉，《蔣中正總統文物》，國史館藏，典藏號：002-080102-00046-009。

135「周至柔呈蔣中正用日籍教官訓練我高級幕僚恐破壞周與美合作及體系紛爭困擾等」（1952年 8 月 8 日）。

部隊及特設部隊動員實施之演習。演習所收成效甚大，演習人員對軍事動員之本質及方式有所體會，並根據此次演習之經驗對日式動員法規之不適於我國情之處多有發現，依據此次演習所用有關動員法規等奠定臺灣將來動員制度之基礎。[136] 軍事動員結束時，由外籍教官白鴻亮等人講評，蔣介石盛讚講評切實透闢，觀察入微。[137] 在1953 年 1 月 28 日臺灣省第1 期補充兵入營徵集作業時，補充兵 1 萬人徵集無缺，[138] 蔣也認為這是得力去年圓山軍訓團動員訓練之效果，而動員基礎可說是白團教官之貢獻也。[139]

（三）實踐學社

圓山軍官訓練團於1952 年 7 月 31 日結束，並於 8 月 1 日由該團改組，另成立國防部軍學研究會，對外則稱為實踐學社。[140] 圓山軍官訓練團改制為陸軍指揮參謀學校，其檯面上原因是為配合整個軍事教育制度的改革，使國軍全般接受美式教育起見，但真正原因則為前

136〈陸軍第三十二師工作報告（四十一年）（1）〉，《國軍檔案》，國防部藏，檔號：109.32/32。

137 蔣介石，〈對結束軍事動員演習講話〉（1952年 3 月 3 日對參加國父紀念週及軍事動員演習人員講），收入李雲漢主編，《蔣中正先生在臺軍事言論集》，第 1 冊，頁 209。

138 本次軍事會談中，蔣介石特別問補充兵新兵入伍徵集是否照日本辦法辦理。詳見「總統府軍事會談記錄」（1953年 2月 7日），〈軍事會談（一）〉，《蔣中正總統文物》，國史館藏，典藏號 002-080200-00599-001。

139 秦孝儀總編纂，《總統蔣公大事長編初稿》，第 12 卷，1953年 1月 28日記事，頁 18-19。

140〈白團聘任案〉。

述之美軍顧問團反對白團的存在。可是蔣介石仍不放棄白團。除不得已解聘部分白團教官外，留任人員則在石牌另起爐灶，蔣介石並為此舉編織一套說詞，其以不忍放棄及中斷原軍官訓練團之實踐力行的訓練宗旨，以及黨政軍哲、科、兵三學一體的革命教育方針為由，故繼續在石牌設立石牌訓練班，以延續其對反共革命鬥爭存在的意義和價值。[141]

白團成員留任軍學研究會（實踐學社）原聘 36 員，經白鴻亮保薦夏保國延長聘期，總計有 37 員留任，名冊表4-8。[142] 除此之外，國防部第二廳技術研究室聘用之 9 員技術人員（如表4-9）為求統一管理，亦併入圓山軍官訓練團日籍教官系統，並由教育長彭孟緝統籌相關事務。[143]

表4-8　國防部軍學研究會聘用外籍人員名冊
（1952 年8 月1 日）[144]

新任職級	原任級職	姓名		年齡	出身	主要經歷
		譯名	原名			
研究室中將待遇研究專員	革命實踐研究院軍官訓練團教官室中將待遇教官	白鴻亮	富田直亮	53	日本士官32 日本陸大39	部員、參謀、教官、幹事、參謀長

141 蔣介石，〈實踐學社的教育宗旨和使命——中華民國四十四年八月二十九日對革命實踐研究院聯戰班第五期軍事組研究員講〉，頁 347。

142 白鴻亮認為海軍教官夏保國長於寫作，當時準備在東京出版《蔣總統傳記》等書，故建議延長聘期。〈軍學研究會編制案〉，《國軍檔案》，國防部藏，檔號：1932/13750.2。

143〈軍學研究會編制案〉。

144〈軍學研究會編制案〉。

新任職級	原任級職	姓名		年齡	出身	主要經歷
		譯名	原名			
研究室少將待遇研究專員	革命實踐研究院軍官訓練團教官室少將待遇教官	范　健	本鄉健	50	日本士官36 日本陸大46	中隊長、部員、參謀、教官
研究室少將待遇研究專員	革命實踐研究院軍官訓練團教官室少將待遇教官	何守道	市川治平	49	日本士官37 日本陸大46	參謀、主任、高參
研究室少將待遇研究專員	革命實踐研究院軍官訓練團教官室少將待遇教官	鄭　忠	酒井忠雄	42	日本士官42 日本陸大53	隊附、參謀、課長
研究室少將待遇研究專員	革命實踐研究院軍官訓練團教官室少將待遇教官	鄧（鄭）智正	中尾捨象	42	日本士官42 日本通校 日本陸大55	教官、中隊長、校附、課員、參謀
研究室少將待遇研究專員	革命實踐研究院軍官訓練團教官室少將待遇教官	楚立三	立山一男	40	日本士官48 日本陸大57	區隊長、中隊長、參謀
研究室少將待遇研究專員	革命實踐研究院軍官訓練團教官室少將待遇教官	關　亮	黑田彌一郎	39	日本士官45 日本陸軍戰車學校 日本陸大57	隊附、部附、教官、中隊長、參謀
研究室少將待遇研究專員	革命實踐研究院軍官訓練團教官室少將待遇教官	吳念堯	溝口清直	38	日本士官47 日本炮兵學校44 日本陸大58	隊附、赴官、中隊長、參謀
研究室少將待遇研究專員	革命實踐研究院軍官訓練團教官室少將待遇教官	左理（海）興	松元秀枝	49	日本海軍兵學校52 日本水雷學校	航海長、副長、參謀、艦長、參謀長
研究室少將待遇研究專員	革命實踐研究院軍官訓練團教官室少將待遇教官	劉啟勝	西村春芳	47	日本海軍兵學校及海軍專校 日本海大	船長、航海砲隊長

新任職級	原任級職	姓名		年齡	出身	主要經歷
		譯名	原名			
研究室少將待遇研究專員	革命實踐研究院軍官訓練團教官室少將待遇教官	桂通海	高橋勝一郎	49	日本海軍兵學校 日本海軍通校 日本海大	通信長、分隊長、教官、參謀、司令
研究室少將待遇研究專員	革命實踐研究院軍官訓練團教官室少將待遇教官	杜　盛	松崎義森	42	海軍機關學校 日本海大	機關長、參謀、課長、業務部長
研究室少將待遇研究專員	革命實踐研究院軍官訓練團教官室少將待遇教官	陳松生	河野太郎	36	日本士官49 日本飛行學校 日本陸大57	隊附、部附、參謀、課長
研究室少將待遇研究專員	革命實踐研究院軍官訓練團教官室少將待遇教官	林　飛	山本茂男	36	日本士官49 日本陸軍飛行學校 日本陸大	隊附、教官、中隊長、參謀
研究室少將待遇研究專員	革命實踐研究院軍官訓練團教官室少將待遇教官	周名（敏）和	瀧山和	37	日本士官49 日本陸軍飛行學校 日本陸大	隊附、中隊長、教官、參謀
研究室少將待遇研究專員	革命實踐研究院軍官訓練團教官室少將待遇教官	夏保國	萱治洋	36	日本海軍機關學校	分隊長、副長、機關長、團長
研究室少將待遇研究專員	陸軍第32師少將待遇教官	諸葛忠	左藤忠彥	42	日本士官42 日本陸軍步校 日本陸大52	隊附、教官、中隊長、參謀
研究室少將待遇研究專員	陸軍第32師少將待遇教官	賀公吉	系賀公一	41	日本士官44 日本陸軍步校 日本陸大52	隊附、教官、參謀

新任職級	原任級職	姓名		年齡	出身	主要經歷
		譯名	原名			
研究室少將待遇研究專員	陸軍第32師少將待遇教官	秦純雄	中島純雄	40	日本士官46 日本陸大57	中隊長、教官、參謀
研究室少將待遇研究專員	陸軍第32師少將待遇教官	鍾大鈞	戶樞金次郎	40	日本士官46 日本步校	隊附、教官、參謀
研究室少將待遇研究專員	陸軍第32師少將待遇教官	張　幹	中山幸男	47	日本士官32 日本陸大39	排、連長、教官、總監
研究室少將待遇研究專員	陸軍第32師少將待遇教官	潘　興	井上正規	38	日本士官48 日本步校 日本陸大60	排、連長、教官、參謀
研究室少將待遇研究專員	陸軍第32師少將待遇教官	常士光	伊藤常男	40	日本士官47 日本陸大56	排、連長、隊長、教官、參謀
研究室少將待遇研究專員	陸軍第32師少將待遇教官	池步先	池田智仁	37	日本士官49 日本陸大60	排、連長、教官、參謀
研究室少將待遇研究專員	陸軍第32師少將待遇教官	孫　明	村中德一	41	日本士官45 日本騎校 日本陸大53	排、連長、教官、參謀
研究室少將待遇研究專員	陸軍第32師少將待遇教官	麥　儀	藤田正治	39	日本士官47 日本步校 日本砲校 日本陸大專科	排、連長、隊長、教官、參謀
研究室少將待遇研究專員	陸軍第32師少將待遇教官	齊士善	左藤正義	39	日本士官47 日本陸大57	排、連長、隊長、教官、參謀

新任職級	原任級職	姓名		年齡	出身	主要經歷
		譯名	原名			
研究室少將待遇研究專員	陸軍第32師少將待遇教官	彭博山	福田五郎	39	日本士官47 日本砲校50 日本陸大56	排、連長、研究員、教官、參謀
研究室少將待遇研究專員	陸軍第32師少將待遇教官	喬　本	大橋策郎	41	日本士官44 日本砲校	隊附、廠員、課長
研究室少將待遇研究專員	陸軍第32師少將待遇教官	文奇贊	村川文男	38	日本士官48 日本工校 日本砲校	排、連長、教官、部員
研究室少將待遇研究專員	陸軍第32師少將待遇教官	蕭暢通	川田一郎	40	日本士官47 日本通校 日本砲校	隊附、隊長、教官、課員
研究室少將待遇研究專員	陸軍第32師少將待遇教官	易作仁	山下耕	41	日本士官44 日本步校 日本陸大56	隊附、隊長、參謀
研究室少將待遇研究專員	陸軍第32師少將待遇教官	徐正昌	富田正一郎	40	日本士官45 日本步校 日本陸大	大隊附、中隊長、教官、參謀
研究室少將待遇研究專員	陸軍第32師少將待遇教官	谷憲理	小杉義藏	47	日本士官40 日本炮兵學校 日本憲校	隊附、中隊長、教官部員
研究室少將待遇研究專員	陸軍第32師少將待遇教官	江秀坪	岩坪博秀	42	日本士官42 日本陸大55	教官、中隊長、參謀
研究室少將待遇研究專員	陸軍第32師少將待遇教官	屠遠航	土肥一夫	45	日本海校54 日本航海學校 日本海大37	航海長、參謀

新任職級	原任級職	姓名		年齡	出身	主要經歷
		譯名	原名			
研究室少將待遇研究專員	陸軍第32師少將待遇教官	錢明道	土屋季道	42	日本東京帝大日本經理學校	團附、部員、廠員、課員、教官、參謀、部附

表4-9 國防部第二廳技術研究室聘用技術人員名冊（1952年8月1日）[145]

原名	化名	擔任工作	聘用日期
井上正規	程維國	共匪高級密碼之研究	1951年8月14日
松岡隆	黃隆毅	共匪高級密碼之研究	1951年11月18日
小野地成次	劉明德	蘇俄密電之研究	1951年11月18日
小野寺日露志	白知泉	共匪高級密碼之研究	1951年11月18日
酒井義助	景亦之	共匪高級密碼之研究	1946年6月4日
山信田庸三	田庸三	統計機之管理	1949年6月1日
三木康正	李　興	共匪密電之研究	1951年11月18日
大久保太郎	陳立明	蘇俄密電之研究	1948年1月9日
横山幸確	趙守乾	蘇俄密電之研究	1948年1月9日

實踐學社除賡續軍官訓練團之教育宗旨外，並增加班次，擴大召訓範圍。其教育之主旨在研究如何收復大陸之反攻作戰，並授與兩個特定之任務，其一為研究高級兵學及國家戰略；其二為舉辦黨政軍聯合作戰班之教育。為避免美軍顧問團干預，受訓學員一律以研究員名義參與受訓。實踐學社在1950年代之後開辦的班次如下：

1、黨政軍聯合作戰研究班

每年一期，自1952年12月29日開學至1963年12月止，共開辦12期，除前兩期人數約40人外，餘各期

145〈軍學研究會編制案〉。

約 60 員，結業人數計 694 員。[146] 召訓對象以三軍高級優秀將校為主；課程以用兵思想之統一，戰略戰術原則、剿匪戰術、海上戰略戰術、空軍戰略戰術，方面軍統帥原則、登陸戰術、渡河作戰等。[147] 聯戰班學員結業之後，受到蔣介石很大的肯定，並指示師參謀長及師長以上作戰幕僚任用之學歷儘量以聯戰班結業學員優先任用。當時第 2 期受訓的學員孔令晟於1954 年 7 月受訓，翌年 3 月結訓，結訓前夕，蔣介石下條子要他擔任金防部參謀長，那一年孔令晟剛從中校晉升上校，年僅 34 歲，資歷上根本無從銜接。孔覺不妥，先後透過羅列及胡宗南請示蔣，最後才同意其回陸戰隊，但也破格升任第 1 師參謀長。不到 3 天，蔣又下條子，要其擔任陸戰隊司令部參謀長（該職務為資深少將階層）。[148] 這件事，當然是肯定了孔令晟的優秀，但也可看出蔣對本班學員的肯定與厚愛。

為普及戰史研究風氣並造就戰史師資人才，使國軍幹部吸取過去戰爭之經驗，以充實其軍事智能，蔣介石於1957 年12 月 23 日指示於黨政軍聯戰班附設戰史研究組，召訓對象以曾任國軍上校主官以上職務之陸軍優秀軍官。[149]

146〈實踐學社結束移交清冊案〉。

147 黃慶秋，《日本軍事顧問（教官）在華工作紀要》，頁 31-32。

148 遲景德、林秋敏訪問，林秋敏紀錄整理，《孔令晟先生訪談錄》，頁 69-70。

149〈石牌實踐學社戰聯班調訓人選（1）〉，《國軍檔案》，國防部藏，檔號：0600/1060。

蔣介石復又指示辦理「戰史組補習教育計劃」。[150] 其目的是對於戰史組教育尚不充分之點，實施補充教育，同時準備並實施戰史巡迴教育。蔣介石對實踐學社的戰史教育特別重視，除指示實踐學社戰史組教育期限延長為 4 個月外，1959 年 3 月 5 日並指示史政局局長許朗軒必須與實踐學社戰史研究班確實合作。[151] 史政局局長許朗軒接到指示後，即於 4 月13 日至 5 月1 日間，先後在鳳山、左營、臺南、嘉義、臺中、中壢及臺北等 7 個地區，針對國軍各部隊、機關、學校實施 1 個月之戰史巡迴教育。[152]

2、科學軍官儲訓班

考選陸海空軍青年中、少校軍官，儲訓國軍未來之中級指揮官與幕僚，徹底貫徹積極主動之作戰思想，提高戰術能力，陶冶其品德思想，增進其科學智能，養成哲、兵、科三學之一體優秀之卓越幹部。其課程主要分為兩大類，一為軍事基礎科學，包括科學發展史、科學的管理，自然科學基礎及兵器學等。一為戰略戰術等。自1959 年 6 月15 日開辦，至1964 年 1 月 30 日止，共開 3 期，第一期 40 員，第二期 61 員、第三期 62 員，結業人數計163 員。[153] 本班原訂辦理第四期，並預於1964 年 4 月 27 日開學，各軍總部也收到國防部命令開

150〈石牌實踐學社戰聯班調訓人選（2）〉，《國軍檔案》，國防部藏，檔號：0600/1060。

151〈石牌實踐學社戰聯班調訓人選（2）〉。

152〈石牌實踐學社戰聯班調訓人選（2）〉。

153 黃慶秋，《日本軍事顧問（教官）在華工作紀要》，頁 33。

始甄選送訓人員，後不知何故停辦。[154]

科學軍官儲訓班受訓學員各期選訓標準不同。第1期學員選訓標準為各軍種參謀指揮學校畢業，成績甲等以上之少、中校軍官，並曾任營長以上（各軍種比照）有作戰經驗且年齡 40 歲以下；[155] 第 2、3 期選訓標準則略微調整，召訓對象修訂為 35 歲以下之優秀上尉、少校及少數中校級軍官。[156] 當時上尉、少校軍官能在這個階級被派往科學軍官班受訓，不僅對其個人是項肯定，而且對其日後之軍旅生涯亦有極大的幫助。當時蔣介石就曾指示科學儲訓軍官班第 3 期（計 60 員）：「畢業後以派任營長為原則」。[157] 而這些學員在日後的發展更是驚人，以第 3 期為例，其日後晉升至將階就有多人，如殷宗文（時為第 10 軍軍部連上尉連長，後擔任上將銜的國安局局長）、陳廷寵（時為陸軍第 33 師砲兵第 130 營第 3 連上尉連長，後擔任上將銜的陸軍總司令及總統府參軍長）、李禎林（時為陸軍第四訓練中心上尉訓練官，後擔任上將銜的陸軍總司令及行政院退除役官兵輔導委員會主任委員）、黃幸強（時為陸軍第三訓練中心第 4 營少校副營長，後擔任上將銜的陸軍總司令）、王文燮（時為陸軍第 33 師第 99 團第 2 營第 6 連上尉連長，後擔任上將銜的國防部副部長），以及王若

154〈科學軍官儲訓案〉，《國軍檔案》，國防部藏，檔號 322/2490。

155〈實踐學社科學軍官儲訓班及派職實施辦法〉，《國軍檔案》，國防部藏，檔號：0600/3080。

156〈實踐學社科學軍官儲訓班及派職實施辦法〉。

157〈實踐學社科學軍官儲訓班及派職實施辦法〉。

愚、王明洵、劉傳榮、毛夢漪、周世斌、張昭然、鄧祖謀等多位將領。[158]

3、兵學研究班

該班原為戰史研究組，於1958年3月1日開班，1961年5月因授課內容逐漸擴大，超越戰史研究範圍，為求名實相符，乃改稱「兵學研究所」。召訓目的，在研討大軍統帥與兵學理論，並依據戰史例證以陶冶軍事思想，闡揚「反攻作戰指導要領」諸要則，繼聯合作戰班之教育，作更深入研究，以培養大軍統帥及戰爭指導之高級幹部與國軍戰史教育之師資。[159] 自1958年3月1日開辦，至1964年6月30日止，每期受訓1年4個月，共開4期。第1期14員、第2期13員、第3期20員、第4期20員，結業人數計67員。[160]

4、高級兵學研究班

基於該班教育使命，並應反攻作戰時各部隊之任務需要。召訓對象以陸軍軍長、特種部隊司令、裝甲兵司令、海軍艦隊指揮官、陸戰隊司令、副司令、艦隊、陸戰部隊司令、空軍作戰司令、防空砲兵司令以上之正（副）指揮官及直接參與作戰有關之高級幕僚為主。召訓名額每期12至15員，教育期限3個月（13週），總時數286小時，受訓人員均帶職受訓。[161] 本

158 〈實踐學科學軍官班調訓案（3）〉，《國軍檔案》，國防部藏，檔號：0602.33/3080.2。

159 〈實踐學科學軍官班調訓案（1-2期）〉，《國軍檔案》，國防部藏，檔號：0602.33/3080.2。

160 〈實踐學社結束移交清冊案〉。

161 〈石牌實踐學社戰聯班調訓檔案（3）〉，《國軍檔案》，國防

班原訂只辦2 期，後因成效不錯，接連辦了4 期，前後共 6期。時間自1963年4月22日至1965年7月3日止，[162] 計 第1、2 期 各16 員、 第3、4 期 各20 員、 第 5 期 24 員、第 6 期 22 員，共計118 員。[163] 本班教育課目區分為戰略戰術（包含原則及一般軍事、圖上戰術及兵棋演習）、戰史（日軍大本營之作戰指導、大軍統帥之戰史的研究、戰爭指導之戰史的觀察、山地作戰戰史、登陸作戰戰史）、政治（匪情研究、戰地政務）等。在教官方面，白鴻亮主要負責戰略戰術，喬本負責國家總動員之研究、帥本源、范健、諸葛忠負責戰史教育。[164]

本班受到蔣介石極端的重視，從原先僅規劃召訓兩期的名單中，發現受訓人員階級職務都是當時重要職務，第一期受訓人員包括了國防部參謀本部陸軍二級上將副參謀總長唐守治、國光作業室中將主任朱元琮、第 1 軍團中將司令羅友倫、裝甲兵中將司令蔣緯國及第 1 軍中將軍長羅揚鞭、第 3 軍中將軍長田樹樟、第 8 軍中將軍長于豪章、第 9 軍中將軍長兼金門防衛司令部副司令官馬安瀾、第10 軍中將軍長張雅山、陸軍第 1 軍團少將參謀長汪奉曾、海軍總部中將參謀長黃錫麟、海軍陸戰隊中將司令袁國徵、空軍作戰司令部中將司令陳有

部藏，檔號：0600/1060。

162〈實踐學社高級兵學研究班調訓案〉，《國軍檔案》，國防部藏，檔號：0602.33/3080.6。

163〈實踐學社結束移交清冊案〉。

164〈石牌實踐學社戰聯班調訓檔案（3）〉；「高級兵學班第一期教育計畫」，〈實踐學社兵學班二、三、四期調訓及派職案〉，《國軍檔案》，國防部藏，檔號：0602/3080.3。

維及空軍總部中將參謀長雷炎均等人。[165]

第二期受訓人員則包括了聯勤中將副總司令趙桂森、陸軍預備部隊訓練司令部中將司令徐汝誠、金門防衛司令部中將司令王多年、陸軍第 2 軍團中將司令張國英、國防會議特種作戰指揮部中將指揮官易瑾、反共救國軍指揮部中將指揮官張立夫、馬祖守備區指揮部中將指揮官彭啟超、陸軍第 2 軍少將軍長黃毓峻、陸軍特種部隊少將司令夏超、海軍總部中將副總司令劉廣凱、海軍陸戰隊中將司令鄭為元、國防部情報次長室中將次長羅英德、海軍艦隊指揮部中將指揮官崔之道、海軍驅逐巡防部隊司令部少將司令張仁耀及空軍作戰司令部少將副司令張唐天。本班比較特別的是，蔣介石要求當時副參謀總長兼執行官馬紀壯、陸軍總司令劉安祺、海軍總司令黎玉璽、空軍總司令徐煥昇等4 員上將，全程至實踐學社旁聽。[166] 然而，除陸軍總司令劉安祺依指示前往旁聽外，其餘各員則因種種原因沒有如期出席，這情形讓蔣介石十分不悅，並1963 年11 月 6 日再度指示未能前往旁聽之總司令配合第3 期課程旁聽。[167] 第 3 期以後之學員，則以軍種副總司令、聯參司、次、局長、執行官及各軍副軍長等職務為主。[168]

165〈石牌實踐學社戰聯班調訓檔案（3）〉。

166 總司令層級旁聽後，緊接著是副總司令層級人員旁聽。〈石牌實踐學社戰聯班調訓檔案（3）〉。

167〈石牌實踐學社戰聯班調訓檔案（3）〉。

168 第 3 期以後比較知名之將領，有胡璉、劉玉章、郝柏村、宋長志（以上為第 4期）、許朗軒、方先覺（以上為第 5 期）、高魁元、袁樸等人（以上為第 6 期）；第 6 期召訓對象標準降低，師長以上職務就可參與受訓。〈實踐學社高級兵學研究班調訓案〉。

5、戰術教育研究班

本班是由蔣介石直接指示：「實踐學社應舉辦戰術教育研究班」。召訓對象以陸軍各軍師（常備師、裝甲師）副參謀長或參三處（科）長及各兵科學校戰術教官為主。教育期限為 3 個月，共辦理 3 期，自1964 年 4 月 1 日至 1965 年 7 月 3 日止，第 1 期 40 員、第 2、3 期各 60 員，結業人數共計160 員。[169]

1950 年至1965 年間，白團教官計完成圓山軍官訓練團高級班（509 人）、普通班（4,160 人），共計 4,669 人之訓練；在實踐學社聯戰班（655 人）、科學軍官儲訓班（163 人）、兵學班（57 人）、高級兵學班（72 人）及戰術教育研究班（160 人）等班次，亦有共計1,107 人接受訓練。[170]

除此之外，1952 年 7 月奉蔣介石命令，由圓山軍官訓練團會同有關單位成立軍事動員演習籌備會，以實驗臺灣計畫動員之可行性。並運用這項成果，策訂反攻大陸軍事動員計畫，以為推進國家總動員之基礎。並先後召訓國軍及各級行政機關之動員幹部，先後舉辦 31 期，主要有留守業務班 4 期，動員業務高級講授班 3 期，動員研究班 4 期，軍需工業動員班 3 期，共訓練幹部 7,392 員。[171]

另外，還有與白團教官有間接關係的「國防幹部

169〈實踐學社戰術教育研究班調訓案〉，《國軍檔案》，國防部藏，檔號：0602.33/3080.5。

170〈實踐學社結束移交清冊案〉。

171 黃慶秋，《日本軍事顧問（教官）在華工作紀要》，頁 34-35。

講習班」。本班並不是由白團教官直接教授，不過卻是白團教育的延伸課程。1963 年秋，蔣介石面諭參謀總長彭孟緝：「可以國防研究院聘任講座名義，邀請西德之將級退役軍官一員來我國（派陸軍總部工作）講學半年」。經相關單位聯繫，德國推薦裝甲兵少將蒙傑爾（Oskar Munzel）來臺授課。蒙傑爾少將在一、二次世界大戰期間擔任過連、營、團、師長，1956 年擔任埃及軍事顧問，德意志聯邦陸軍成立後，擔任首任裝甲兵學校校長，1962 年秋退役。[172]

國防幹部講習班召訓對象是以曾受國軍深造教育（含實踐學社兵學班、聯戰班及科學軍官儲訓班），現任營長或上校以上編階之幕僚、教育、政戰職務。講習時間從1964 年 1 月至 6 月止。講習範圍包含：德國傳統武德培養之介紹、德軍參謀組織及其將校培育、第二次大戰有關德軍戰爭指導得失之檢討、對國軍反攻復國戰爭指導之意見等等。[173] 本班後來演變形成明德專案。

從本班講習邀請到課程設計，充分顯示出蔣介石仍心懷反攻大陸的期盼，並希望透國德國教官課程的講授，讓國軍中階以上幹部吸收、體會他國軍事動員準備及軍事教育經驗，以提升我國戰備整備及軍事教育工作。

172〈石牌實踐學社戰聯班調訓檔案（3）〉。

173〈石牌實踐學社戰聯班調訓檔案（3）〉。

（四）實踐小組

1965 年 8 月實踐學社業務結束，9 月 1 日另成立實踐小組。獲得續聘的白團成員白鴻亮改聘為總顧問，另江秀坪、喬本、賀公吉、楚立山等 4 人改聘為顧問。實踐小組編制在陸軍總部，其職掌除擔任總司令之顧問、陸軍參謀大學教學工作[174]、從事兵學研究、協助典令修編外，另有協助高級將領軍官團活動，擔任高級司令部演習時之指導，和對陸軍作戰、教育及後勤事項之研究與建議。[175] 本小組奉蔣介石之命以蔣緯國擔任之聯絡人。[176]

從實踐學社移交過程中發現，其移交重點置於「總統批示及重要參考案卷」、「歷年與外籍教官往來契約」、「軍學參考資料」、「選印教材」、「社史資料」、「圖書」及各班隊歷年資料。從移交案卷中，可以發現，有關白團教授各班隊學員之成績卡、自傳、結業論文、學業成績、登記表、體檢表、日記等，都相當完整、豐富。[177] 因此，可以預判目前坊間流傳有關白團資料，可能是當時白團成員複製當時案卷並攜回日本。

---

174 陸軍指揮參謀大學結業學員，有部份會被擇優留下，繼續接受實踐小組指導，研習大軍作戰及想定作為。參見陳鴻獻等訪問、整理，〈邵承澤先生訪問紀錄〉，《陸軍軍官學校第四軍官訓練班官生訪問紀錄》（臺北：國防部史政編譯室，2003），頁 451。

175〈實踐學社結束處理案〉。

176 總統府代電（54）臺統（二）仁字第 0612 號；〈實踐學社結束處理案〉。

177〈實踐學社結束移交清冊案〉。

（五）實踐專案

1967 年底國防部準備完全解聘白團成員，後經考量僅留下白鴻亮一員繼續聘任，改聘後白鴻亮任參謀總長顧問，全案以「實踐專案」為代稱。1969 年 3 月 17 日白鴻亮返日休假，因身體不適住院治療，卻不幸於 4 月 28 日在東京病逝，實踐專案遂於同年10 月 31 日奉令結束。[178]

四、「白團」對國軍的影響

蔣介石重視以白團成員組成的革命實踐研究院軍官訓練團及後來的實踐學社，因此很多黨政軍要員爭相請求蔣介石同意他們進入革命實踐研究院軍官訓練團及實踐學社受訓。1951 年 5 月曾擔任第 124 軍軍長的顧葆裕，在歷經1949 年 8 月的巴東戰役，及以後撤退到康、滇之際從事游擊，並轉回到臺灣，一到臺灣，就請求蔣介石同意讓他進入革命實踐研究院受訓。[179] 相對於顧葆裕順利的受訓，卻有許多將領不得其門而入，如國防部少將參議龍韜、方定凡、謝智等 3 人曾聯名上呈報告給蔣介石，爭取進入聯戰班第二期，但仍以名額已滿遭到否決。[180]

蔣介石對於實踐學社的重視程度，使非實踐學社

178 蔣緯國，《實踐三十年史要》（臺北：國防部史政編譯局，1982），頁 400-401。

179〈顧葆裕大陸轉戰來臺請入革命實踐研究院受訓〉，《國軍檔案》，國防部藏，檔號：0600/3128。

180〈石牌實踐學社戰聯班調訓人選（1）〉。

受訓的學員為之側目，1954 年 3 月 29 日國防部進行實踐學社第 2 期學員人選審查時，蔣介石決定延期開學，以等待 5 月軍隊整編時，以選拔優秀將領。[181] 另外，部隊還流傳非實踐學社學員無法晉升師長以上職務，以及實踐學社是地下國防大學的說法。[182] 這種說法廣為流傳，迫使蔣介石在1955 年 8 月29 日對革命實踐研究院聯戰班第5 期軍事組研究員講話時特別予以駁斥。[183]

從上述可見蔣介石對白團教官在他個人危難之際，適時伸出援手十分感激，另外以其出身日本軍事訓練的背景，對白團教官在軍事方面的學養也十分推崇，並且信任，這些現象都表現在日後只要是白團所訓練出來的將校都得到重用可以證明。同時，蔣介石自兼革命實踐研究院軍官訓練團的團長，以及之後軍學研究會（實踐學社）的會長，這些都是其愛護白團，及直接掌控白團的舉措。

另外，在軍官訓練團或實踐學社受訓的學員對白

181 秦孝儀總編纂，《總統蔣公大事長編初稿》，第 13 卷，1954年3月 29日記事，頁 58。

182 劉安祺認為日本教官的戰術修養和根基比國軍強，日本人對共產黨的瞭解也比較多，一則他們有這方面的學識基礎，二則是他們有慘痛的反共經驗（這些教官都是反共的人）；另外，日本人研究中國問題比美國人強，而美國教育不一定適合我們，他認為美軍顧問團對國軍有點太上皇的味道，尤其美軍顧問團團長蔡斯權威好大。詳見張玉法、陳存恭訪問，黃銘明紀錄，《劉安祺先生訪問記錄》（臺北：中央研究院近代史研究所，1991），頁 207-209。

183 蔣介石認為國軍中尚有少數為中共所利用，從中造謠中傷，挑撥離間，並希望引起美國的誤會，所以散播所謂「地下國防大學」，這也造成實踐學社未能成立正式學校的原因。詳見蔣介石，〈實踐學社的教育宗旨和使命——中華民國四十四年八月二十九日對革命實踐研究院聯戰班第五期軍事組研究員講〉，頁 347-349。

團教官教學的看法，也多抱持正面及肯定。[184] 尤其，對白團教官講授武士道概說的課目，都覺得意義深長，對教官的學識淵博、熱心講授也都印象深刻，尤以白鴻亮、范健、夏保國等人更受到學員的尊重。[185]

白團成員來臺後，其成員在日常生活保持相當低調，而對白團成員有知遇之恩的蔣介石，其生日時，白團成員並沒有獻上貴重的禮物，而是採取另一種表達敬上的方式，從檔案中發現，1951 年11 月 23 日白團成員委託劉士毅代呈蔣介石祝壽禮物一箱，禮物的內容是一批動員演習計畫及各項動員演習法令的草案。[186] 當時一般祝壽禮物均交由總統府第三局保管，因為此件涉及軍事機密，蔣介石總統批示交由國防部保管。[187]

184「石覺、胡璉呈蔣中正實踐學社教育心得及對該社之觀感與建議」（1955年 9 月 1 日），〈實踐學社（一）〉，《蔣中正總統文物》，典藏號：002-080102-00126-008。

185〈如何建立國軍軍事教育制度及教育得失總檢討〉，《國軍檔案》，國防部藏，檔號：1700.5/3750。

186〈圓山軍官訓練團祝壽禮物——動員演習計畫及各項動員演習法令草案〉，《國軍檔案》，國防部藏，檔號：1077.5/3750。

187 這批祝壽法令草案計分 5 類 32 種。概述如後：
一、演習計畫：第一種　復興省軍事動員演習計畫綱要、第二種　中國陸軍動員演習實施計劃、第三種　動員演習籌備指導要領；二、演習法令：第一種　中國陸軍動員計劃令（草案）、第二種　中國陸軍年度動員計劃令（草案）、第三種　陸軍第三十二師動員計劃令（草案）、第四種　陸軍第三十二師年度動員計劃令（草案）、第五種　陸軍第九十四團動員計劃書（草案）、第六種　陸軍第九十四團年度動員計劃書（草案）、第七種　中國陸軍動員計劃令附錄（草案）；三、演習規定：第一種　陸軍動員召集規則、第二種　軍事征用令、第三種　軍事征用令事務細則、第四種　軍事征發令、第五種　軍事征發令事務細則、第六種　軍事征發汽車事務細則、第七種　軍事征發汽車評價規則、第八種　軍事動員演習經理規則、第九種　軍事動員令電報處理規程；四、演習編制：第一種　復興省軍事動員演習籌備委員會編成表、第二種　演習統裁部編成表、白團成員在臺灣，除從事革命實踐研究院軍官訓練團和實踐學社各班次的軍事教育之外，也觸及國軍建軍備戰等多個層面，包含前述協助反攻大陸計畫的研究、培養優秀軍官擔任實踐學社教學工作、[188] 國軍參謀制度的建立等等，[189] 蔣介石也時常指示白團教官前往參與國軍演習規劃及指導，並不時前往各防衛（守）司令部、兵科學校參觀訪問（實際上是代替蔣介石督導），事後還要將所見情形向蔣介石報告，蔣瞭解常要求國防部所屬相關單位據以改進。因此，每當白團教官參訪時，各戰區指揮官都奉為上賓，訪問後之意見，各軍總（司令）部也都以重要案件列管改進。換個角度來看，白團教官猶如蔣介石的分身，代替蔣督導與視察部隊。

最後，可簡單歸納白團來臺的動機：第一，白團成員對蔣介石在戰後以德報怨之作為，所心懷的感激之情，應無可置疑；第二，戰後日本經濟蕭條、軍人社會

第三種　演習國防部編成表、第四種　演習聯合勤務司令部編成表、第五種　演習北部師管區司令部編成表、第六種　演習臺北團管區司令部編成表、第七種　演習第三十二軍編制表、第八種　演習第三十二、一三二、二三二師編制表、第九種　演習留守第三十二師編制表；五、演習定數：第一種　演習部隊兵器定數表、第二種　野戰部隊用品（除兵器）定數表、第三種　野戰部隊車輛定數表，詳見〈圓山軍官訓練團祝壽禮物——動員演習計畫及各項動員演習法令草案〉。

188 1956 年 2 月開始訂定「留班助教服務規程」，目的是要養成高級軍事學府之師資，留班助教資格首要條件必須曾在實踐學社、國防大學或參謀學校畢業。任期兩年，待遇比照少將一級主官加給標準發給津貼，使能安心任教；另外任期屆滿優先調任隊職或幕僚長，如遇年資屆滿予以晉級。〈軍學研究會編制案〉。

189「總統府軍事會談記錄」（1951 年 4 月 8 日），〈軍事會談（一）〉。

地位低落，能再次一展長才，也是讓白團成員願意飄洋過海，到臺灣協助蔣介石的重要動機；第三，蔣介石提供日漸優渥的待遇，讓白團成員得以無後顧之憂在臺擔任教官工作，此項，可能是白團教官能在臺一待就將近20年的最大重點。而白團來臺的作用，就是運用白團教官重塑軍人典範，以掃除大陸戡亂後期高階將領氣節淪喪，不戰而降，為己謀私的情形。所以在1950年代，蔣一再強調軍人必須重氣節，並須具備軍人魂、革命魂及武士道精神。[190] 戴國煇認為，白團故事反應蔣介石權謀深算的一面，來臺之前的國民黨部隊，身經北伐、抗日、剿共多場戰役，軍官受訓幾個月便要上戰場，一直是邊打邊學；當國民黨部隊到臺灣以後，蔣介石為建立強而有力的自保及反攻部隊，特地引進蔣介石所熟悉的日本軍事戰略與戰術，任命留日且資歷尚淺的彭孟緝負責白團在臺的聯絡工作，就是想藉著彭孟緝與軍方淵源不深的角色，來促進軍方新陳代謝的目的。並且在此同時，欲與美方在臺的軍方勢力保持平衡。[191]

白團所展現的價值，就是白團教官在很短的時間內，透過革命實踐研究院軍官訓練團及實踐學社各班次，對國軍現役將、校擇優訓練，[192] 儲備了戰爭發生

190 蔣介石認為軍人氣節及革命精神淪喪是大陸淪陷的重要原因之一，因此以孫中山先生〈軍人精神教育〉一文為核心，講演「軍人魂」、「革命魂」，該講演成為當時之重要精神武裝指導。

191 戴國煇，〈臺灣現代史上一個重要的課題〉，收入林照真，《覆面部隊——日本白團在臺秘史》，序一，頁3。

192 蔣介石由於自己的教育背景，比較相信日本人的軍事教育；因此，他堅持高級軍官必須接受日式的陸軍大學教育。當時黨政軍高級幹部以美援及教育體制不應混淆為由，質疑其作法。遲景德、林

時所需要的的國軍人才。而國軍重要的軍職，無一不是白團教官的門生，這一系列訓練的過程，不僅強化了國軍幹部軍事技能與素養，也同時鞏固了對蔣介石個人的信仰與向心。[193]

蔣介石對於國軍軍事教育的改造十分重視，而1950年代初期國軍軍事教育在因緣際會之下，卻呈現雙軌的方式同時進行。首先是1949年年底蔣介石延聘舊日軍軍官來臺，希望透過白團教官的教育，重新喚起軍人魂，以避免重蹈戡亂戰役以來國軍將領氣節不保，不戰而降，以及國軍不知為誰而戰，不知為何而戰的問題。[194] 韓戰之後，國軍接受美國軍事援助，美國軍援以及美軍顧問團陸續的獲得與進駐之後，美方所提供的各種協助，讓國軍再也無法擺脫美方的影響。更不用說，美軍之武器、裝備、操典及軍事教育體制與方法方面都比國軍進步許多。因此，在軍隊整編及換裝美援裝備的基礎上，國軍美式化的程度不斷加深變廣，終至全面化。

國軍教育體制雖採日式與美式雙軌制，但蔣介石

秋敏訪問，林秋敏紀錄整理，《孔令晟先生訪談錄》，頁69。

193 軍事最大之成就：「子、圓山軍訓團高級班第三期訓練如計完成，至此團長以上高級將領皆已訓練完畢，此為建軍之最大基業也。」秦孝儀總編纂，《總統蔣公大事長編初稿》，第11卷，1952年月日記事，頁310-311

194 蔣介石：「中國已往之軍事教育，可說是投機取巧、寡廉鮮恥、升官發財、榮華富貴、自私自利、自暴自棄之教育，其結果所養成之學生，只有叛變投降、屈膝求榮、貪生苟免，無所不為，幾不知天下有羞恥事矣。此中國所以有今日之悲境慘劇也，嗚呼！」秦孝儀總編纂，《總統蔣公大事長編初稿》，第12卷，1953年9月26日記事，頁202。

卻希望兩者能夠分工合作且不應混淆，「除政工制度應繼續實施以外，其他作戰與教育及各種業務等制式，皆須照美軍制式實施，但於民族精神、生活品德等本國優良傳統習性，如禮義廉恥、勤勞忍耐之生活，自應繼續保存，并使之發揚光大。至於搜索戰、夜戰與匍伏行進等行動與戰術等，仍應照我往日之教育實施不改為要。」[195] 召見彭孟緝討論軍事教育方針「參謀作戰計畫之業務訓練，應參照美軍軍事科學之精神及其技術的訓練，而作戰命令下達以後，對於戰況變化之運用，其指揮精神與學術的磨鍊，應參照日本軍事訓練之方式為上，以期中華民國軍事教育能建立自主之制式也。」[196] 蔣介石的目的，就是希望國軍軍事教育之改造，能夠擷取美國與日本軍事教育的長處，建立一個新且內外兼具，具有國軍特色的現代化軍隊。

195 秦孝儀總編纂，《總統蔣公大事長編初稿》，第 12 卷，1953年4月 30日記事，頁 96。

196 秦孝儀總編纂，《總統蔣公大事長編初稿》，第 12 卷，1953年8月 1日記事，頁 162。

第五章　反攻行動之展開

1949 年 4 月下旬，共軍渡過長江，江浙閩粵等東南沿海各省及雲南等省份相繼淪落，部分國軍部隊陸續轉進至滇緬、海南、舟山、大陳及臺澎金馬等地區接受政府指揮外，還有部分地方武力相繼成立游擊隊。然各地游擊武力番號、指揮凌亂，組織鬆懈。1950 年政府為統一游擊區部隊與游擊工作之指揮運用和發展，決定將兩者加以結合，並遴選人地兩宜，具有號召能力之人士擔任總指揮。在此前提下，1951 年陸續成立 9 個反共救國軍總指揮部（如表5-1），讓各游擊區部隊及工作，得以統一指揮。[1] 在部隊番號的制訂上，統一後游擊部隊區分為野戰性及地方性之番號組織，野戰性採用路、縱隊、支隊、大隊、中隊、小隊；地方性採用總隊、大隊、中隊、分隊、小隊。[2]

表 5-1　反共救國軍總指揮部列表 [3]

序號	成立時間	組織名稱
1	1951 年 1 月 10 日	雲南反共救國軍總指揮部
2	1951 年 1 月 10 日	福建反共救國軍總指揮部
3	1951 年 3 月 20 日	粵東反共救國軍總指揮部

1 〈國防部參謀總長職期調任主要政績（事業）交代報告〉（1954 年 6 月），《國軍檔案》，國防部藏，總檔案號：00003712，頁 285-286。

2 〈國防部參謀總長職期調任主要政績（事業）交代報告〉（1954 年 6 月），頁 281-282。

3 〈國防部參謀總長職期調任主要政績（事業）交代報告〉（1954 年 6 月），頁 285-286。

序號	成立時間	組織名稱
4	1951 年 3 月 20 日	粵南反共救國軍總指揮部
5	1951 年 3 月 20 日	粵西反共救國軍總指揮部
6	1951 年 3 月 20 日	粵北反共救國軍總指揮部
7	1951 年 3 月 20 日	粵中反共救國軍總指揮部
8	1951 年 10 月 16 日	海南反共救國軍總指揮部
9	1951 年 10 月 25 日	江浙反共救國軍總指揮部

由於政府遷臺初期財政與後勤補給之條件不佳，游擊部隊武力之建構、訓練以及裝備之獲得，有部分是由美國西方公司（Western Enterprises Inc.）所支援。[4] 美國西方公司直屬美國中央情報局（CIA）的政策協調處（OPC），於1951 年 2 月成立，次月在臺正式展開工作。西方公司在臺負責人為皮爾斯（William Ray Peers），初期工作以在臺灣本島訓練游擊隊執行突擊大陸的任務為主，訓練班設在淡水。[5] 從1951 年開始，游擊部隊陸續在美國西方公司協助下進行整訓。[6] 為感謝西方公司提供武器裝備和訓練等方面之支援，以及給予臺灣發展大陸上反抗組織的協助，蔣介石曾致函美國西方公司總裁詹斯登（Charles S. Johnston）[7] 表達謝

4 韓戰爆發，美國提高對臺灣的軍援，針對中共的秘密作業活動也重新啟動。美國中央情報局與臺灣的情報、特勤單位合作時，經費十分充裕，幾乎沒有限額。韓戰打的如火如荼，臺灣也成為針對中國大陸發動秘密作業的主要基地，詳見李潔明著（James Lilley's），林添貴譯，《李潔明回憶錄》（臺北：時報文化，2003），頁 54。

5 秦孝儀總編纂，《總統蔣公大事長編初稿》，第 10 卷，1951年4月 23日記事，頁 114。

6 〈國防部參謀總長職期調任主要政績（事業）交代報告〉（1954年 6 月），頁 287。

7 詹斯登為美國中央情報局工作人員，曾於 1950年底來臺，對在大陸使用游擊隊問題進行調查研究，後擔任美國西方公司總裁，協助我國發展大陸游擊組織。秦孝儀總編纂，《總統蔣公大事長

意，信函如下：「約翰生先生：余對於先生及諸位支持者所給予臺灣以發展大陸上反抗組織之努力，深表感謝。皮爾斯先生曾將諸位支持者盼余個人能參予其事之願望見告，余對於貴團體慨然供給之物質援助，及參予各階段計劃與行動之熱忱，均深為關切。余可保證今後亦復如此，并請轉達諸位支持者為盼。君等對於自由中國此種適得其時之援助，余特再申謝意。」[8]

西方公司不僅對游擊部隊實施訓練，對於訓練合格結訓之部隊還提供武器與裝備，對游擊部隊戰力充實、戰技訓練，以及海島突擊與防禦之火力增強許多。[9] 然而，西方公司與美軍顧問團在臺的工作分配採取雙軌制之運作，西方公司不能指揮有正式番號的正規部隊，僅能與大陸工作處配合指揮游擊部隊進行大陸工作之情報蒐集與游擊作戰。例如西方公司能對游擊部隊之需求進行評估，並進而提供游擊部隊相關之人員訓練、武器裝備與後勤需要。美軍顧問團則對於有正式番號的國軍部隊可依其權責提供美援。[10] 1950 年代西方公司人員在臺灣的活動並不低調，而且非常活躍，幾乎是公開的秘密，因為臺北市的計程車司機都曉得中山北

編初稿》，第 10卷，1951年 2月 10日記事，頁 45-46。

8 秦孝儀總編纂，《總統蔣公大事長編初稿》，第 10 卷，1951年 7月 2日記事，頁 172-173。

9 自 1951 年至 1954 年 4 月份，西方公司對浙閩及滇邊部隊之補充，計各式槍 4799支，各式砲 257門，彈藥 655萬 5653發。〈國防部參謀總長職期調任主要政績（事業）交代報告〉（1954年 6月），頁 310。

10 「奉示將陸軍第十三師與陸軍傘兵總隊合編為傘兵師或空軍陸戰師一案」（1952年 9月 10日），〈陸軍空降部隊整編〉，《國軍檔案》，國防部藏，總檔案號：00055667。

路上的西方公司就是中情局的臺北站。[11]

1950 年代初期，東南沿海及滇緬地區之反共救國軍曾對所在區域發動多起突擊及游擊作戰，這些行動對中華民國政府維繫軍心士氣及保有旺盛企圖心有很大幫助，另一方面這些突擊行動也成為爾後軍事反攻重要的嘗試與經驗。因此，本章以東南沿海島嶼突擊作戰（以福建沿海為主要論述）與滇緬地區游擊作戰分別進行論述，並檢視國軍反攻作戰試行之成效。

第一節　東南沿海島嶼突擊作戰

有鑑於國軍在海南島撤退的經驗，蔣介石逐漸意識到國軍對於沿海島嶼控制力量減弱，為了避免力量分散及有效運用游擊戰力，所以他開始將主力撤至臺灣。[12] 國防部為統一及整建閩省沿海反共武力，於1951 年元旦將「福建省游擊指揮部」改編為「福建省反共救國軍總指揮部」，總部設在金門，以胡璉兼任總指揮官，[13] 並劃分閩南、閩北兩地區司令部，分別以金門、白犬為基地，至此閩省各反共武力之番號名稱始告統一。5 月，「福建省游擊指揮部」所轄各部隊改編為「福建省反共救國軍閩南地區司令部」，由原游擊指揮

11 Jay Taylor, *The Generalissimo's Son: Chiang Ching-kuo and the Revolutions in China and Taiwan*, p. 207.

12 David Michael Finkelstein et al. *Chinese Warfighting: The PLA Experience Since 1949* (N. Y.: M. E. Sharpe, Inc, 2003), p. 82.

13 胡璉本職為金門防衛司令部司令。

部參謀長王盛傳擔任司令，時地區司令部下轄1個直屬大隊、1個獨立支隊及第111、112、113、114、115等5個縱隊。10月，「福建省海上保安第一縱隊」改編為「福建省反共救國軍閩北地區司令部」，駐地在白犬島，由王調動擔任司令，下轄直屬第1、2兩個支隊、巡艇總隊及第116、117、118、119、120等5個縱隊；同時由「金門防衛司令部」撥入直屬第1大隊及粵東大隊，並直轄有1個海上支隊。[14]

為保持游擊隊之活力，培養戰鬥能力並牽制共軍，福建反共救國軍受命突擊沿海島嶼，計有湄州島、南日島，以及崇武、六鰲、南澎、獺窟、閩江口等各戰役，茲就規模較大者之湄州島及南日島突擊作戰作一論述。以下就1950年代初期東南沿海福建海域之湄州島、南日島以及東山島等突擊作戰之經過與檢討作一論述。

一、湄州島突擊戰

湄州島隸屬福建省莆田縣，距金門約70海浬，島上居民約有2,000餘人。國軍對湄州島突擊作戰計有2次。第一次在1951年3月18日，國軍游擊隊200餘人，突擊該島。期間，與國軍交戰之共軍主要為民兵隊，共軍最後不支棄守。國軍將共軍工事徹底破壞後撤離。本次湄州島突擊作戰規模較小，戰果有限，突擊過程中俘

14 〈國防部參謀總長職期調任主要政績（事業）交代報告〉（1954年6月），頁287；另見陸軍反共救國軍指揮部編印，《陸軍反共救國軍隊史》（臺北：陸軍反共救國軍指揮部，1976），頁45。

虜共軍幹部 3 名、共嫌 3 名，釋出被共軍拘禁之民眾 7 人。[15] 國軍為達成戰略守勢、戰鬥攻勢之目的，在本次突擊作戰之後又計畫於1952 年 1 月27 日歲末之際，趁共軍守備鬆懈，發動第 2 次湄州島突擊作戰。[16]

國軍根據1952 年 1 月之偵察與情報，獲知在閩江口至湄州灣沿海一帶共軍的兵力部署。共軍主力是第 28 軍船營團，另有 1 中隊（欠1 排）結合共軍第 83 師偵察連兩個排配屬莆田縣，與民兵 1 中隊共同防守湄州島，並在島上構築簡易工事。依據國軍所擬訂「突擊湄州島臨時作戰計畫」，將登陸次序區分為首次登陸、二次登陸及預備隊登陸。首次登陸之部隊有突擊大隊、第134 團第2 營、登陸部隊指揮所、南海部隊（欠補給排）；二次登陸之部隊有南海部隊補給排；預備隊登陸（待命）部隊有第200 師之1 團（欠 1 營）。[17] 1952 年 1 月 28 日決定發起第 2 次湄州島突擊作戰，作戰指揮官由王盛傳（南海總隊長）擔任，部隊區分及任務如表 5-2。

---

15 金門文獻委員會編，《金門縣志》（金門：金門文獻委員會，1979），頁 264-265。

16 「福建省反共救國軍突擊湄州島戰鬥詳報」（1952年2月 19日），〈福建省反共救國軍突擊湄州島戰鬥詳報〉，《國軍檔案》，國防部藏，總檔案號：00025986。

17 「突擊湄州島臨時作戰計畫」，「為呈報湄州島戰鬥詳報乙份恭請核備由」（1952年 2月 20日），〈福建反共救國軍作戰報告書〉，《國軍檔案》，國防部藏，總檔案號：00042261。

表5-2　第二次湄州島突擊作戰部隊區分及任務表[18]

項次	部隊區分及任務
一	指揮官　王盛傳（南海總隊長） 地面指揮官　章乃安（海上突擊大隊長） 副指揮官　吳如川（南海總隊第 3 組組長） 　　　　　賈懷祥（45 師 134 團 1 營營長） 第 1 支隊　南海總隊隊長　張冠群（助攻部隊） 第 2 支隊　突擊大隊隊長　章乃安（突擊部隊） 第 3 支隊　45 師 134 團 1 營營長　賈懷祥（預備隊，先派出一部警戒登陸附近地區）
二	五七砲班砲 2 門，支援第 2 支隊。
三	海軍第 43、51 號砲艇，[19] 掩護部隊登陸後，進出湄州島東北海岸，任海上警戒，襲擊共軍增援部隊之任務。
四	國軍機帆船完成輸送任務後，分泊附近海岸擔任警戒，並伺機協助地面作戰。
五	空軍先期偵察，爾後隨時協助地面部隊戰鬥，並散發傳單。
六	心戰隊由南海政治處統一指揮，擔任宣撫民眾等事宜。
七	彈藥交付位置在登陸灘頭。指揮所位置在美頌號登陸艇（登陸灘頭附近海岸）

整個突擊行動從 1 月28 日上午 6 時15 分開始至下午18 時結束，總計約 12 個小時。參加突擊行動的人數有1,688 人，分別是海上突擊大隊585 人、第45 師第134 團第 1 營 337 人、南海總隊 786 人。在海、空軍支援部分，海軍艦艇先航行至湄州島南端海岸，第 2 支隊在美頌登陸艇砲火掩護下率先登陸，[20] 其餘部隊在海、空軍掩護下，由金門基地分乘漁浙輪（總指揮第 1 支隊、第 2 大隊）、開洋輪（直屬第 2 大隊）、建東輪（第 3 大

18 「福建省反共救國軍突擊湄州島戰鬥詳報」（1952年2月 19日）。

19 兩砲艦應為永康艦及永嘉艦。何耀光，〈臺海危機與轉機〉，《海軍艦隊發展史》，第二輯（臺北：國防部史政編譯室，2001），頁 1034。

20 「民國四十一年一月二十八日至二十九日福建省反共救國軍傷亡表」，「福建省反共救國軍突擊湄州島戰鬥詳報」（1952年 2 月 19日）。

隊）、大東輪（部務隊）及振隆輪等機帆船5艘，於28日拂曉5時40分抵達湄州島海灘。在艦砲掩護下第1、2、3支隊於8時30分陸續順利登陸，並於白石集中。指揮官王盛傳命令第2支隊擔任右翼主攻、第1支隊擔任左翼助攻、第3支隊為預備隊。攻勢初期並未遭受共軍攻擊，兩翼直接向湄州島中心推進。突擊部隊直抵西北部後才與共軍接觸並發生激烈戰鬥，共軍被拘束在馬祖廟、宮下兩高地據點，後有共軍5艘機帆船增援，被國軍擊沉2艘。戰鬥至14時，共軍全部瓦解。游擊隊突擊任務完成後，於18時全部搭乘美頌艦返回金門。[21]

此次突擊湄州島作戰，國軍陣亡士兵10人，受傷官佐3人、士兵30人。共軍陣亡120餘人、被俘57人、毀損機帆船4艘、鹵獲輕機槍4挺、60砲1門、衝鋒槍6支、步槍39枝、自動步槍2支、帆船10艘。[22]就這次突擊作戰而言，國軍作戰勇敢、士氣高昂，海、空軍對地面部隊戰鬥之協助亦頗為適切，戰績頗為顯著，因此總隊長等5人獲頒雲麾勳章。[23]然而突擊過程中也凸顯載具性能不佳的狀況，以致造成各部隊未能依計畫按時登陸，如原計畫以第1支隊先行登陸後掩護第2支隊展開攻擊，因遲到而改由第2支隊先行登陸，這些都是

21 「福建省反共救國軍突擊湄州島戰鬥詳報」（1952年2月19日）。
22 「福建省反共救國軍突擊湄州島戰鬥詳報」（1952年2月19日）。
23 「福建省反共救國軍突擊湄州島勳績調查表」，「為呈報湄州島戰鬥詳報乙份恭請核備由」（1952年2月20日）。

危害突擊行動很重大的缺失。[24]

二、南日島突擊戰

南日島亦稱南日山，明末魯王由舟山至金門依鄭成功時，中途驟遇颱風，曾避風於此。此島位於莆田東南之海面，扼興化灣之咽喉，北望平潭，南對湄州灣，東臨大海，西面隔海與平海半島相距甚近，中部狹長，兩端較大，狀似金門，全島面積約百平方公里。國軍判斷如能控制該島，則共軍在閩南之海上交通，勢將陷入困難的局面。[25] 為鼓舞大陸同胞之抗暴行動，同時擾亂共軍之補給線與交通線，使其軍心動搖，國軍發動南日島突擊作戰。[26]

國軍對南日島共軍之戰力評估，兵力約有1,500人，但不包括民兵（數百名）。[27] 作戰計畫係採迅速攻略，徹底殲滅島上守備共軍為首要，並在控制戰場後，迅速轉換為反登陸作戰，以消滅反攻之共軍，指揮系統表如表 5-3。

---

24 「為呈報湄州島戰鬥詳報乙份恭請核備由」（1952年2月20日）。

25 〈福建省反共救國軍南日島作戰經過報告書〉，《國軍檔案》，國防部藏，總檔案號：00042480。

26 國防部史政編譯局編印，《戡亂時期東南沿海島嶼爭奪戰史》，（臺北：國防部史政編譯局，1997），頁 132。

27 共軍兵力隸屬於第 10 兵團 28 軍 83 師 247 團之各一部及 85 師（水兵師）255 團之一部。〈福建省反共救國軍南日島作戰經過報告書〉。

表 5- 3 南日島突擊指揮系統表[28]

軍種	所轄部隊
陸軍	福建省反共救國軍 兼總指揮 胡 璉 副總指揮 柯遠芬 西部攻擊軍（第 75 師）汪光堯 第 223 團（未參戰） 第 224 團 趙少芝 第 225 團 廖發祥（欠 1 連） 東部攻擊軍（海南支隊，配屬 225 團第 3 連） 王盛傳 先遣隊（突擊大隊） 章乃安
海軍	混合艦隊 中興、美頌、美樂 3 艘運輸艦及機帆船 8 艘，以及永春、泰安、瑞安等 3 艘組成
空軍	T-6 機支援全程偵察任務

突擊部隊在空軍掩護下，區分為先遣隊、西部攻擊軍、東部攻擊軍。作戰計畫分為4 個階段：第一階段為裝載及海上機動；第二階段為登陸戰鬥；第三階段為反登陸作戰；第四階段為撤離南日島。1952 年10 月10 日上午10 點左右，國軍約 4,000 人從金門料羅灣搭乘中興、美頌及美樂等 3 艘登陸艇與帆船8 艘向南日島前進，計畫於11 日上午6 時，準備搶灘登陸。不過當時因氣候驟變，各艦艇無法依計畫按時搶灘，最後決定在海軍艦砲掩護下實施強襲登陸作戰。[29]

1、**先遣部隊**：先遣部隊登陸後，迅速擊退駐守李厝亭一帶海岸的共軍及民兵，並建立灘頭陣地。突擊部隊主力陸續登陸，11 時先遣隊攻占西皋高地，並俘虜民兵及共軍幹部 37 名，擊燬船隻 4 艘，先遣隊集結於

28 國防部史政編譯局編印，《戡亂時期東南沿海島嶼爭奪戰史》，頁 133、138。

29 國防部史政編譯局編印，《戡亂時期東南沿海島嶼爭奪戰史》，頁 146、152。

雲利擔任總預備隊。

2、**西部攻擊軍**：先遣隊登陸時，也令左翼隊一步兵連建立灘頭陣地。10 時，海軍中興號登陸艦開始搶灘。因左翼隊戰況激烈，旋即以完成登陸之師預備隊（第224 團第 2 營）參加左翼隊之作戰。午後，攻擊軍右翼隊及前進指揮部相繼登陸。右翼隊進出平海樓、官板樓之線後，一部向紅頭進出；另以有力一部鑽隙挺進，並阻擊共軍增援，主力則繼續向北攻擊前進。14 時，指揮官汪光堯率直屬部隊登陸，共軍憑險據守，經國軍奮力進攻，並向其所佔據之山崖、石洞反覆衝殺，終於在17 時，將其全部殲滅。

3、**東部攻擊軍**：11 日 6 時 30 分先以一部搶灘登陸，擊退共軍民兵後，迅速推進至東戶以北，及西戶山之線，以掩護主力登陸。7 時40 分，主力部隊登陸完畢，即向九龍山一帶高地攻擊。17 時許，與西部攻擊軍取得聯繫，南日島東半部之戰鬥，遂告結束。[30]

4、**反登陸作戰**：為防止共軍突擊登陸，在登陸作戰告一段落後，即進行反登陸作戰之部署。反登陸作戰部署將南日島劃分為兩個守備區，重點配置於西部。各部隊部署之要領，以殲滅敵人於灘頭為首要。

反登陸作戰共進行兩次。第一次反登陸作戰對象為共軍第 85 師第 255 團陸戰營，約 600 名，分乘大小機帆船12 艘，自白沙洋北海岸強行登陸，直趨白沙

30 以上作戰經過，參閱：國防部史政編譯局編印，《戡亂時期東南沿海島嶼爭奪戰史》，頁 146-148。

洋、后山仔，戰鬥直至拂曉，國軍陣地屹立不搖。12日5時30分，國軍開始反擊，擊斃共軍營長及以下官兵百餘名。另西部守備區亦有共軍第85師第255團之1連及水兵1排，附重機槍2挺，60砲2門，共約200人，與國軍守備隊第224團第9連發生激戰。國軍英勇作戰，最後共軍大部被殲滅，一部投降，戰鬥於18時結束。第二次反登陸作戰為12日20時許，共軍第83師第247團之第2營附戰砲2門，共約千人，乘大小機帆船20餘艘，向國軍守備坑口進犯。13日拂曉，國軍向登陸共軍反擊，共軍徹夜反攻未逞，向後敗退，然其渡海工具已為國軍火力摧燬，乃向後埕頭以東岩石地區逃竄。此時，亦有共軍機帆船3艘，由高山市企圖增援，當共軍船隻駛至海岸時，即為國軍防守部隊殲滅於水際。此後，埕頭以東之戰鬥，仍在慘烈進行中，國軍第225團戰砲連連長吳琢章，率領步兵1排，向共軍衝鋒，以身殉國。國軍復以57無後座力砲及戰防砲增援，最後將敵殲滅，於17時結束戰鬥，南日島作戰圖如圖5-1。[31]

31 國防部史政編譯局編印，《戡亂時期東南沿海島嶼爭奪戰史》，頁148-151。

圖 5-1　南日島作戰圖 [32]

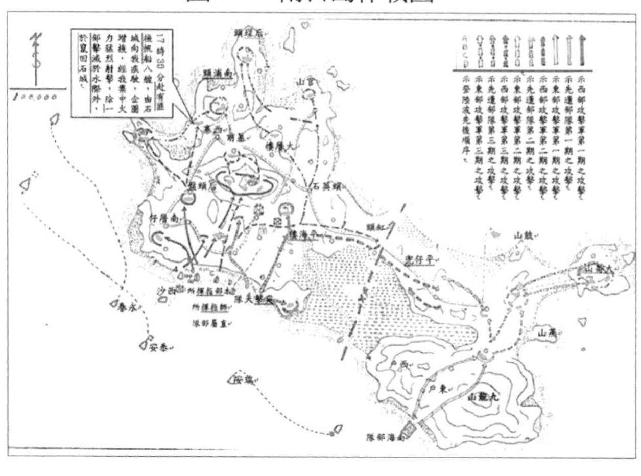

南日島戰役國軍連續戰鬥3 晝夜，殲滅共軍千餘人，俘敵 600 餘人，鹵獲步槍 250 枝、輕機槍 61 枝、重機槍11 挺、60 迫擊砲24 門、82 迫砲 7 門、手槍 19 枝、自動步槍16 枝、卡賓槍31 枝、火箭砲 2 門、戰防砲 1 門及無線電報話機 3 部等，[33] 南日島戰役整體戰果超出預期，總指揮胡璉下令主動撤退，並於13 日18 時開始行動。空軍在全程戰鬥中，也出動 T-6 偵防機 5 架次，以協助突擊部隊偵察及掩護之行動。[34]

此次南日島作戰戰果豐碩，這是游擊部隊第一次參加大規模的正規戰，雖其裝備訓練屬於游擊性的突擊

32 作者重繪自：國防部史政編譯局編印，《戡亂時期東南沿海島嶼爭奪戰史》，附圖 5-1

33 「福建省反共救國軍南日島作戰戰役經驗教訓」，〈南日島戰役案〉，《國軍檔案》，國防部藏，總檔案號：00025862。

34 國防部史政編譯局編印，《戡亂時期東南沿海島嶼爭奪戰史》，頁 152。

奇襲，但此役突擊部隊搭乘破舊之機帆船，勇敢進行登陸作戰，並有重大勝績，非常難能可貴。[35] 美軍顧問團團長蔡斯也對國軍此次任務的勝利表達敬意，並認為共軍將喪失威信，而國軍軍隊之戰爭潛力也將顯示於整個自由世界。[36]

在戰後檢討部分，此役還是有許多問題亟待解決。第一，突擊部隊原訂計畫為奇襲登陸，因變故臨時改為強襲登陸，然而事前並未訂定強襲計畫，以致突擊登陸作戰時無計畫依據。第二，登陸小艇太少。第一波登陸後，須待所有小艇返航進行人員武器裝載再進行第二波登陸，這也導致最後一波登陸與第一波登陸相距達8 個小時之多，期間被共軍各個擊破之風險相當巨大。第三，在指揮與通信方面亦有困難，尤其航行與登陸期間，常發生聯絡中斷情事，遇有故障也不能排除，對於各類輔助通信方法亦不熟練，增加登陸作戰失敗之風險。[37]

三、東山島突擊作戰

南日島突擊作戰的成功，讓國軍得到很大的鼓舞，因此計畫在 1953 年春對東山島進行更大規模的突

35 〈福建省反共救國軍南日島作戰經過報告書〉。

36 "NGRC Attack on Nan Jis Tao", October 27, 1952, Files Number: MGCC. 370.64（1952年 10月 27日），〈國防部與美軍顧問團文件副本彙輯〉，《國軍檔案》，國防部藏，總檔案號：00003184。

37 國防部史政編譯局編印，《戡亂時期東南沿海島嶼爭奪戰史》，頁 169-170、221-224。

擊行動。東山島位於福建省詔安縣東南海面，是一狹長島嶼，南北長約 27 公里，東西寬約 16 公里，面積約 142 平方公里，面積約金門島兩倍大，古名銅山，俗稱東山。島上山岳起伏，西北高東南低，全島海岸線全長約 95 公里，除蘇峰尖、大帽山兩處外，無懸崖峭壁，登陸容易。全島人口約 8 萬多人，均操閩南方言。本區無工業，居民大都農、漁民。因人口稠密，糧食供不應求，每年稻米產量僅供島上居民 3 至 4 個月食用，故人口以婦女及老年人居多，年輕人大多前往海外謀生。[38]

東山島突擊作戰一開始準備運用 2 個師的兵力，不過因故並未實施，但以東山島為突擊目標的企圖並未放棄。[39] 東山島突擊作戰計畫在西方公司與金門防衛司令部司令官胡璉雙方的合作下，歷經多次修正，[40] 最後於1953 年 7 月間完成〈粉碎行動計畫〉，作戰方針「以絕對優勢兵力於海軍支援下一舉登陸攻占東山島，殲滅或捕捉全面守島共軍，任務達成後自動撤離。」[41] 計畫頒布後，金門防衛司令部於 7 月 7 日成立聯合任務指揮部，負責執行該項計畫。[42]

---

38 「東山島地區兵要一般調查報告書」，「為呈報東山島兵要調查報告書三份由」（1953年 11月 25日），〈閩浙沿海島嶼兵要資料會輯〉，《國軍檔案》，國防部藏，總檔案號：00024001。

39 國防部史政編譯局編印，《戡亂時期東南沿海島嶼爭奪戰史》，頁 57。

40 為了這次聯合行動，海軍代表為黃震白、陸戰隊代表為孔令晟。遲景德、林秋敏訪問，林秋敏紀錄整理，《孔令晟先生訪談錄》（臺北：國史館，2002），頁 59。

41 「粉碎行動計畫」，〈作戰計畫及設防（二）〉（1953年），《蔣中正總統文物》，國史館藏，典藏號 002-080102-00008-010。

42 國防部史政編譯局編印，《戡亂時期東南沿海島嶼爭奪戰史》，共軍歷經南日島失敗之經驗教訓後，對於海防戰備措施已逐漸加強。依據國軍與西方公司對共軍敵情的研判，東山島中共駐軍計有：縣獨立大隊及公安師第80團之1個營與水兵部隊等，總兵力約1,175人。[43] 預判共軍可能採取之行動有四案：一、二案以共軍兵力過少，可能先放棄該島，或不作正面戰鬥，化整為零，伺機對登陸國軍，予以奇襲。第三案，則為固守該島，沿海岸線採取直接配備，趁國軍突擊部隊換乘或搶灘登陸時，予以打擊。第四案，共軍固守東山，可能採取間接配備，其可能行動有二，一為趁國軍搶灘未穩之際，壓迫國軍於水際殲滅，二為固守待援，俟其增援部隊到達後，再行轉移攻勢，與登陸之國軍決戰。國軍判斷可能以第4案第2項最為可能。對於共軍可能之反擊，國軍研判可能於36小時內從東山島周圍120公里內抽調1萬2千人兵力到達東山，若戰鬥時間延長，共軍可從廈門至汕頭間之地區，增援5萬5千人之兵力。[44]

（一）作戰計畫與編組

東山島突擊作戰由胡璉擔任聯合任務指揮官，兵力包含正規軍1個師、游擊部隊1個支隊、傘兵1個支

頁57。

43 共軍兵力研判是依據西方公司情報，當時我第二廳之情報除公安師1個營相同外，另有共軍第85師1個營，兩者稍有差異。「總統府軍事會談記錄」（1953年7月18日），〈軍事會談記錄（二）〉，《蔣中正總統文物》，國史館藏，典藏號：002-080200-00600-001。

44 國防部史政編譯局編印，《戡亂時期東南沿海島嶼爭奪戰史》，頁64。

隊，以及海軍陸戰大隊等，概約 1 萬 1 千人。整個行動採聯合作戰方式，編組如表 5-4。[45]

表5-4　東山突擊作戰任務編組表[46]

區分	所轄部隊
聯合任務指揮部	指揮官　胡璉（金防部司令官）
陸軍	第 19 軍　指揮官　陸靜澄（第 19 軍軍長） 贛州支隊　第 45 師（欠 133 團）　師長　陳簡中 第 134 團 第 135 團 第 18 師第 53 團 河北支隊　海軍陸戰隊第 1 旅步兵第 3 大隊及砲兵戰車中隊 山西支隊　第 42 支隊（張晴光） 獨立支隊　閩南地區第 1、第 2 大隊（王盛傳）
海軍	海軍第 4 艦隊　指揮官　黃震白（第 4 艦隊司令）[47] 海軍第 4 艦隊　支援艦 4、運輸艦 9 海軍陸戰隊第一旅步兵第 3 大隊　大隊長江虎臣[48]
海軍	步兵第 1 大隊第 3 中隊 砲兵第 1 大隊第 1 中隊 登陸運輸戰車第 1、2 中隊（34 輛）
空軍	空軍第 20 大隊　指揮官　王國南（空軍上校） 空軍運輸大隊（C46　20 架）

45 〈國防部參謀總長職期調任主要政績（事業）交代報告〉（1954 年 6月），頁 297。

46 國防部史政編譯局編印，《戡亂時期東南沿海島嶼爭奪戰史》，頁 64-65及本書附表 3-2「國軍指揮系統表」。

47 1953年 7月 6日海軍總司令部給第四艦隊司令部命令概為：一、「粉碎」計劃准予全部照原計劃實施。二、海軍應派之作戰艦 3艘，另中字號 4艘，美字號 3艘，共 10艘，著即日集中金門，歸金門防衛司令部胡司令官統一指揮。三、派第 4艦隊司令黃震白上校為艦隊指揮官，登陸艦隊部參謀長林溥上校為登陸艦隊指揮官，歸黃司令指揮。陸戰隊所派一個大隊之指揮官由陸戰隊周司令指派並報備。「一奉參謀總長 42嵩峰字第 143號令開」（1953年 7月 6日），〈東山島戡亂戰役案〉，《國軍檔案》，國防部藏，總檔案號：00043105。

48 1953年 7 月 8 日陸戰隊奉命由戰車第 1 大隊派遣 LVT-4 22 輛戰車，第 2 大隊派遣 LVT-4 12 輛共編成 2 個中隊，統由戰 1 大隊副大隊長李增明少校率領，歸第 1 旅何旅長指揮，參加粉碎計劃作戰。「一、著戰車第一大隊派遣 LVT⑷廿二輛戰車第二大隊派遣 LVT⑷十二輛共編成兩個中隊」（1953年 7月 8日），〈東山島戡亂戰役案〉。

國軍對東山島突擊行動準備很久，整個過程也非常保密，下級單位事前完全不知情。[49] 當 7 月 12 日陸戰隊收到一份登陸地點要圖並發佈官兵不准休假及外出命令時，許多人才隱約察覺到異常的氛圍。當時任職陸戰隊第 1 旅第 3 大隊大隊長的江虎臣猜想，這次作戰目標是登陸島嶼，應該是一次突擊行動而非反攻大陸，大概是要驗證部隊登陸作戰的能力。[50]

（二）作戰經過

1953 年 7 月13 日，海軍第4 艦隊司令黃震白率領高安等13 艘艦艇抵達金門，並與陸軍指揮官陸靜澄協調登陸事宜後，預定於14 日15 時發航。不過因為陸軍部隊裝載及潮水緣故，延後一天於15 日15 時發航。16 日 3 時 30 分船團接近東山島，當時島上燈火閃耀，似未察覺國軍企圖。當船團進入泊地後，為求奇襲登陸，艦砲初期並未實施射擊。直至4 時 50 分，編成 6 個舟波，每舟波之間隔為 5 分鐘，由美和、美益兩艦載運，維源艦掩護，並同時換乘LVT 兩棲登陸車，向灘頭前進。

1、登陸突擊戰鬥

陸戰隊主力為第 1 旅第 3 大隊，大隊長江虎臣，

---

49 劉臺貴訪問、孫建中紀錄，〈屠由信將軍訪問記錄〉，《海軍陸戰隊官兵口述歷史訪問記錄》（臺北：國防部史政編譯室，2005），頁 141。

50 孫建中訪問、劉臺貴紀錄，〈江虎臣先生訪問記錄〉，《海軍陸戰隊官兵口述歷史訪問記錄》，頁 22。

副大隊長屠由信。5 時 42 分在蘇峰尖以北海灘登陸，第 3 大隊副大隊長屠由信依計畫率領 2 個中隊向內陸挺進，但大隊卻一直無法與他取得聯絡。大隊長江虎臣則帶領其餘中隊，一鼓作氣往前疾駛，但江虎臣直覺不妥，如此盲目躁進，將失去有效指揮管制。因此，乃趕緊駛至前頭，示令停車。這時四周黃沙滾滾，煙霧瀰漫。不知是哪一輛LVT 的射手，誤認國軍為共軍，對國軍開槍射擊。不過陸戰隊仍按照預定計畫向目標區挺進，期間，共軍守備部隊僅傳出零星的槍響，並未頑強抵抗。陸戰隊此時完成搶占湖尾高地的任務，等待友軍的到來。友軍久候未至，原來海軍中字號軍艦顧慮任務結束後，可能無法退灘，均在離岸十餘公尺處下後錨，友軍只好以 53 加侖汽油桶縛作浮橋登陸上岸，因而延誤時間。[51]

第 3 大隊副大隊長屠由信在右翼順利攻上南浦高地，接著進行超越攻擊時才遇到共軍的抵抗。然而，屠由信卻發現陸軍部隊未攜帶重型攻堅武器，以致在攻擊四一〇高地時行動受挫，並有重大傷亡；另一方面，他也看到傘兵部隊零散地從空而降，但並未降落在目標區內，這種景象讓他預判勝算難期。[52]

---

51 孫建中訪問、劉臺貴紀錄，〈江虎臣先生訪問記錄〉，頁 23-24。

52 劉臺貴訪問、孫建中紀錄，〈屠由信將軍訪問記錄〉，頁 142。

2、傘兵戰鬥

為求東山島之突擊作戰順利，計畫在兩棲登陸作戰之同時，使用一部分傘兵部隊於后林、沙尾間地區著陸，擔任陳岱方向共軍增援部隊之阻絕，並協力戰鬥部隊之戰鬥。參與此項作戰之傘兵部隊為 1 個混成支隊（轄 2 隊 1 工兵組、2 警衛分隊，計官44 員、兵445 員），於16 日3 時28 分分別搭乘 C-47 型機17 架（分 5 波，每波距離為1,000 呎）由新竹機場起飛，但起飛後卻發生 1 架迷航、1 架機械故障，[53] 故實際參與運輸飛機只有15 架，官兵425 員。[54]

7 月16 日上午空軍運輸機群到達空降目標區上空，但受天候影響無法在大編隊下實施空降（3 機編隊分波空降），以致傘兵部隊空降次序與空降間隔時間紊亂（飛至目標區上空先後相差 22 分鐘之久），造成後續數機空降之傘兵飄浮空中尚未著陸時，遭到共軍地面部隊火力的猛烈射擊。另外，空降高度在 1,500 呎以上，也造成著陸散佈區域過廣，著陸後部隊集結大費時間，裝備器材也蒐集不易。[55]

空降傘兵著陸後，第 1 隊於 6 時 47 分集結完畢，即以一部佔領張坑東西南高地，並任沙尾西北高地警

53 兩架飛機皆返航。「鄭介民呈蔣中正東山突擊作戰檢討會檢討概要」（1953年 7月 25日），〈金馬及邊區作戰（一）〉，《蔣中正總統文物》，國史館藏，典藏號：002-080102-00103-005。

54 「鄭介民呈蔣中正東山突擊作戰檢討會檢討概要」（1953年 7月 25日）。

55 「鄭介民呈蔣中正東山突擊作戰檢討會檢討概要」（1953年 7月 25日）。

戒。第 1 隊主力向東坑東渡口攻擊，然而受北岸共軍砲火猛烈壓制，傷亡慘重，待攻佔該渡口後，即留少數擔任警戒，其餘退守張坑東西北高地，阻止共軍渡海增援。第 2 隊因空降著陸散佈面大，於6 時 55 分才有一部集結，先用以佔領八尺門南方高地，後又集結一部向沙尾發起攻擊，奏效後，留少數兵力擔任兩岸警戒，餘向徑口方向搜索。不久於白厝與共軍發生戰鬥，歷時 1 小時。當時佔領山頭的部隊受到四一〇高地共軍砲火猛烈的轟炸，傷亡慘重乃主動撤回。增援主力部隊繼續向四一〇高地陣地攻擊，預備分隊於空降著陸後，以 1 班及火力班，擔任支隊部警戒及支援東海岸警戒部隊，以2 班配屬第 1 隊擔任預備隊。另工兵分隊因共軍浮橋已於 3 日前拆毀（未能事先掌握情資），乃以一部擔任傘兵之收集，一部配屬第 1 隊，並將附近地區共軍之通信設施加以破壞。支隊按預期達成任務，佔領指定地點並歷經 8 小時又 30 分鐘之戰鬥後，彈藥消耗已達十之八九（因空降時武器、彈藥與裝備落水甚多未能尋獲），對岸陳岱方面共軍大舉渡江，對友軍方面又無法取得聯絡，會師無期，態勢甚為不利。遂決定於14 時著手突圍部署，向四一〇高地以東轉進，17 時30 分與友軍134 團右翼部隊會合，20 時向霞湖集結擔任預備隊，17 日12 時復奉命向海灘集結登船返回金門。[56]

---

56 「鄭介民呈蔣中正東山突擊作戰檢討會檢討概要」（1953年 7 月 25日）。

圖5-2　東山島傘兵空降突擊戰鬥經過要圖[57]

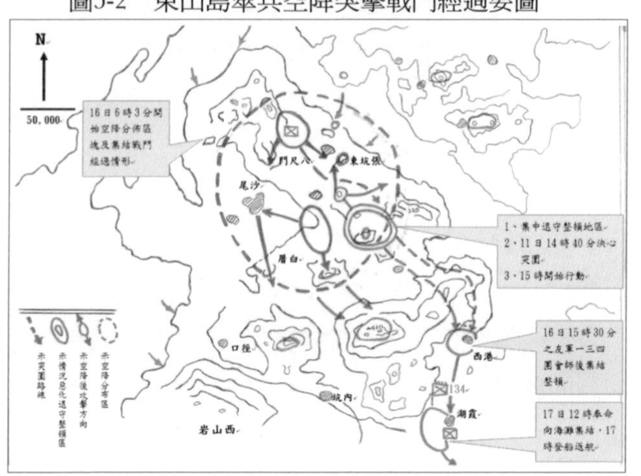

3、撤退階段

聯合任務指揮部判斷整個作戰狀況不利，繼續戀戰將違背突擊作戰的意義，乃決心撤退。17日6時，副指揮官柯遠芬親自將撤退命令送給第19軍軍長陸靜澄，希望利用中午12時海岸最低潮時一舉撤退。9時，海軍各登陸艦艇已按照約定時間就支援位置，準備掩護陸軍撤退。11時，各部隊撤退部署完畢。然而當第134團撤離霞湖之際，四一〇高地共軍山砲，突然對國軍猛烈射擊。11時40分四一〇高地的共軍再度向國軍反撲，造成該團第4連連長、代理營長楊應華及第6連代理連長李崇斌作戰受傷，最後自殺成仁。當134團到達海灘後，因海潮洶湧且無小艇接駁，官兵必須泅水登

57 作者重繪自：國防部史政編譯局編印，《戡亂時期東南沿海島嶼爭奪戰史》，附圖3-3。

艦，然而在登艦過程中遭受共軍猛烈砲火射擊，傷亡慘重。陸戰隊第 3 大隊副大隊長屠由信看到當時景象：

> 我陸戰隊官兵被迫涉水登艦，這時灘頭上有很多從戰場上零散撤下來的陸軍官兵，指揮紊亂，但因不會游泳，不敢涉水登艦，便搶乘灘頭上的 LVT。LVT 為免因超載而沈入海中，實施攀登裝載（不放著陸板），只要人員滿載即開始返航，但部分陸軍官兵不聽從命令，於履帶轉動時仍強行登車，因此而受傷者不計其數。[58]

當陸軍部隊撤退之際，空軍經常保持F-47 戰轟機 8 架，在東山上空實施轟炸掃射以掩護陸軍撤退，但上午10 時以後，各種意外狀況與憾事接連發生，第135 團第1 營營長張先耘事後回憶：

> 首先是我空軍戰機誤認東沈高地上的我營官兵為共軍，居然俯衝以機槍射擊；隨後海軍艦砲亦不明究理跟著射擊。霎那間，陣地內煙硝瀰漫，而且戰機上的五〇機槍彈如雨滴般，紛紛落在我的左右前後，當時未被擊中，可真是奇蹟啊。[59]
>
> 約至下午3 時，……我空軍戰機突又對東沈高地進行炸射，第二連連長趙禮謙躲避不及被炸身亡，

58 劉臺貴訪問、孫建中紀錄，〈屠由信將軍訪問記錄〉，頁 142。

59 孫建中訪問、劉臺貴紀錄，〈張先耘將軍訪問記錄〉，《海軍陸戰隊官兵口述歷史訪問記錄》，頁 190-191。

另有多名士兵傷亡。……忙亂之中未能將其遺體攜回金門安葬，是我一生最大憾事。[60]

到傍晚，陸戰隊參謀長孔令晟及科長陳器登上軍艦，透過望遠鏡發現岸上仍有國軍部隊，但陸軍指揮官並不知道，後經證實是陸軍第19 軍第45 師第135 團（團長袁國徵，該團負責掩護撤退任務）。緊急由登陸部隊指揮官協調海軍特遣部隊，將LST 開啟艦艏大門，放下跳板，LVT 全數泛水重返海灘，展開舟波裝載運輸作業，直至深夜才完成任務。[61] 當時第 135 團所屬部隊面臨許多挑戰，第一是營與連之間無任何通信工具，第二是團部與上級已失聯許久，因而面臨進退兩難的險境，張先耘提到當時情況：

欲撤離，未獲得進一步指示，如擅自行動須負極大責任；不撤離，當面又有大批共軍逼近，後面是浩瀚大海，有被殲滅之虞，真是進退失據！[62]

後來團長袁國徵下令配合陸戰隊逐次分批搭乘LVT 離開灘頭，[63] 然而撤退的過程異常艱險，因為此時

60 孫建中訪問、劉臺貴紀錄，〈張先耘將軍訪問記錄〉，頁 192。

61 陸軍第 135團能免於被覆滅的原因，因當日適逢大潮，東山島八尺門與大陸本島隔絕，以致共軍攻勢無法連續。劉臺貴訪問、孫建中紀錄，〈屠由信將軍訪問記錄〉，頁 142-143。

62 孫建中訪問、劉臺貴紀錄，〈張先耘將軍訪問記錄〉，頁 192。

63 國防部史政編譯局編印，《戡亂時期東南沿海島嶼爭奪戰史》，頁 80-81。

所有登陸艦為避免岸上砲轟，已後撤五千公尺左右（離海岸超出一萬公尺），因此整個撤退作業，延遲至 7 月 18 日 2 時 22 分才完成任務，[64] 午後返抵基地。[65]

（三）作戰檢討

本次東山島作戰是政府遷臺後第一次跨軍種聯合作戰並結合兩棲、空降與地面部隊，為國軍對本類型作戰的初次驗證。就此次作戰做一檢討，發現陸、海、空三軍及通信、後勤等各方面都有許多重大缺失。

第一，在陸軍方面，聯合派遣軍指揮部為求保密，造成三軍各部隊沒有充分準備的時間，也沒有詳密的軍種協定，以致造成準備時間倉促，師以下各部隊從受命到準備裝載僅 3 天，無暇對此次行動預為演習。

第二，在海軍方面，對於潮汐時間掌握不確實，發航之時就因一部份部隊沒有把握最高潮的時間上船，造成整個行動耽誤一日。又如17 日之撤離，不知把握午後潮低時一舉撤離，致使延至下午漲潮不能上船，使部隊無法迅速登舟或脫離戰場，造成溺斃及武器落水事件，使部隊紊亂，造成不必要的損傷。

第三，陸戰隊登陸後佔領灘頭陣地之作戰表現良好，於離岸後又能協助第 135 團撤退，惟因潮汐關係，登陸艦離灘頭過遠，運輸小艇過少，致使陸軍部隊撤退

64 遲景德、林秋敏訪問，林秋敏紀錄整理，《孔令晟先生訪談錄》，頁 63。

65 國防部史政編譯局編印，《戡亂時期東南沿海島嶼爭奪戰史》，頁 80-81。

困難，而LVT 雖為良好之兩棲作戰工具，但數量少且妥善率偏低，殊為可惜。另裝運部隊之艦艇兩側無降落網之設備，部隊皆由艦（船）門（梯）出入，延誤登船或換乘登陸之時間。但問題最大的是陸軍部隊派赴各艦之聯絡官未攜電臺及有效之輔助通信手段，致陸、海軍協同不良，作戰成效大打折扣，聯絡官形同虛設。

第四，空軍方面，載運傘兵之運輸機群因為雲層及夜暗聯絡困難，致使飛行隊形凌亂未能按預定隊形進入空降上空，造成傘兵降落區域分散，並歷時過久（前後 22 分鐘），不僅失去奇襲價值，並遭受共軍火力之損害，另載運傘兵之運輸機還因迷航及故障中途折返，以及空中照相對共軍偽裝工事之偵察與判讀等，都是戰備整備的重大問題。

第五，在通信方面，這次作戰有、無線電之通信欠靈活且時常中斷，是造成此次作戰失敗最主要的原因之一，而其根本原因實為通信裝備落後，通信（譯電）人員訓練與經驗不足所致。[66]

東山島突擊作戰，國軍除作戰官兵付出慘痛代價（傷亡統計如表5-5）之外，空軍運輸機有 3 架受損、戰鬥機損失 2 架（1 架被擊落人員跳傘、1 架焚燬），另海軍損失水陸兩用戰車 1 輛、LVCP 人員登陸艇3艘。[67] 在金防部的檢討會上，司令官胡璉曾向孔令晟等

66 以上五項檢討，參閱：「鄭介民呈蔣中正東山突擊作戰檢討會檢討概要」（1953 年 7 月 25日）。

67 「總統府軍事會談記錄」（1953年 7月 18日），〈軍事會談記

人說：「我們用農業社會的軍隊和觀念，去打工業社會的現代兩棲作戰，基本上是落伍了。」[68] 蔣介石對突擊東山島戰役也非常在意，從日記中雖然看不到初期情緒起伏，但從 7 月17 日至 8 月中旬，幾乎間隔幾日就會將此役的想法寫下。[69] 總結這段日子以來蔣介石對此役的看法，他認為東山島突擊作戰在通信保密方面問題最大，尤其官方尚未發佈新聞，路透社及臺北記者就已知道訊息。[70] 不過，經過此事教訓，增加對共軍作戰的經驗，傘兵雖然蒙受重大挫折，但也得到了實戰經驗。[71] 不過，他對於胡璉則有一些微詞，[72] 日記中也寫下東山戰役之得失，蔣介石覺的國軍將領思想學術與精神修養仍如過去在大陸時代一樣毫無進步，可怕極了。[73] 7 月 31 日主持東山島突擊戰役檢討會議，歷時 3 個小時的會議中講評了 1 個小時也不覺疲倦，但對將領不學無術

錄（二）〉，《蔣中正總統文物》，國史館藏，典藏號：002-080200-00600-001。

68 遲景德、林秋敏訪問，林秋敏紀錄整理，《孔令晟先生訪談錄》，頁 63。

69 秦孝儀總編纂，《總統蔣公大事長編初稿》，第 12 卷（臺北：中正文教基金會，2005），1953年 7月 17日至 8月 13日記事，頁 150-169。

70 「總統府軍事會談記錄」（1953年 7月 18日）。

71 秦孝儀總編纂，《總統蔣公大事長編初稿》，第 12 卷，1953年 7月 18 日記事，頁 151。

72 因對東山縣突擊失利，事隔五日尚未得胡璉詳報，而中共反宣傳其勝利，致為各方疑懼，此乃我將領指揮學識與精神修養未有進步所致，故對國防大學戰爭哲學科之有特設必要也。秦孝儀總編纂，《總統蔣公大事長編初稿》，第 12卷，1953年 7 月 18 、21、31日記事，頁 151、153、162。

73 秦孝儀總編纂，《總統蔣公大事長編初稿》，第 12 卷，1953年 7 月 31日記事，頁 161-162。

的情形引起的很深的憂憤。[74]

表5-5　突擊東山島戰役國軍傷亡統計表[75]

區分	番號		傷			亡			生死不明		
			官	兵	小計	官	兵	小計	官	兵	小計
陸軍	正規部隊	第 19 軍軍部及直屬部隊	3	13	18	0	7	7	0	4	4
		第 45 師	43	470	513	36	433	469	0	62	62
		第 18 師第 53 團	24	146	170	7	72	79	1	25	26
		小計	70	631	701	43	512	555	1	91	92
	游擊部隊	突擊第 42 支隊	16	295	311	8	246	254	0	2	2
		南海部隊第 8 中隊									
	小計		16	295	311	8	246	254	0	2	2
	合計		86	926	1012	51	758	809	1	93	94
海軍	第 4 艦隊			5	5						
	陸戰隊		1	12	2		2	2			
	合計		1	16	17		2	2			
空軍	第 20 大隊		1		1						
傘兵支隊						23	160	183		71	71
總計			89	942	1030	74	920	994	2	164	166
附記			1、本表係根據各參戰部隊戰鬥詳報彙編。 2、政工幹校學生及第 75 師配屬第 45 師之官兵傷亡數字，均已列入第 45 師傷亡內，不另列計。 3、傘兵支隊內含負傷自殺及墜海溺斃者官 8 人、兵 41 人。								

74 「蔣中正日記」（未刊本），1953年 7月 31日。

75 國防部史政編譯局編印，《戡亂時期東南沿海島嶼爭奪戰史》，附表 3-5「東山突擊國軍傷亡統計表」。

第二節　滇緬邊境游擊作戰

一、國軍入緬

1950 年 3 月，國軍在大陸僅剩西昌為最後的基地，為使以後能在大陸保有反攻能量，國防部決定在敵後建立游擊根據地，再視狀況逐次發展。同時為使大陸上游擊部隊便於發展運用，國防部所有兵團以上各指揮機構及軍師番號等，一律撤銷，統一改名為反共救國軍，作為將來配合在臺國軍之反攻。[76]

國軍是否要在滇緬邊境建立一支反攻大陸的武裝力量，在1950 年初耳語不斷，所謂滇緬邊區，是東自瀾滄江（湄公河），西迄怒江（薩爾溫江），北沿滇緬邊界，南迄泰緬國界之間的廣大區域，亦即以景棟為首府的撣邦地區。1950 年 1 月初李彌返臺述職，向蔣介石報告西南局勢，決定今後方針。1 月 13 日，李彌隨黃杰、許朗軒等一行再飛海南島，翌日再轉往蒙自，宣慰第 8 軍及第 26 軍。同時計畫將第26 軍空運海南，而以第8 軍掩護空運完成後，轉往滇西，建立游擊基地，與西康國軍相互策應。當時命令發表李彌為雲南綏靖主任，並兼雲南省主席，準備讓李彌在滇，負責指揮這方面之軍政事宜。[77] 不過，當時對於中共的攻勢，部隊人

76 國防部，《國防部部長黃杰職期調任主要政績交代報告》（臺北：國防部，1972），頁 237-238。

77 國防部史政編譯局，《墨三九十自述》（臺北：國防部史政編譯局，1981），頁 276。

心惶惶，而第 26 軍空運的消息也傳的很快，[78] 當時第 17 兵團劉樹嘉部就曾詢問作戰所俘之共軍，皆稱都知道李彌、余程萬所部，已經要空運前往至海南島。[79]

共軍已經完全掌握李彌部準備將被困雲南部隊接運往海南後，於15 日集中 3 個軍兵力，由廣西百色、文山一帶，向蒙自進撲。[80] 此時，在蒙自國軍部隊因準備撤出，過份集中，未能掌握情報，以致共軍接近時，倉皇撤退。當時臨時決定，第 8 兵團由湯垚、曹天戈率領，依原計畫向滇西撤退，擔任游擊任務；第26 軍先利用鐵路，車運箇舊，再分兩路，一路由代軍長彭佐熙率領，沿鐵路線向越南撤退，一路由副軍長葉植楠率領，向緬甸撤退，於 19 日渡越中緬界河，進入木梘。另第 8 兵團迫於情勢，轉至元江附近，遭共軍擊潰，第 8 兵團司令湯垚、第8 軍軍長曹天戈及第 9 軍軍長孫進賢被俘，所餘部隊則在混戰下，各自突圍而出。[81] 彭佐熙所率領第26 軍一部約3 千人，進入越南萊州後，請求

78 12月 27日雲南省綏靖主任余程萬，向蒙自轉進途中，接到國防部電令；駐滇國軍爾後行動有三案，並請提出意見具申，一、繼續留駐滇南，與共軍周旋；二、空運海南島；三、進入越南。最後一致決議以第二案最為有利。國防部史政編譯局，《戡亂戰史（十三）西南及西藏地方作戰》（臺北：國防部史政編譯局，1953），頁 75。

79 「據 17CA劉司令官子巧稱（一）近日遭越共襲擊……（二）李彌、余程萬所部……」（1950年 1月 24日），〈滇桂越緬邊區國軍戰況及劉嘉樹等部求援情形〉，《國軍檔案》，國防部藏，總檔案號：00042857。

80 國防部史政編譯局，《戡亂戰史（十三）西南及西藏地方作戰》，頁 77。

81 國防部史政編譯局，《戡亂戰史（十三）西南及西藏地方作戰》，頁 81-82。

假道過境不成，與前此由廣西退入越南之第 1 兵團黃杰所部，同遭法軍繳械。另由葉植楠所率第 93 師278 團一部，先後渡過紅河及瀾滄江，沿滇越邊境經江城、鎮越、車里、佛海，於 2 月15 日到達南嶠，與我軍聯絡成功，即修復南嶠機場，由空軍總司令王叔銘派運輸機兩架，自三亞飛往接運，但未能尋獲機場，無功而返。17 日午，共軍追至，葉植楠與團長羅伯剛率部突圍，19 日渡過中緬界河，進入緬境。翌日，將殘部約四百人交由副團長譚忠帶領，葉植楠等分批前往景棟到達大其力，再進入泰國。其餘部隊則與第 8 軍及其後到達緬甸之237 師第709 團殘部，均留在駐緬甸大其力附近小猛棒。另第 26 軍第161 師，則循第93 師路線，於 3 月到達大其力附近，與第 93 師會合。[82] 當時進入緬境之國軍如表5-6。

表5-6　滇西國軍進入緬境兵力概況表[83]

原部隊番號	當時主官	備考
第 8 兵團第 237 師第 709 團（殘部）	李國輝	
第 26 軍第 93 師（殘部）	葉植楠	該師第 277 團隨軍主力行動，進入越南。第 279 團於蒙自戰役中損失慘重，本師僅以 278 團為基幹。
第 26 軍第 161 師	梁天榮	除第 482 團稍完整外，餘第 481、483 團均為殘部。

李國輝與譚忠兩部抵達大其力之後，緬甸政府及

82 國防部史政編譯局，《墨三九十自述》，頁 277-278。

83 國防部史政編譯局，《戡亂戰史（十三）西南及西藏地方作戰》，插表七。

不斷透過外交以及軍事手段要求我軍繳械，李部皆嚴詞拒絕。國防部也數度來電要求以下四點：1、不得向任何一方繳械，並伺機向滇南發展；2、對法越緬泰各方應儘量避免衝突，造成關係惡化；3、設法收容由滇境陸續南來之各部；4、政府正設法正常補給，但事實上非常困難，應儘量力求自立更生。[84] 李部與緬甸雙方經過數次交涉都無交集，緬方決定對李部發動攻擊。6 月中旬緬軍開始進攻，期間歷經多次戰鬥，緬軍屢敗屢戰，李部雖是愈戰愈勇，但是兵員及後勤補充困難，一直是李部最大的隱憂。[85] 至8 月下旬，緬甸軍方來信表示願意停戰，條件為 1、國軍全部撤離大其力，離開公路線，進入山區，給緬甸國家一個體面。等國軍離開後，緬甸將宣布國軍已被大部消滅，僅零星部隊進入山區正圍剿中。2、國軍如願意撤離進入山區，緬方將盡力協助供給食糧。3、我方將來反攻雲南時，緬方可協助運輸等問題。李國輝部接到此信非常高興，因為久戰對國軍實為不利。[86] 這時李彌及呂國詮派員找李國輝討論國軍撤退事宜。最後決定國軍撤離大其力，緬方也同意李、譚兩部移駐撣邦區之猛撒。[87]

84 「密轉 93D何參謀長，並轉知各部隊長」（1950 年 4 月 12 日），〈留越國軍處理案〉，《國軍檔案》，國防部藏，總檔案號：00045165。

85 「國軍撤緬及處理經過輯要」（1950年 1 月 15 日起至 7 月 15 日止），〈國軍撤越緬處理經過〉，《國軍檔案》，國防部藏，總檔號：00042942。

86 李國輝，〈憶孤軍奮戰滇緬邊區（六）〉，《春秋》，第 14 卷第 1 期（1971年 1月），頁 46-47。

87 國防部史政編譯局，《滇緬邊區風雲錄——柳元麟將軍八十八回憶》（臺北：國防部史政編譯局，1996），頁 87。

經過大其力一役後，反共孤軍逐漸壯大，李彌收容舊部全部改編之外，並積極廣收志願加入李彌部隊者，以壯大軍隊實力，入緬部隊及番號如表5-7。同時，對邊區土司加以禮遇，並請他們負責籌劃糧餉，將土司領導的游擊隊改編為若干縱隊，並由土司任縱隊司令，打成一片，以求地利人和。這支孤軍始立穩腳跟，漸漸有了生存發展的空間與基礎。[88]

表5-7　滇緬越泰邊區部隊番號人馬武器統計表[89]

番號		第 26 軍第 93 師一部（278 團）	第 8 軍第 237 師之第 709 團	滇南地方部隊羅庚	總計
主官姓名		譚　忠（代）	李國輝	羅　庚	
人數		1,178	1,045	?	2,223
馬匹		32	70	103	205
武器	步槍	234	329	530	1,093
	輕機槍	32	28	35	95
	重機槍	6	9	2	17
	衝鋒槍	12			12
	卡炳槍	4			4
	95 槍		24		24
武器	美造自動步槍		28		28
	擲彈桶		3		3
	槍榴彈筒	10			10
	手槍	16	42	114	172
	60 迫擊砲	4	9	2	15
	82 迫擊砲	2	2	28	32
備考		1. 本表係根據 93 師參謀長何述傳卯支電所報數字彙列而成。 2. 羅庚部隊人數係 93 師葉植楠 4 月 9 日報告 3. 93 師 278 團團長羅伯剛來臺。			

88 袁煒、周國騤著，《反共十字軍鬥士李彌》（臺北：出版者不詳，1953），頁 43。

89 「滇緬越泰邊區部隊番號人馬武器統計表」（1950年4月12日），〈留越國軍處理案〉。

有關入緬部隊指揮權與經費問題，李國輝數次電告國防部妥善處理指揮權歸屬與經費不足問題，但國防部無法解決。[90] 因此，國防部希望李國輝在經費問題能就地獲得，雖然稍後有部分經費補助，但仍杯水車薪，助益有限。[91] 關於指揮權問題，4 月李彌與李國輝部聯繫上了，但有前第 11 兵團司令魯道源（人在越南宮門），要求前往滇緬邊區從事發展敵後武力。國防部認為，魯道源與李彌兩人皆為滇籍且各具實力，最後蔣介石決定仍任李彌為滇省主席，魯則接受國防部建議另予名義使其組織敵後武力，指揮權問題也至此確定。[92]

1950 年 4 月間，李彌派遣邱開基（副司令官）帶回一份〈雲南省政府進入雲南後工作計畫〉。計畫概要係為建立西南大陸反攻基地，收容碩果僅存之第 8 軍及第 26 軍共 2 萬餘人，並在緬越北部及滇南之車佛、南寧及其附近各縣，利用雨季掩護，編練重整旗鼓，發展力量，以配合未來大陸之全面攻勢。[93] 為發展此間力量，李彌檢附雲南省軍政人員入滇臨時費初期預算表，

---

90 1950年 2月時李彌在香港時，曾向國防部呈一份滇緬邊區經費拮据，亟需補給的報告，但國防部要李彌先到泰越邊境瞭解情況後，再行斟酌撥款，因此相關經費遲至 5、6月薪餉都未撥下。「為函復擬報泰越滇邊境收容 8A26A等部隊原則為何希擬具計畫送核」（1950年 2月 4日），〈游擊部隊經費〉，《國軍檔案》，國防部藏，總檔案號：00035450。

91 李國輝，〈憶孤軍奮戰滇緬邊區（三）〉，《春秋》，第 13 卷第 4 期（1970年 10月），頁 46-47。

92 「為呈魯道源及李彌對建立滇省匪後武力意見由」（1950年 5 月1日），〈李彌入滇工作計畫〉，《國軍檔案》，國防部藏，總檔案號：00042897。

93 「李彌 39年4月 7日入滇工作計畫託邱開基同學攜臺面呈」（1950年 4月 20日），〈李彌入滇工作計畫〉。

科目計分為旅費（40 萬）、開辦費（40 萬）及特別費（120 萬）等 3 項，共需 200 萬銀元。[94] 這個計畫政府認為原則尚可，不過經費過於龐大，蔣介石批示「政府無力實施，應切適現情另擬」。[95] 這也透露出政府心有餘而力不足的狀況。

二、反攻雲南

政府對緬邊李部支援有限，因韓戰爆發中共參戰，國際情勢隨之改觀。美國政府為牽制中共軍力，遂派爾斯金（Graves B. Erskine）將軍到曼谷與李彌接頭，[96] 並同意提供軍援，協助李部反攻大陸。[97] 1951 年 2 月並在緬境完成機場一處（跑道長500 公尺），美方由飛機運送相關軍事物資。首批到達彈藥器材數量甚微，以後絡繹運來，此舉美方稱為「Operation G」（白紙方案）。[98]

94　「雲南省軍政人員入滇臨時費預算表」（1950年4月20日），〈李彌入滇工作計畫〉。

95　「李彌39年4月7日入滇工作計畫託邱開基同學攜臺面呈」（1950年4月20日），〈李彌入滇工作計畫〉。

96　美方在泰國成立「東南亞國防用品公司」並稱為「西方公司」，此西方公司有別於在臺灣的「西方公司」，詳見 Victor S. Kaufman, “Trouble in the Golden Triangle: The United States, Taiwan and the 93rd Nationalist Division”, The China Quarterly, No. 166 (2001), pp. 441-442. 轉引自林孝庭，〈從中、英文檔案看冷戰初期「敵後反攻」的實與虛（1950-1954）〉，《同舟共濟：蔣中正與一九五〇年代的臺灣》（臺北：國立中正紀念堂管理處，2014），頁 425。

97　「四十二年三月二日葉部長、藍欽大使、李彌將軍談話記錄」（1953年 3 月 2 日），「滇緬邊境游擊部隊撤退紀實」（1954年6月28日），〈留緬國軍處理案〉，《國軍檔案》，國防部藏，總檔案號：00045179。

98　「孫碧奇電外交部據悉李彌在緬甸完成一座機場美方軍援已開

為謀反攻，1951 年1 月成立雲南反共救國軍指揮部由李彌統籌全般事宜，但武器裝備相當缺乏。[99] 3 月 1 日核定將李部編組為第 26 軍，雲南綏靖公署副主任呂國詮兼任軍長，彭程為第 93 師師長，李國輝為第 193 師師長，雲南省反共救國軍所屬主官姓名兵力駐地表如表5-8。

表5-8　雲南省反共救國軍所屬主官姓名兵力駐地表（1951 年12 月）[100]

番號		主官	兵力	駐地	備考
總指揮部		李　彌	250	孟撒	
省府特務團		胡景煖	750	孟撒	
第26軍	軍部	呂國銓	350	孟	
	第 93 師	彭　程	1,200	孟卡	
	第 161 師	王敬箴	250	孟湯三島	
	第 193 師	李國輝	1,400	邦央	
保 1 師		甫景雲	750	孟湯	
第 2 縱隊		刁賽圖	800	蓮山 - 盈江	
第 3 縱隊		罕裕卿	600	孟可光	
第 4 縱隊		李祖科	400	固東 - 滬水	
第 8 縱隊		李文煥	1,100	孟第、紅中、拉瓦	
第 9 縱隊		馬俊國	800	乃向	蠻董南 30 里
第 10 縱隊		李達人	800	坎朔、永樂	
第 11 縱隊		廖蔚文	800	西盟	
第 12 縱隊		馬守一	550	孟汗乃東	
第 13 縱隊		王少才	300	滿相附近	

始藉此機場運送彈藥器材」（1951年 2 月 9 日），〈金馬及邊區作戰（五）〉，《蔣中正總統文物》，國史館藏，典藏號：002-080102-00104-008。

99 John W. Garver, *The Sino-American Alliance: Nationalist China and American Cold War Strategy in Asia* (New York: M. E. Sharpe, 1997), p. 149.

100 曾藝，《滇緬邊區游擊戰史》，上冊（臺北：國防部史政編譯局，1964）。轉引自段承恩，〈從口述歷史看滇緬邊區游擊隊（1950-1961）〉（臺北：中國文化大學史學系碩士論文，2003），頁 20。

番號	主官	兵力	駐地	備考
第3軍政區保3團	彭懷南	900	孟羊	
特1團	王春書	350	貴街附近	
特2團	傅其昌	350	貴街	
獨立第7支隊	黃經魁	350	孟瓦孟勇	
獨立第8支隊	蒙賽業	350	三島	
獨立第10支隊	張偉成	400	孟羊	
獨立第18支隊	李泰興	400	南傘附近	
獨立第21支隊	史慶勛	400	隴川	
總計		14,000		

1951年3月下旬，李彌由曼谷前往猛撒，向李國輝等說明美方擬運用國軍力量反攻大陸，以牽制中共在韓戰中的力量。[101] 為爭取美援，故徵詢各級官佐對反攻的意見，美方承諾會先在泰境空投一部分武器，等國軍進入大陸後，始可大量空投。[102] 3月美方先提供一部軍援，計有30重機槍200挺（彈藥10萬發）、60迫砲12門（彈藥2,000發）、卡賓槍150枝（彈藥7萬發），湯母生衝鋒槍彈藥10萬發、無線電4部及藥品一部。[103] 除美方提供軍援之外，政府也陸續前運彈藥、通信及醫療等軍品給李部。[104] 3月15日李彌再度

101 反攻雲南的計畫，是假設在華南有我數十萬之游擊部隊，只要國軍反攻，這些部隊就會揭竿而起。臺灣與美國當然都知道希望渺茫，但各有打算之下，李彌率兵進入雲南。陶涵（Jay Taylor）著、林添貴譯，《臺灣現代化的推手——蔣經國傳》（臺北：時報文化，2000），頁227-228。

102 李國輝，〈憶孤軍奮戰滇緬邊區（七）〉，《春秋》，第14卷第2期（1971年2月），頁44-45。

103「李彌電蔣經國美泰兩方在泰緬邊境交予我方卡賓槍子彈重機槍衝鋒槍迫砲無線電藥品等」（1951年3月7日），〈一般資料各界上蔣經國文電資料（十六）〉，《蔣中正總統文物》，國史館藏，典藏號：002-08020-0663-016。

104「謹將八閱月來工作概況稟呈」（1951年9月11日），〈李彌呈滇緬匪情戰況及補給情形〉，《國軍檔案》，國防部藏，總

請求政府提供步槍等武器補充人多槍少的部隊現況。[105] 1951 年 4 月14 日李彌親自領軍向雲南推進，並於 5 月 21 日下令進攻雲南。就在部隊從猛撒總部行軍到緬北邊境的同時，李彌軍事行動已引起滇邊民心騷動，當地民眾開始流傳國軍將在短期內反攻的消息，共軍強迫邊境各地人民，每家構製土墓，以作為防禦工事。當地貨幣猛烈下跌，也有民兵80 餘人攜帶武器由火燄山處入緬，主動要求收容。[106] 李彌努力收容各路，並賦予游擊隊的番號。進軍雲南時，李彌原僅1 個軍部2 個師外，又另外成立 6 個縱隊、8 個支隊和1 個特務團，人數是原來的5 倍以上。[107]

當李部進入雲南之後，美方依承諾於 6 月 9 日至 12 日之間，在滄源縣境進行了 5 次（6 架次）的武器空投。美方所投下的武器有步槍875 枝、卡柄槍1,993 枝、步槍彈3,000 發、卡柄槍彈1 萬 9,200 發、上衣 409 件、褲183 條、膠鞋516 雙、夾克50 件、擦槍油 6 小桶、汽油 4 桶。[108] 雖然美方軍援裝備不多，但李彌部隊仍兵分南北兩路進軍，[109] 兩個月內曾經攻占了鎮

檔案號：00042895。

105 「鈞部運曼軍品」（1951年 4月 17日），〈李彌呈滇緬匪情戰況及補給情形〉。

106《中央日報》，1951年5月8日，第6版。

107 覃怡輝，《金三角國軍血淚史（1950-1981）》，頁 75-76。

108 「李彌呈滇緬匪情戰況及補給情形」（1951年6月 15日），〈李彌呈滇緬匪情戰況及補給情形〉。另見「四十二年三月二日葉部長、藍欽大使、李彌將軍談話記錄」（1953年3月 2日），「滇緬邊境游擊部隊撤退紀實」（1954年6月 28日）。

109 北路為主攻部隊，以 193師李國輝為主要部隊，主要目標為耿馬；南路由呂國詮指揮，相繼進入滇省境內向猛連及南嶠等地進攻，以

康、雙江、耿馬、孟定、滄源、瀾滄、寧江、南嶠等地，[110] 李彌部隊反攻雲南示意圖，如圖5-3。李彌本想在雨季來臨之前結束戰役，建立發展基地，但因環境惡劣，以及人力及補給困難等問題，[111] 加上共軍劉伯承部大舉增援後，敵眾我寡實力懸殊，[112] 因此在 7 月下旬國軍退回滇緬未定界之山林中，反攻雲南的戰事終告結束。[113] 總計，李彌部隊反攻雲南之役，經 3 個月之戰鬥先後收復鎮康、雙江、耿馬、孟定、滄源、瀾滄、寧江、南嶠等 8 縣，計斃傷共軍 682 人，李部傷亡 500 餘人。[114]

反攻雲南失敗的原因，主要是缺乏經費、武器，以及訓練。從入滇開始，隨著部隊深入及人員增加，反共救國軍的運作所需益增。李彌屢次向政府要求增發經費及補給等事務，[115] 讓財政困窘的政府感到壓力，因為政府能力實在有限。為免日後無法滿足游擊部隊的需

策應北路軍。李國輝，〈憶孤軍奮戰滇緬邊區（七）〉，頁 46。

110《中央日報》，1953年 12月 2日，第 5版。

111「暌違教範」（1951年 8月 27日），〈李彌呈滇緬匪情戰況及補給情形〉。

112〈李彌電蔣經國美泰兩方在泰緬邊境交予我方卡賓槍子彈重機槍衝鋒槍迫砲無線電藥品等〉（1951年 5月 19日），〈一般資料各界上蔣經國文電資料（十六）〉，《蔣中正總統文物》，國史館藏，典藏號：002-080200-00663-020。

113「謹將此間狀況奉陳」（1951年 8月 19日），〈李彌呈滇緬匪情戰況及補給情形〉。

114 覃怡輝，《金三角國軍血淚史（1950-1981）》，頁 76。

115「李彌電蔣經國該部已續向國境推進糧食及活動費用開支甚鉅前發物品已分配告罄請再發若干濟用並交蘇令德帶來」（1951年 5月 19日），〈一般資料各界上蔣經國文電資料（十六）〉，《蔣中正總統文物》，國史館藏，典藏號：002-080200-00663-051。

求，1951 年 6 月明確告知李部政府每月經費補助 20 萬泰幣，已無力再作增加。另外，在補給方面，如國內籌補但無法適時供應，李部應在當地運用共區物力，自力更生，以求發展。[116] 另外，美方所承諾的空投補給也未能如期獲得，對於訓練更是切身之痛，游擊部隊訓練不足都是造成戰事不利的重大原因。[117]

圖5-3　李彌部隊反攻雲南示意圖 [118]

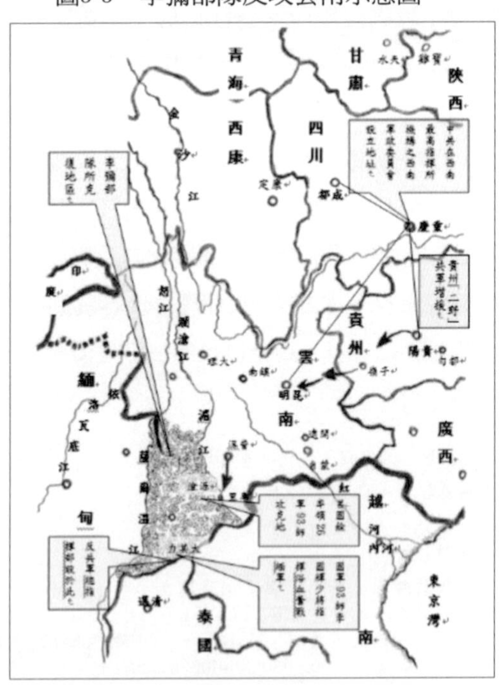

116「李彌來電請求增加經費由」（1951 年 6 月 21 日），〈李彌入滇工作計畫〉。

117 覃怡輝，《金三角國軍血淚史（1950-1981）》，頁 89。

118 作者重繪自：吳林衛，《滇邊三年苦戰錄》（臺北：亞洲出版社，1954）。

三、四國會議及撤軍

李部撤回後，最初美方還詢問李彌需要多少經費才能維持游擊部隊的運作，李彌回答每月需要 15 萬美元，最初僅同意給予 5 萬美元，後增至 7 萬 5 千美元，從1951 年 9 月開始給付，10 月收到第一次款項。美方同時要求李彌要進行潛伏及訓練相關事宜，李彌也配合進行，不過美援到了1952 年 1 月突然停止，至 4 月再又收到一筆 2 萬 5 千美元的款項，此為最後一次美援。[119] 在無外援的情勢下，李部的活動更顯艱鉅。[120] 雲南反共救國軍在滇緬邊境的游擊行動，以及與緬境其他種族（吉仁族、蒙族）的互動，讓緬甸政府深以為憂，擔心李彌部隊結合其他種族對其政府造成威脅。於是在1952 年 1 月緬甸政府得到中共及蘇聯的支持下，在聯合國大會上宣稱「美國援助李彌部隊侵緬」，此事自此紛擾不斷。[121] 1953 年2 月 21 日藍欽見蔣介石，出示其國務院訓令，要求政府立即下令李彌在緬部隊撤調回臺灣。蔣表明立場，只能調李回臺洽商，決不能立即下令調回李部。另外，這件事美國的舉動並不合情理，緬甸已經承認中共，李部自由行動乃為理所當然的事

119「四十二年三月二日葉部長、藍欽大使、李彌將軍談話記錄」（1953年 3月 2日）。

120 美國中央情報局原先想利用李部滲透進入大陸，希望號召廣大民眾起義反共。滇緬邊區這些零星作戰，目的在迫使中共於朝鮮半島作戰之外，還得在男方駐屯重兵。但反攻行動卻屢遭敗績，讓中央情報局非常挫折。詳見李潔明著（James Lilley's），林添貴譯，《李潔明回憶錄》，頁 58。

121 傅應川等訪問整理，柳元麟口述，《滇緬邊區風雲錄》（臺北：國防部史政編譯局，1996），頁 87-91。

情。如果要求李部撤回來臺，則我滇桂人民對反共心理必大受打擊，以後還想重建在西南的反共力量亦不可能。[122] 2 月 25 日，蔣介石召見李彌與蔣經國，商討對美國要求在緬甸邊區之李彌部隊撤回臺灣之對策。[123] 3 月 2 日蔣介石再度召見李彌，指示對美國要求所部撤出緬甸邊區之方針與應處之態度。[124] 3 月 6 日聽取外交部長葉公超報告關於李彌部隊與美方商談情形，自記：「美國要求撤回李彌留緬部隊事，以余堅持正義與事實不為所動，至此乃得告一段落乎。」[125] 事實上，此事並未落幕，3 月18 日美國仍要求我政府同意撤退羈留緬甸之李彌所部反共游擊隊一事，蔣介石深感不滿，同時也認為陳誠與周至柔不應美方壓力而有所退讓。[126] 美方見蔣對李彌部撤臺一事堅不退讓，美方為求緩和，在藍欽見蔣時，提出不再要求蔣下令，亦不要求履行諾言，只希望政府目前口頭承認其撤離之原則。[127]

122 秦孝儀總編纂，《總統蔣公大事長編初稿》，第 12 卷，1953年2月 21日記事，頁 47-48。

123 秦孝儀總編纂，《總統蔣公大事長編初稿》，第 12 卷，1953年2月 25日記事，頁 50。

124 秦孝儀總編纂，《總統蔣公大事長編初稿》，第 12 卷，1953年3月 2日記事，頁 53。

125 秦孝儀總編纂，《總統蔣公大事長編初稿》，第 12 卷，1953年3月 6日記事，頁 56。

126 秦孝儀總編纂，《總統蔣公大事長編初稿》，第 12 卷，1953年3月 18日記事，頁 66。

127「外交部抄卡爾藍欽致葉公超函說明美國要求立即撤出李彌留緬甸部隊，周至柔呈蔣中正檢討處理李彌游擊隊內容及聯合國大會討論之趨勢，蔣廷黻於聯合國第一委員會關於緬甸控案聲明提要」（1951 年 11 月 28 日），〈金馬及邊區作戰（五）〉，《蔣中正總統文物》，國史館藏，典藏號：002-080102-00104-011。

1953年3月25日緬甸向聯合國提出控告中華民國侵略案。聯合國大會交由中、美、泰、緬四國委員會處理撤軍事宜。緬甸向聯合國大會控訴臺灣支持滇緬邊境反共游擊隊。我駐聯合國代表蔣廷黻聲明，李彌所部並非由臺灣政府所控制之部隊，而所謂被侵犯之游擊區，亦係兩國未經正式劃界之地區。[128] 28日蔣自記：「葉公超來告，緬甸對我李彌部留緬，認我為侵略緬甸案，已提出於聯合國，要求列入議事日程。以其全被緬共所逼迫與控制也，否則緬共要求參加其政府之組織也。余告其對美國要求我李部撤退原則之應允答復，必須說明李部為反共游擊隊，不能由我政府指揮與控制一節，應特注重也。」[129] 中華民國政府所採取的因應是不承認李彌部是政府軍，而是反共游擊隊。[130]

李彌對於緬甸政府向聯合國提出侵略乙案，李彌曾於4月21日要求致函美國總統及聯合國秘書長，政府最後決定因聯合國已經做出決定，而將信函留中不

128「中華民國出席聯合國大會八屆常會代表團團長蔣廷黻於第一委員會關於緬甸控案聲明提要」〈外交部抄卡爾藍欽致葉公超函說明美國要求立即撤出李彌留緬甸部隊，周至柔呈蔣中正檢討處理李彌游擊隊內容及聯合國大會討論之趨勢，蔣廷黻於聯合國第一委員會關於緬甸控案聲明提要〉(1951年11月28日)，〈金馬及邊區作戰（五）〉，《蔣中正總統文物》，國史館藏，典藏號：002-080102-00104-011。

129 秦孝儀總編纂，《總統蔣公大事長編初稿》，第12卷，1953年3月28日記事，頁75。

130 早在2月12日蔣中正接受美國合眾社無線電訪問時就表示：「過去對大陸之攻擊，乃純係游擊部隊所為。我們都知道游擊部隊與中華民國政府的正規武裝部隊，在性質上是完全不同的。」秦孝儀總編纂，《總統蔣公大事長編初稿》，第12卷，1953年2月12日記事，頁39-41。

發。[131] 李彌回臺後，由蘇令德代理其職務，他也是雲南人，他與李彌一樣不願意撤回部隊。3 月 29 日李彌回報蘇令德在滇緬狀況，證實共軍與緬軍確實已有聯合聯合行動，並企圖進攻猛撒地區，意在摧毀我大陸僅存之反共力量。目前局勢危急，請求政府空投械彈以利作戰。蔣介石同意空投李部械彈，國防部原擬以空軍 B-24 進行空投，後以該機航程不足，最後決定由復興航空派水上飛機進行作業。[132] 大陸工作處從 1952 年至 1953 年共計空投雲南總部 30 架次，分別為 1952 年20 架次，1953 年10 架次，1953 年 9 月 18 日命令停止空運。[133]

「滇緬邊區國軍游擊部隊撤退」四國委員會在曼谷召開第一次會議，游擊隊代表與緬雙方討論並無共識，會議進行困難並陷於停頓狀態。8 月蔣介石指示，李部應撤出一部分1,700 人，並讓出猛撒。一時李部情緒湧現，[134] 復派出邵毓麟前往宣慰勸導，李部反撤情緒稍息。[135] 9 月16 日，緬方在提出李部應全部撤離之要

131「茲隨電檢發李彌報告（另函稿兩件）一件希速會同外交部葉部長詳加審議」（1953年 4月 21日），〈滯緬泰越邊境我游擊隊行動受國際干涉之處置及李彌致聯合國等函稿〉，《國軍檔案》，國防部藏，總檔案號：00041661。

132「空投李彌械彈案」，〈展開全面游擊作戰案〉，《國軍檔案》，國防部藏，總檔號：00025353。

133「何龍慶呈蔣中正大陸工作處雲南總部緊急空運一至四次械彈數量表及飛機架次統計並於九月十八日命令停止空運」，〈金馬及邊區作戰（五）〉，《蔣中正總統文物》，國史館藏，典藏號：002-080102-00104-012。

134 秦孝儀總編纂，《總統蔣公大事長編初稿》，第 12 卷，1953年8月 7日記事，頁 163-164。

135 邵毓麟偕李則芬抵猛撒，約集各部隊長轉達總統慰勉之意。「邵毓麟電蔣中正陳誠王世杰等偕李則芬至孟撒約集柳元麟各部隊長談話圓滿並電曼谷衣復得恢復四國會議（1953年 8 月 19 日），

求，並以退出協商要挾，同時亦派出飛機進行轟炸。[136]

迫於情勢，中華民國政府繼續與美泰兩國繼續協商，並做讓步，表示可撤出 1,500 至 2,000 人，亦讓出猛薩等 6 個基地，而李部不願撤出者，任憑緬方自行處置。幾經磋商，1953 年10 月12 日經中、美、泰三方代表達成對撤退計畫的共識，並簽字執行撤退計畫。[137] 12 月 5 日蔣介石恐緬境游擊部隊不聽命令不願回臺，不得已再以手令電告柳元麟務必轉告各將領依照命令如期撤回臺灣，否則內外環境與事實絕不容許其單獨之存在，避免陷入進退維谷之境。[138]

李部兵力在1953 年 12 月所報計有 1 萬 6,068 人。[139] 整個撤退計畫區分為三個階段進行：第一階段，從1953 年11 月 7 日起至 12 月 8 日止，分17 批撤出，實際抵臺人數計2,238 人（官985 人、兵776 人、眷屬 404 人、僑民 41 人、義民 32 人）。[140] 第二階段，從1954 年 2 月

〈領袖復行視事（二）〉，《蔣中正總統文物》，國史館藏，典藏號 002-090104-00002-086。

136 蔣介石 9月 26日上星期反省錄：「緬甸政府轟炸我北緬遊擊隊，繼續數日，我對美提抗議，警告緬政府，而美反來警告我政府也，可痛！」秦孝儀總編纂，《總統蔣公大事長編初稿》，第12卷，1953年 9月 26日記事，頁 202。

137〈參謀總長周至柔上將職期調任主要政績交代報告〉（1954年6月），頁 300-302。

138「蔣中正電柳元麟轉告各將領如期由緬邊撤回臺灣集中力量反共」（1953年12月5日），〈一般資料——民國四十二年〉，《蔣中正總統文物》，國史館藏，典藏號：002-080200-00349-040。

139〈參謀總長周至柔上將職期調任主要政績交代報告〉（1954年6月），頁 300-302。

140「滇緬邊境游擊部隊撤退紀實」記載撤退人數官為 499人，《總統蔣公大事長編初稿》記載撤退人數官為 497人。秦孝儀總編纂，《總統蔣公大事長編初稿》，第 12卷，1953年11月9日記事，

14 日起至 3 月19 日止，分 23 批撤出，實際抵臺人數計 3,461 人（官1,386 人、兵1,404 人、眷屬 525 人、僑民 10 人、義民136 人）。第三階段，從1954 年 5 月 1 日起至 7 日止，分 5 批撤出，實際抵臺人數計 835 人（官 425 人、兵388 人、眷屬 20 人、義民 2 人），總共實際來臺人數共計6,548 人。另外，被緬方拘禁之難胞計177 人，戰俘 177 人，於1954 年 4 月18 日起至 21 日陸續由緬甸返臺，雲南總部撤退人數統計，如表5-9。[141] 李彌部隊到臺之後，官兵陸續編入軍官戰鬥團第 1 大隊、第 2 大隊等單位，部隊編組概況如表5-10。

表5-9　雲南總部撤退人數總表 [142]

階段		第一階段	第二階段	第三階段	第三階段其他部分	總計
撤退時間		民國 42 年 11 月 7 日至 12 月 8 日止	民國 43 年 2 月 14 日至 3 月 19 日止	民國 43 年 5 月 1 日至 5 月 7 日止	民國 43 年 5 月 1 日至 5 月 7 日止	
批數		17	23	5		45
委員會核定人數	官	499	799	350	13	1,661
	兵	1,432	2,163	450	0	4,045
	眷屬	329	513	20	4	866
	合計	2,260	3,475	820	17	6,572
抵臺後區分之人數	官	985	1,386	425	13	2,809
	兵	776	1,404	388	0	2,568
	眷屬	404	525	20	1	950
	僑民	41	10	0	0	51
	義民	32	136	2	0	170
	合計	2,238	3,461	835	14	6,548

頁 229。

141「滇緬邊境游擊部隊撤退紀實」（1954年 6月 28日）；另見國防部，〈參謀總長周至柔上將職期調任主要政績交代報告〉（1954 年 6月），頁 300-302。

142「滇緬邊境游擊部隊撤退紀實」（1954年 6月 28日）。

附記	1、此次撤退另有難胞、戰俘各177人撤臺，連表列之6,572人，總共撤出6,926人。 2、戰俘177人（官64人、兵106人、眷屬7人），於民國43年4月18日返臺；難胞177人於4月22日返臺。 3、本部撤臺人員中有印度人2人、緬甸人12人。

表5-10　李彌部隊到臺部隊編組概況表[143]

編成單位		編制數			編成數			備考
		官	兵	小計	官	兵	小計	
軍官戰鬥第1大隊	大隊部	19	4	23	19	4	23	
	第1中隊	96	7	103	90	7	97	
	第2中隊	96	7	103	90	7	97	
	第3中隊	96	7	103	90	7	97	
	第4中隊	96	7	103	90	7	97	
	合計	414	32	446	379	32	411	
軍官戰鬥第2大隊	大隊部	19	4	23	18	4	23	
	第5中隊	96	7	103	90	7	97	
	第6中隊	96	7	103	90	7	97	
	第7中隊	96	7	103	90	7	97	內含住院38員、老弱18員
	第8中隊	96	7	103	90	7	97	以老弱軍官編成
	合計	414	32	446	378	32	410	
步兵第3營	營部及營部連	19	76	95	14	76	90	
	第1連	9	158	167	9	135	144	
	第2連	9	158	167	9	135	144	
	第3連	9	158	167	7	135	142	以倮黑擺夷阿佧等族編成
	第4連	9	139	147	5	159	164	
	合計	54	689	743	44	640	684	
將校					108		108	內含外調三員
獨立中隊					73	7	80	內病患軍官64員已分別送醫院治療部隊
幼年兵連					1	83	84	已令撥政工幹校教導大隊受訓

143「為呈報李彌部隊撤退來臺人員編組概況請核備並呈報其續撤人員之編配腹案乞核示由」（1954年1月15日），〈滇緬邊區游擊隊作戰及撤運來臺經過〉，《國軍檔案》，國防部藏，檔號：00042858。

<table>
<tr><th colspan="2" rowspan="2">編成單位</th><th colspan="3">編制數</th><th colspan="3">編成數</th><th rowspan="2">備考</th></tr>
<tr><th>官</th><th>兵</th><th>小計</th><th>官</th><th>兵</th><th>小計</th></tr>
<tr><td rowspan="3">其他</td><td>死亡</td><td></td><td></td><td></td><td>1</td><td>2</td><td>3</td><td></td></tr>
<tr><td>女性</td><td></td><td></td><td></td><td>1</td><td></td><td>1</td><td></td></tr>
<tr><td>外調</td><td></td><td></td><td></td><td>（3）</td><td></td><td>（3）</td><td>名列校官隊</td></tr>
<tr><td colspan="2">總計</td><td>882</td><td>753</td><td>1,635</td><td>985</td><td>796</td><td>1,781</td><td></td></tr>
<tr><td colspan="2">附記</td><td colspan="7">1. 女性軍官 1 名已分配聯勤總部任職。
2. 外調軍官 3，係國防部第二廳調回 1 員，送臺灣保安司令部 2 員。
3. 軍官戰鬥第 1 大隊已核定於 1953 年 12 月 1 日編成，暫歸本部直轄交由軍官戰鬥第 10 團代管代訓，軍官第 2 大隊及步兵第 1 營已核定於 1953 年 12 月 15 日編成，暫歸本部直轄。</td></tr>
</table>

1954 年 6 月 1 日李彌請辭雲南省政府主席兼雲南反共救國軍總指揮，蔣介石指示免兼雲南反共救國軍總指揮，仍保留雲南省政府主席一職。國防部同時併案撤銷該部番號，[144] 雲南反共救國撤銷番號及免職人員，如表5-11；另不隨李部返臺留泰之高級人員，如表5-12。

表5-11　雲南反共救國軍撤銷番號及免職人員[145]

區分	職稱	姓名	番號撤銷	生效日期	備考
免	兼第 1 指揮所主任	呂國銓	番號併案撤銷	43.6.1	
免	第 1 指揮所副主任	段希文	番號併案撤銷	43.6.1	
免	兼第 2 指揮所主任	李則芬	番號併案撤銷	43.6.1	
免	第 2 指揮所副主任	王少才	番號併案撤銷	43.6.1	
免	第 2 指揮所副主任	朱家才	番號併案撤銷	43.6.1	
免	第 19 路司令	李希哲	番號併案撤銷	43.6.1	
免	144 縱隊司令	方克勝	番號併案撤銷	43.6.1	
免	151 縱隊司令	陶　逸	番號併案撤銷	43.6.1	
免	本部高參	王有為	番號併案撤銷	43.6.1	
免	155 縱隊司令	和榮先	番號併案撤銷	43.6.1	

144「雲南總部撤銷李彌免除兼職由」（1954年 6月 8日），〈滇緬邊區游擊隊作戰及撤運來臺經過〉。

145「茲隨函抄送中委會二組查告之李彌部不願返臺人員表一份（如附件）請密存查參考為荷免」（1954年 6月 8日），〈滇緬邊區游擊隊作戰及撤運來臺經過〉。

區分	職稱	姓名	番號撤銷	生效日期	備考
免	第 20 路司令	葉植楠	番號併案撤銷	43.6.1	
免	146 縱隊司令	譚　忠	番號併案撤銷	43.6.1	
免	原 157 縱隊司令	羅紹文	番號併案撤銷	43.6.1	補行免職該部已撤銷
免	184 縱隊司令	王伯鑫	番號併案撤銷	43.6.1	
免	車里縣大隊長	蒙振聲	番號併案撤銷	43.6.1	
免	鎮綏縣大隊長	黃經魁	番號併案撤銷	43.6.1	
免	第 21 路司令	錢伯英	番號併案撤銷	43.6.1	
免	第 21 路副司令	罕裕卿	番號併案撤銷	43.6.1	
免	147 縱隊司令	胡景瓊	番號併案撤銷	43.6.1	
免	149 縱隊司令	馬俊國	番號併案撤銷	43.6.1	
免	150 縱隊司令	李達人	番號併案撤銷	43.6.1	
免	第 30 路司令	李彬甫	番號併案撤銷	43.6.1	
免	原 143 縱隊司令	刀寶圖	番號併案撤銷	43.6.1	補行免職該部已撤銷
免	143 縱隊司令	劉紹湯	番號併案撤銷	43.6.1	
免	148 縱隊司令	李文煥	番號併案撤銷	43.6.1	
免	152 縱隊司令	馬守一	番號併案撤銷	43.6.1	
免	第 31 路司令	彭　程	番號併案撤銷	43.6.1	
免	第 31 路副司令	柳興鎰	番號併案撤銷	43.6.1	
免	第 31 路司令部參謀長	宋朝陽	番號併案撤銷	43.6.1	
免	145 縱隊司令	李祖科	番號併案撤銷	43.6.1	
免	156 縱隊司令	王敬箴	番號併案撤銷	43.6.1	
免	161 師師長	羅伯剛	番號併案撤銷	43.6.1	
免	第 32 路司令	李國輝	番號併案撤銷	43.6.1	
免	第 32 路副司令	廖蔚文	番號併案撤銷	43.6.1	
免	153 縱隊司令	李崇文	番號併案撤銷	43.6.1	
免	154 縱隊司令	甫景雲	番號併案撤銷	43.6.1	
免	獨立 17 支隊長	黃大龍	番號併案撤銷	43.6.1	
免	獨立 18 支隊長	李泰興	番號併案撤銷	43.6.1	
免	獨立 21 支隊長	史慶勛	番號併案撤銷	43.6.1	
免	路西大隊長	蔣家傑	番號併案撤銷	43.6.1	
免	警衛大隊長	李　勇	番號併案撤銷	43.6.1	
免	通信大隊長	李建昌	番號併案撤銷	43.6.1	
附記	右項番號撤銷後所有各部隊官長均併案免職。				

表5-12　李部留泰高級人員簡表
（待命返臺者未計入）[146]

姓名	籍貫	職務	住址	備考
丁作韶	河南	顧問	清邁鄉間	1. 自動留下，現靠武官處職員證居留。 2. 曾公開發表反撤退反政府言論。 3. 原只擁護李彌主席，現靠私人津貼生活。
廖蔚文	湖北	副軍長	清邁	1. 自動留下。 2. 曾向委員會辦理撤退手續突然又逃入緬境。
柳興鎰	湖北	副軍長	緬境	1. 早具不赴臺灣之決心。
陶　益	湖北	少將支隊司令	緬境	1. 早具不赴臺灣之決心。 2. 現卡瓦山區。
馬雲庵	雲南	副支隊司令	緬境	1. 自動留下。 2. 為走私關係泰方曾秘密通緝。
馬俊國	雲南	支隊司令	緬境	1. 自動留下。 2. 為走私關係泰方曾秘密通緝。
李文煥	雲南	少將支隊司令	緬境	
李崇文	雲南	少將支隊司令	緬境	
馬守一	雲南	少將支隊司令	緬境	1. 自動留下。 2. 為走私關係泰方曾秘密通緝。
王漢一	吉林	保二師參謀長	緬境	1. 自動留下。 2. 原任二廳緬北組長離職手續未清不敢返臺。
熊伯谷	江西	經濟處秘書	曼谷	1. 有英國護照。 2. 李主席襟兄。 3. 曼谷辦事處處長。 4. 實際負責李部全盤經濟責任。 5. 不返臺。
錢伯英	湖北	軍長	曼谷	1. 有英國護照。 2. 渠本人謂臺灣有案不擬返臺。 3. 前為實際掌握李部人事權者。
廖蔚榕	湖北	補給處副處長	曼谷	1. 表明不擬返臺。 2. 實際為李主席秘書掌握一切財政人事權。
龍昌華	湖北	無職位	曼谷	1. 李主席內兄。 2. 負責李部經濟及貿易責任。

146「茲隨函抄送中委會二組查告之李彌部不願返臺人員表一份（如附件）請密存查參考為荷免」（1954年6月8日）。

姓名	籍貫	職務	住址	備考
周仲穆	江西	無職位	曼谷	1. 曾為李主席駐港貿易代表。 2. 有時稱雲南人有時稱湖北人。 3. 曾由李主席保薦由三組派為緬支部書記長因無法入境免職（以上係不返臺自動留下者）。
柳元麟	浙江	代總指揮	現赴防區	1. 已接李主席電留下。 2. 謂聽候政府命令從事措施。
李文倫	廣東	北部指揮所副主任	曼谷	1. 請求返臺柳副總指揮未准。
李彬甫	河南	南部指揮所副主任	現赴防區	1. 不想返臺。 2. 自請已接李主席電留下。
梁震行		作戰科長	清邁	1. 決心赴臺由柳副總指揮挽留，暫留一時期。
鄒琴竹		財務科長	清邁	1. 決心赴臺由柳副總指揮挽留，暫留一時期。 2. 其妻已赴臺。
王少才		總部參謀長	清邁	1. 奉李文彬中將（現任總統府參軍前以特使資格來泰勸游擊隊返臺）。 2. 有隨身證。
閻元鼎	雲南	總務處長	清邁	1. 自動留下。 2. 經柳副指揮同意。
和客先	雲南	支隊司令兼補給處長	清邁	1. 靠武官處職員證居留。 2. 奉李文彬中將命留下。
朱子英	雲南	稅務處長	清邁	1. 有隨身證。 2. 為國大代表。 3. 不擬返臺長住。 4. 為李部最有錢者（原為龍雲副官處長）。
包國富	雲南	現任部隊代表	曼谷	1. 現正請求柳副指揮官留下。

李部所屬不願來臺者約有 6 千餘人，蔣介石為掌握後續處理，於 8 月 7 日召見負責執行滇緬邊區撤軍工作之雲南人民反共救國軍代理總指揮柳元麟，聽取其報告在滇緬邊區之游擊部隊情形；14 日接見鄭介民，商討對於留緬甸境內之游擊隊殘部處理方法，決定予以接濟。[147] 當政策決定之後，滇緬邊境之游擊隊

147 秦孝儀總編纂，《總統蔣公大事長編初稿》，第 13 卷，1954年

自此化明為暗從事地下及滲透工作，以不使政府為難之活動為前提。[148]

從東南沿海突擊及滇緬邊境游擊作戰來觀察，政府能提供給游擊部隊的資源相當有限，而且游擊部隊所面臨的客觀條件又異常嚴峻，然而從前述兩地游擊部隊面對強悍敵軍的戰鬥意志與作戰精神，讓當時西方公司之美方人員非常佩服，他們認為這支政府的非正規軍部隊很勇敢，吃苦耐勞的能力也很強，相當難能可貴。[149]

據統計，自1950 年至1954 年 8 月間，政府對大陸沿海地區的突擊先後 42 次，動用兵力 13 萬人。此期間，政府先後向大陸地區空投特工人員 230 人，電臺 96 部，各類槍枝近千枝，彈藥近 18 萬發；從韓戰爆發到1955 年 9 月，空軍共出動飛機 3,500 批、6,200 多架次，對大陸地區進行襲擾，海軍對大陸沿海港口實施封鎖，在臺灣海峽俘劫各種船隻 470 艘，成果相當豐碩。[150] 尤其，保有反攻的鬥志及磨練兩棲登陸作戰的能力更為重要。

8月 7日記事，頁 156。

148 秦孝儀總編纂，《總統蔣公大事長編初稿》，第 12 卷，1953年12月 1 日記事，頁 249。

149 唐耐心著，徐啟明、續伯雄譯，《中美外交秘辛》，上冊（臺北：時英出版社，2002），頁 171-172。

150 張玉法，《中國現代史》（臺北：東華書局，2001），頁 654。

結 論

> 1950 年代初期的中華民國政府，論國土，僅剩下一些分散的島嶼；論人民，連老弱婦孺在內不過八百萬人；論武裝，幾十萬殘破的部隊，固有戰志而無戰備，全部軍火的總和也不夠打一兩天的仗；論財力、物力，就更不堪設想了，臺灣物產豐饒固然不錯，但供一省之需或有餘，以供一國之用則不足。須知財務的匱乏就是生活的困窮，生活這問題最為現實而且殘酷。政府解決不了人民的生活問題，反而陷人民生活於愈益不堪之境，這樣的政府其實正是革命的對象。[1]

內憂外患是陳誠在 1950 年代初期擔任行政院長期間所面對的現實，當時政府必須全力「保衛臺灣」並努力「反攻大陸」，使命之艱難除靠老天爺護佑之外，似乎別無他途。然而，在臺灣的中華民國政府的確很幸運得到這個機會，中共出乎意料之外在大規模攻臺前夕，卻跳入「抗美援朝」的泥淖之中，使臺灣得以爭取到喘息的空間。

韓戰可說是中華民國政府生死存亡的分水嶺，美國為避免朝鮮半島戰事擴大，杜魯門下令第七艦隊開往臺灣海峽，並宣布在臺海實施中立化政策。繼之，朝鮮半島戰事的膠著，讓美國對臺的政策有了急遽的轉變，

1 薛月順編輯，《陳誠先生回憶錄——建設臺灣》，上冊，頁 110。

不僅恢復對臺軍援，翌年還成立軍事顧問團，協助中華民國政府軍隊重整，以及軍事教育、訓練等工作。韓戰讓美國政府強力介入臺海紛爭，也使得在臺灣的中華民國政府得以免去一場生死存亡的大戰。

「反攻大陸」是蔣介石在臺時期最重要的使命，為謀求反攻，整個 1950 年代中華民國政府都籠罩在枕戈待旦，反共復國的氛圍之中。本書研究之目的，就是希望透過各種官、私方檔案及資料的呈現，讓讀者對 1950 年代初期國軍在反攻作業擘劃、軍事整備，以及反攻作戰上的全面認識。以下再就本書各章節作一歸納與總結。

一、反攻計畫：各種軍事反攻的可能

依照蔣介石積極推動的行政三聯制（計畫、執行、考核），[2] 任何作為都必須要先有計畫，反攻大陸也不例外。1950 年代初期，國防部研判國內外情勢與本身條件之發展，研擬許多軍事反攻計畫，先是有「三七五計畫」，後有「五五建設計畫」，兩者以獨立

2 蔣介石於 1940年就開始提倡行政三聯制。來臺後還特別指示周至柔，要求執行行政三聯制等相關工作手諭五則：「周總長：國防部各級機構此後辦事必須依照行政三聯制辦法與精神切實推行，并派定一二要員負責指導及經常考核，但實施以前必須廳處長以上各主管切實研究，充分準備（集體研討講解）以後方可開始實施也。先由各防部與聯勤總部，再及陸海空各總部仿行為要。」秦孝儀總編纂，《總統蔣公大事長編初稿》，第 10 卷，1951年 2月 10日記事，頁 44。另見「行政三聯制大綱及各機關擬訂分層負責辦事細則，行政三聯制實施情形」，〈行政三聯制（一）〉，《國民政府檔案》，國史館藏，典藏號：001-012070-0010。

反攻、盟國有限度支援，以及配合盟國反攻等三項假設為前提，就大陸沿海（主要在福建沿海）地區，進行各種登陸可能性之計畫研擬。同時，蔣介石也指示實踐學社的白團教官，同步進行軍事反攻計畫的相關研究，並完成代名「光作戰計畫」之反攻計畫。但從結果論，中華民國軍事反攻大陸的計畫並無真正發動，到底是何原因讓研擬多時的眾多計畫不能最終實踐，可從以下幾個論點來觀察：

（一）中華民國政府的處境

韓戰前後，中華民國政府安全情勢的關鍵就在美國政府對中華民國政府之外交態度與政策。因此，國軍各種反攻計畫的擬訂，其可行性端視美方支持的態度。所以無論是突擊作戰、有限目標攻擊，以及大規模反攻作戰等反攻模式，在立案假定上，都是以美方第七艦隊持續在臺海上巡弋並協防臺灣為前提。然而，假設中華民國政府吹起反攻號角，事前若無美方的同意，美方並不會支持這項行動，換言之，第七艦隊將會駛離，臺澎安全立即成為問題，這將使中華民國政府無法傾全力進行反攻作戰。

（二）美國在亞太的利益

在韓戰之前，美國遠東區司令麥克阿瑟就意識到臺灣如落入到共產集團手中，將會危及美國在亞太地區的利益。就戰略考量而言，臺灣位於第一島鍊的中心，美國為維護在此區域的利益，就必須確保臺灣不落入共產勢力的掌控。有鑑於此，韓戰爆發之後美方即提供臺灣防禦作戰所需之相關軍事援助。不過，美國仍冀圖在韓戰結束後能與中共展開新的關係，因此對防衛臺灣的承諾並無堅定的態度，也讓中華民國政府在反攻計畫的判斷上增添更多不確定性。

（三）共軍的能力

依據1950 年 8 月美軍對共軍所掌握的情資，除非蘇聯提供海、空軍之協助否則中共不會對臺灣發動攻擊。就中共軍力來看，共軍在東南沿海對臺澎地區之當面兵力，計有陸軍 20 個軍，60 個師，總數約63 萬 5 千人。而其中可派兵力有 35 個師，約 36 萬人可對臺灣發起攻擊；另在海上運輸之載具方面，共軍可供渡海之載具可供運送19 個師，但實際上中共並未能直接得到蘇聯海、空軍方面的奧援，而第七艦隊卻仍持續巡弋臺灣海峽，這些事實，讓中共並未如預期般對臺灣發動攻擊。

（四）反攻作戰的困難

國軍最大的反攻障礙除了客觀情勢，主觀條件亦無法對大陸發動大規模反攻。盱衡國軍在1950 年代初期之軍備整備、登陸作戰兵力，以及登陸作戰所需之輸具等各個方面，都亟需修整補充，尤其以臺灣一地七百萬男女之眾，欲進行百萬人數之動員，更凸顯了「風蕭蕭兮易水寒，壯士一去兮不復還！」的悲壯。

從各種作戰計畫觀察 1950 年代初期之中華民國政

府並非無反攻之決心，但盟國援助及第三次世界大戰並未如預期發生，復又加上政府在臺之初整體國力的不足，所以軍事反攻大陸行動遲遲未能發動。因此，蔣介石積極運作「開案」，希望積極爭取美援，以建立一支經費充沛、訓練精熟的戰略部隊。惟美方表面雖放蔣出籠，但也沒有提供足夠資源，以致終蔣一生，反攻大陸計畫始終淪為紙上談兵。

二、軍事再造：組織、制度的變革

反攻大陸之路雖然坎坷，前途艱險，但中華民國政府也展現破釜沈舟的決心，積極在臺灣推動各種改革，諸如政工制度、軍隊整編，以及軍事教育、訓練等，希望藉由組織、制度的變革與再造，重新建立一支具有主義、思想與戰力的部隊。

蔣介石認為失去大陸，軍事失敗是最重要的原因，而軍事失敗往往起因於許多將領氣節敗壞，未戰先降，以致士氣低落終至土崩瓦解。為能堅定官兵中心思想，杜絕貪污腐化，以及防諜肅奸等重大工作，蔣介石認為必須全面進行政工制度之改造。因此，1950 年 4 月 1 日國防部政治部成立後，蔣介石即發布蔣經國為首任政治部主任，蔣經國以上海打老虎的幹勁，大幅擴大政工人員職權，尤其是軍隊命令的副署權，以及監察、保防工作之推動，頗有猛虎出柙之勢。政工制度強力的推動，雖然引起孫立人、桂永清等高階將領的反彈與消極抵抗，並使美軍顧問團認為政工制度嚴重影響軍隊指揮權之運作，屢屢反應取消政工制度。但蔣介石認為，政工制度是國軍為矯正過去失去大陸之原因所推動的制度，是順應國情的作法。因此，在其日記中數次表達其對部分高階將領及美軍顧問團的憤恨之情，但同時也透露出絕不妥協之意志。

國軍部隊吃空缺與編現不符是長期以來亟待解決的問題。政府遷臺之初，國軍部隊號稱有 80 萬之眾，但清查之後卻僅有 60 萬人之多。當戰力有限而領餉者無限時，將使國家財政無法負荷，戰力也無法增強。國軍為確實掌握戰力、減輕國家財政負擔，1950 年代初期積極透過員額管制，人員核實等手段，精確掌握國軍人數，另為提升戰力及有效運用美援，國軍大幅度進行三次整編，整編過程雖然歷經波折，但成效有四：

（一）**軍隊精實化**：透過員額管制及人員核實的手段，使部隊吃空缺及黑官的情況日益消滅，減輕國家財政負擔。另外，配合軍援要求，逐次整編員額編現較小、戰力較弱的部隊，以充實美援單位，讓人力運用上更顯彈性，軍隊也更為精實。

（二）**軍隊青壯化**：為保持青壯人力以確保戰力，配合整編透過假退役方式，緩解國軍現員員額擁擠的現象。另協助身體殘廢老弱機障官兵，進行就業、就醫、就養及就學等，使身心有所安頓。

（三）**軍隊中央化**：政府遷臺初期，部隊仍隱然存有省籍界線及私人色彩。因此，蔣介石透過歷次整編機會，藉以打破部隊建置，並重新賦予部隊番號以排除派系，並配合五大信念的推廣，[3] 使軍隊以效忠國家、效忠領袖為最重要信念。

（四）軍隊美式化：美國以軍援作為軍隊整編的壓力，從國軍陸續獲得美援並全面換裝美式裝備開始，國軍從武器、裝備、教範、操典、戰鬥技能、作戰計畫、後勤補給到三軍聯合作戰演練等等，到處都看到美國涉入的影子，國軍的體質也漸漸轉變而趨向全面美式化之軍隊。

「人才為中興之本」，為謀反攻大陸，首在人才培養。1950 年代初期，國軍軍事教育是採取雙軌制同時進行，一方面接受美援，進行美式教育；另一方面，則運用日本舊軍人（白團）從事日式的軍事教育。這平行的兩條教育軸線，方法不同，目的不同，但蔣介石認為兩者各有擅長。美式教育以科學著稱，其現代化裝備與現代化軍事觀念，終究在最後主導了國軍軍事教育的發展。另一方面，美式訓練的方式，也讓國軍部隊從前現代部隊蛻變，成為具備現代化作戰能力的軍隊。但蔣介石透過白團教官所要傳達的並不是軍事教育的內容而已，其主要目的是要喚起軍人武德中最基本的軍人魂，以避免國共內戰後期，軍人怕死畏戰，武德淪喪的覆轍。大陸淪陷是蔣介石一生最大的痛苦，而高階將領氣節淪喪，不戰而降，為己謀私，都是蔣介石經過深刻檢

3 「主義領袖國家責任榮譽參謀研究」（1954年 7月 20日），〈黨政軍聯合作戰教令案〉，《國軍檔案》，國防部藏，總檔案號：00041954。另見〈蔣經國墨迹拾遺（三）〉，《蔣經國總統文物》，國史館藏，典藏號：005-010502-00055-046。

討以後所獲得的答案。因此，他要提振士氣，就必明軍紀、崇氣節。這也是政府遷臺之後蔣介石一再強調軍人必須重氣節，並具備軍人魂、革命魂及武士道精神的最重要原因。當然，透過運用日本舊軍人平衡軍中派系，或許也是蔣介石另一層面的考量。

三、反攻行動：希望維繫

中華民國政府遷臺之後飽經憂患，雖歷經波折但從未放棄反攻大陸之最神聖使命，況且軍隊久訓不戰也會影響國軍士氣。為能讓軍民抱持高昂士氣，並結合東南沿海、滇緬地區游擊部隊之力量與配合盟國牽制共軍在朝鮮半島之發展，國軍利用各種有利情勢，對上述地區進行突擊及游擊作戰，使共軍有所忌憚。[4]

在東南沿海島嶼突擊作戰方面，初以維持士氣為目的，後則在美國西方公司的協助下，對東南沿海島嶼進行突擊作戰。至1954 年 4 月止總計作戰次數有1,821次，共軍傷亡 6 萬7,620 人、俘虜 6,872 人；國軍傷亡7,970 人、被俘129 人、失蹤 342 人。[5] 國軍雖有傷亡，但對共軍作戰之戰果極大。在諸島嶼突擊戰中，以南日

4 美國軍方認為為有效使用並協助臺灣軍力，將必須盡早對臺灣實施軍援，因為臺灣軍力是本地區唯一自主對抗共產勢力擴張的力量。由此可見，臺灣若可有效在廣西及雲南地區進行大規模游擊行動，將可實質降低共產勢力對香港、澳門地區的威脅。“Report by the Joint Strategic Plans Committee to the Joint Chiefs of Staff on Possible U. S. Action in Event of Open Hostilities Between United States and China”, December, 27, J. C. S. Part II, 1946-1953, Files Number: J. C. S. 2118/4, p. 56.

5 參謀總長職期調任主要政績（事業）交代報告〉（1954年6月），頁 298-299。

島及東山島之役最為經典。南日島之役，游擊部隊在海軍的掩護下，實施登陸並順利占領該島，是為游擊部隊島嶼作戰最輝煌之戰果。在此勝利的基礎下，國軍積極以南日島作戰勝利之經驗複製東山島作戰。經過長期規劃，完成以東山島登陸作戰為標的之「粉碎計畫」。「粉碎計畫」任命胡璉為指揮官，並首次使用正規軍 1 個師，游擊部隊、傘兵各 1 個支隊，以及海軍陸戰大隊等，共計 1 萬 1 千餘人，進行聯合作戰。孰知，原以完美的進攻計畫，卻出現許多天候、人為的插曲，導致這場籌劃已久的突擊作戰最後以失敗收場。沿海島嶼突擊作戰戰績有勝有敗，但其價值與意義仍值得我們關注與探討。

另一支遠在大陸西南滇緬邊境的雲南反共救國軍，在李彌的領導下於1951 年 4 月向雲南推進，並於 5 月進入雲南開始反攻。反攻 3 個月期間，雖陸續收復部分地區，但共軍大舉增援後，在敵大我小、敵眾我寡的情勢下，最後撤出雲南全境。這次反攻作戰的勝負，早在作戰之前就已經決定。雲南反共救國軍缺乏經費、武器、裝備，以及訓練等資源，但為爭取美援並牽制共軍，仍決定在種種條件不足的情況下進軍雲南，其為維繫反攻之可能所作的犧牲，情操堪稱偉大與壯烈。1950 年代初期，無論是東南沿海或滇緬邊境都是以打帶跑之突襲、游擊作戰為主，並無一場真正在正面戰場上大規模的反攻作戰，這也凸顯籌劃大規模反攻登陸作戰上困難。從東山島突擊作戰的失敗，讓蔣介石意識到事實的殘酷，需要更多的準備。

綜上而言，1950年代初期蔣介石深信反攻大陸是一項神聖的使命，他當竭盡其所能去推行這項外界所認為的不可能任務，但推動的過程中，他也體會到要反攻大陸主、客觀的形勢實在是險峻且充滿困難。但對蔣介石而言，不管有無力量，這一任務都不能放棄。假如放棄了反攻，他的生命便失去了意義，他的政權便會失去了合法性。[6] 因此，他時時刻刻惕勵、鼓舞自己，同時也在克制自己，他常常告訴軍民同胞，明年就可以帶領大家一起反攻大陸，明年復明年，這項承諾至今尚未履行；但他也沒有忽然突發奇想，不自量力、不顧代價的揮師反攻。

反攻大陸並沒有成功，如果以成敗論英雄，那麼勝負已定。若是從臺灣防衛的角度來看，那國軍的評價自又不同。在1950年代初期主、客觀條件惡劣的情況下，國軍責無旁貸，勇敢承擔，雖然最後沒有達成反攻大陸的使命，卻也鞏固了臺灣的安全。在這安全的基礎上，臺灣這塊土地上的人民能夠安居樂業，生命財產得到保障，國軍的表現已值得在青史上記上一筆。因此，筆者相信，國軍長期以來枕戈待旦，為保衛國家安全而犧牲、奉獻之精神與表現，也將會在歷史上得到客觀公正且正面的評價。

---

6 曾銳生主講、陳淑銖整理記錄，〈一九五〇年代蔣中正先生反攻大陸政策〉，《國史館館刊》，復刊第19期（1995年12月），頁26。

附　錄

附錄 1

1950 年代《中央日報》以「反攻大陸」為標題一覽表（共計 231 筆）

日期	標題	版次	版名
1950/01/02	吳主席告全臺同胞　今年是新生年　創造新的生命　產生新的力量　大家團結起來　準備反攻大陸	1	要聞
1950/01/16	封鎖匪區反攻大陸　空軍負起大使命　粉碎共匪進窺海南迷夢　確保舟山金門反攻跳板	1	要聞
1950/02/08	裝甲兵幹訓班開學　蔣總裁親臨勉勵　最以確保臺灣反攻大陸	1	要聞
1950/02/19	國軍就要反攻大陸	1	要聞
1950/03/06	欣聞總統復職　瓊島軍民感奮　咸盼早日反攻大陸	6	通訊版
1950/03/07	左營海陸軍　舉行登陸演習　眾信國軍隨時有反攻大陸機會	1	要聞
1950/03/09	實行民主政治　準備反攻大陸　陳院長發表書面談話	1	要聞
1950/03/12	臺灣安定進步　力足反攻大陸　菲人旅臺後談觀感	2	國際新聞
1950/03/16	奠定反攻大陸基地執行抗俄建國聖業　山胞化表獻旗陳院長致頌詞　今晨十一時向總統獻旗	2	國際新聞
1950/03/21	陳院長昨訓示僚屬　闡明今後施政重心　厲行精兵　團結力量　提高生產　確保臺灣　反攻大陸　完成戡建　徹底做到不推不拖不拉	1	要聞
1950/03/21	反攻大陸誓為後盾　本省山胞代表致敬團回返各鄉　電海陸空軍防衛保安官兵致敬	4	國內新聞
1950/03/25	俄顧問協助共匪　防我反攻大陸　練習水戰揚言要犯舟山　俄顧問總部設在乍浦	1	要聞

日期	標題	版次	版名
1950/04/01	陳院長昨向立法院　提出當前施政方針　貫澈反共抗俄國策　奠定民主法治基礎　恢復國家領土主權　保障人民生命財產　確保臺灣為中心基地準備反攻大陸	1	要聞
1950/04/04	婦女同負保臺重任　反攻大陸拯救同胞　蔣夫人在婦女反共籌備會致詞　電敬總統響應救荒運動	2	國內新聞
1950/05/09	蔣總統明告美國記者團　美如及早全力援華　始能防止世界大戰　唯有確保臺灣，反攻大陸，始能牽制共匪於中國大陸，遏制國共黨在亞洲擴展　深信我能進行此一計劃	1	要聞
1950/05/19	反對增加發行數字　能不增加發行便能確保臺灣　能反通貨膨脹便能反攻大陸	3	國際新聞
1950/05/21	嵊四列島守軍撤抵新基地　舟嵊將為我游擊根據地依然可作反攻大陸跳板	1	要聞
1950/05/25	總統招待立委　說明軍事計劃已告完成　徵詢確保臺灣反攻大陸意見	1	要聞
1950/06/04	總統函勉海校員生　確保臺灣反攻大陸	2	國際新聞
1950/06/29	民主國家通力合作　定可擊敗共產國際　我應反攻大陸實行主義　各界人士評美保臺措施	2	國際新聞
1950/06/29	保衛太平洋安全　無礙我反攻大陸　何應欽談美總統聲明	2	國際新聞
1950/07/11	中樞昨日紀念北伐誓師　何應欽激勵同志　重振北伐精神　適時反攻大陸消滅赤匪	1	要聞
1950/07/28	配合反攻大陸　實行土地改革　土改協會昨日座談	4	綜合新聞
1950/08/04	愛國起義志士說：　大陸上苦難同胞都切望早日反攻　只要反攻大陸號角一響　三個月就可打回東北去	1	要聞
1950/08/08	中樞擴大紀念週上　顧大使闡釋　國際新形勢　民主國家均在積極備戰　我國反攻大陸必達目的	1	要聞
1950/08/08	做革命的中堅幹部　建設臺灣反攻大陸　陳院長訓勉青年服務團學員	2	國際新聞
1950/08/12	防衛臺灣反攻大陸　國軍準備毫未鬆懈　金門防務鞏固力足抵禦	1	要聞
1950/08/21	組訓民眾儲備人才　建設臺灣反攻大陸　陳誠昨在臺省黨部紀念週訓話	1	要聞

日期	標題	版次	版名
1950/08/22	內政部訂定辦法　調查行政人員　作反攻大陸時遴用參考　人才調查室開始辦公	4	綜合新聞
1950/09/04	發揚鄭成功精神　反攻大陸爭勝利　省會各界昨慶祝九三　忠烈祠悼祭陣亡死難	4	綜合新聞
1950/09/18	共匪窺臺雖少可能　國軍戒備仍不稍懈　磨礪以須計劃反攻大陸	1	要聞
1950/10/07	明年兩大中心任務　建設臺灣反攻大陸　陳院長昨向立院報告施政計劃　集中一切力量全力以赴	1	要聞
1950/10/07	如何反攻大陸　反攻前培養反攻幹部　增建反共武力　反攻時軍事內外合擊　軍政密切配合　反攻後嚴懲元兇巨逆　救濟苦難人民　劃分政權重建社會秩序	1	要聞
1950/10/10	今日國慶總統昭告全國同胞　建設臺灣反攻大陸　拯救同胞復興中國　團結四億五千萬同胞意志力量　必能消滅奸匪驅除赤俄	1	要聞
1950/10/26	培養新生力量　準備反攻大陸　各界代表呼籲同胞埋頭苦幹　通過向政府首長致敬電	1	要聞
1950/11/30	讓國軍反攻大陸　方能有效改變韓戰局　陶希聖對外記者談話	2	國內新聞
1950/12/05	明年展望　吳主席昨報告一年來省政　反攻大陸光復中華為中心　增加糧產　消滅走私加強貿易　實行兵工政策完成土地測量	4	綜合新聞
1950/12/09	聯合國如以海空軍助我國軍反攻大陸　韓戰即可轉敗為勝　蔣總統昨應美廣播公司請發表意見	1	要聞
1950/12/19	臺灣　東亞最堅強的反共堡壘　最危險時期已安然渡過　經濟穩定秩序良好　反攻大陸復興中華　必能完成歷史使命	4	綜合新聞
1950/12/24	在臺國大代表昨日集議　仍請政府召開　臨時國大　對立委任期亦請依法辦理　促政府早日反攻大陸	1	要聞
1951/01/01	陸總政治部　告全國陸軍同志　高度發揮堅苦卓絕的精神　完成一切反攻大陸的準備	2	國內新聞
1951/01/02	菲僑團慶祝元旦　上電　總統致敬　請統率三軍反攻大陸	2	國際新聞 國內新聞

日期	標題	版次	版名
1951/01/03	達成反攻大陸任務　要加強組訓與役政　楊肇嘉指示民廳工作任勞任怨盡應盡責任	2	國內新聞
1951/01/05	勃里奇提六點計劃　助我反攻大陸開闢第二戰場　宣佈朱毛匪偽侵略者	1	要聞
1951/01/11	美議員塔虎脫主張　開闢第二戰場呼籲國軍反攻大陸　蓋普哈主對匪宣戰	2	國際新聞；國內新聞
1951/01/13	限參員瑪加蘭提出法案　要求撥款十億助我反攻大陸　對匪幫開闢第二戰場	1	要聞
1951/01/14	讓國軍反攻大陸　華府呼聲日高	1	要聞
1951/01/19	在六個月內　國軍可能反攻大陸　但需充份軍火供給　何應欽在日演說	1	要聞
1951/01/20	美各界熱烈討論助國軍反攻大陸	2	國際新聞
1951/01/30	顧維鈞答覆美電視訪問　美認為適當時　我即反攻大陸　但需要海空及武器援助	1	要聞
1951/01/31	旅美我國僑胞　組成反共總會　發表宣言矢志反共擁護總統反攻大陸	2	國際新聞
1951/02/03	政治發言人答問：　鞏固臺灣反攻大陸　為我政府施政目標　忠貞為國人士歡迎來臺　臺灣・澎湖　開羅宣言明定歸我	1	要聞
1951/02/15	陳院長招待縣市改委　勉為反攻大陸而努力	1	要聞
1951/02/21	閻錫山談反攻大陸期　應與聯合國戰略配合　制裁共匪軍事上火海制人海政治上喚醒人民對匪不合作　對日和約・應無條件締結武裝無須考慮	1	要聞
1951/02/21	臺防務堅強　法羅蘭撰文讚揚　力主加強軍援　以備反攻大陸	3	國內新聞
1951/02/25	慶祝蔣總統復職週年　政法部書告三軍同志　應加強責任心一體效忠總統奉行訓示加緊準備反攻大陸	1	要聞
1951/03/01	軍援自由中國　協助反攻大陸　費吳生夫人力促實現　駁斥哥大兩教授怪論	1	要聞
1951/03/09	援助中國・反攻大陸	2	國際新聞
1951/03/14	科克抵臺訪問　總統昨曾接見　并拜會我政府首長　招待記者答問　韓境聯軍應增加兵力　反攻大陸有助於韓戰	1	要聞

日期	標題	版次	版名
1951/03/15	陳院長就職週年　請國人提高警覺確保臺灣　反攻大陸　充分準備　不可稍懈	1	要聞
1951/03/18	塔虎脫提出要求　請國軍即攻大陸科克昨告菲律賓報界稱　反攻大陸係擊潰匪捷徑	1	要聞
1951/03/27	自由中國工人　控訴匪瘋狂暴行　籲請愛好自由人士團結抗暴　支持反攻大陸拯救受難同胞	3	國內新聞
1951/04/22	克難登陸艇　第一艘製成　將大量製造供反攻大陸之用	3	國內新聞
1951/05/06	如予國軍適當支援　反攻大陸可獲成功　麥帥認為可加速韓戰勝利	1	要聞
1951/05/23	美國對韓戰政策　將視匪行動而定布萊德雷昨答議員問　不反對國軍反攻大陸	1	要聞
1951/05/27	毛勒讚譽自由中國　力主國軍反攻大陸	1	要聞
1951/06/19	麥帥對軍援國軍反攻大陸的意見	2	國際新聞
1951/06/23	李奇威曾贊同　麥帥所提建議　運用國反攻大陸	1	要聞
1951/06/24	美參院調查會　辯論反攻大陸	1	要聞
1951/07/18	臺灣安全已無問題　反攻大陸有待努力　吳主席在訓班講話	4	綜合新聞
1951/08/21	新兵戴鴻安義舉　獻全部安家費　供反攻大陸用	4	綜合新聞
1951/08/25	陳院長茶會接待　印尼華僑觀光團闡析國際情勢證明侵略必敗　深信我們反攻大陸一定成功	1	要聞
1951/09/09	普及體育與反攻大陸　－－為紀念第十屆體育節而作	3	國內新聞
1951/09/25	臺灣實力日益強大反攻大陸必獲勝利印尼俠鄭團長昨播　激勵大陸同胞奮起殲匪	4	綜合新聞
1951/10/06	反共抗俄戰士授田條例昨完成立法程序　三軍戰士反攻大陸時發給授田憑據　俟配授地區收復後換證書授與田地	1	要聞
1951/10/20	周總長兼空軍總司令昨檢閱勞山部隊勉以加緊訓練準備反攻大陸　舉行爆破及作業演習	1	要聞
1951/11/07	黃鎮球致詞全文　注重財物保管建立監督制度反攻大陸時軍需應預擬方案	4	綜合新聞

日期	標題	版次	版名
1951/11/13	泰國陸軍總司令　強調反共決心　希望我國早日反攻大陸　訪泰記者團昨返臺	1	要聞
1951/11/13	昨　國父誕辰　各地熱烈慶祝　紀念會中共勉效法　國父精神　反攻大陸重建三民主義新中國	5	綜合新聞
19511115	美議員馬丁、霍爾　定明日來臺訪問昨在東京表示援華太少太慢深信我必反攻大陸匪必崩潰	1	要聞
1951/11/24	反攻大陸與建設臺灣	2	國際新聞
1951/12/01	反攻大陸的有效武器	2	國際新聞
1951/12/12	建立民主榜樣早日反攻大陸　余部長致詞勉議員	1	要聞
1951/12/29	一切準備完成　即可反攻大陸　總統校閱國軍訓勉奮發雪恥　昨並參觀體育訓練與戰技　校閱某部隊戰鬥訓練演習	1	要聞
1951/12/29	轟炸東北反攻大陸　方能解決韓國問題韓國代總理許政談話	1	要聞
1952/01/05	維辛斯基嫉美軍援　指美助我反攻大陸　美國務院責其圖掩飾侵略	1	要聞
1952/01/12	加速反攻大陸　挽救教育危機　昨蔡元培先生誕辰　朱家驊在紀念會致詞	1	要聞
1952/01/16	沈昌煥在德　談反攻大陸	1	要聞
1952/01/26	早日反攻大陸　澈底解救難胞　林團長在宴會中致詞	4	綜合新聞
1952/03/02	陳院長廣播勉同胞　力行總統訓示・擁護總統領導　努力建設臺灣・準備反攻大陸	1	要聞
1952/04/01	自由中國記者團昨拜訪韓各首長　李承晚總統發表談話希望中國速反攻大陸	1	要聞
1952/04/01	人口越多越好儲備反攻大陸　吳主席談本省人口	3	國內新聞
1952/05/02	陳院長勉勵勞工同胞　增加生產發展建設　從生產中充實反攻大陸準備奠立國家建設的基礎與規莫	1	要聞
1952/05/04	政院設計委會修正通過　反攻大陸救濟復興方案草案	1	要聞
1952/05/17	本黨美東支部宣言　支援政府　反攻大陸	4	綜合新聞
1952/05/24	鄭委員長視察歸來　昨日報告各地僑情　僑胞均熱愛祖國崇敬　領袖　一致期望國軍早日反攻大陸	1	要聞

日期	標題	版次	版名
1952/06/09	臺灣各界昨開盛會　熱烈歡迎歸國僑團　僑團代表一致堅決表示　全力支持政府反攻大陸	1	要聞
1952/06/09	臺灣各界昨開盛會　熱烈歡迎歸國僑團　僑團代表一致堅決表示　全力支持政府反攻大陸	1	要聞
1952/07/02	金門－反攻大陸的橋頭堡	1	要聞
1952/07/25	費克特勒在菲稱　臺灣力能擊潰共匪侵犯　盛道我反攻大陸決心　費氏昨離菲返美	1	要聞
1952/08/11	我國現在一切政策　以反攻大陸為前題　日記者橋善守報導訪臺觀感	1	要聞
1952/09/30	國軍已有充份準備　隨時可以反攻大陸　我訪菲立委答廣播記者　菲議員讚揚我五權憲法　菲律賓　需要我國食米	1	要聞
1952/10/11	總裁對七全會致詞　指出大會四項任務　尋求救國救民方向　研究敵情克制奸匪　消弭世界大戰浩劫　製訂反攻大陸方案	1	要聞
1952/10/27	反攻大陸後　陸軍組球隊	4	省運新聞
1952/11/01	海外僑胞供獻力量　協助政府反攻大陸　梅友卓於總統華誕談話	5	綜合新聞
1952/12/03	國軍如反攻大陸　對韓戰大有裨助　韓總統李承晩表示	2	國際新聞
1952/12/05	陳納德告美記者　反攻大陸　時機成熟	1	要聞
1952/12/06	軍事進步最大　反攻大陸漸有把握　陳院長口頭補充報告	1	要聞
1952/121/2	必須國軍反攻大陸　始能解決韓戰　韓大使金弘一昨對記者談話　主開闢亞洲第二戰場	1	要聞
1952/12/17	國軍援韓與反攻大陸	2	國際新聞
1952/12/26	陳揆在國代聯誼會致詞　展望反攻大陸形勢　強調明年是最重要的一年　必須確立觀念擔更重責任	1	要聞
1953/01/04	今年克難總目標　反攻大陸消滅共匪驅逐俄寇　克難英雄大會昨電三軍致敬　大會並上電周總長誓以生命達成任務	4	綜合新聞
1953/02/01	如果國軍反攻大陸　可迫匪軍　退出韓境　美議員塔虎脫同意此種計劃	1	要聞

日期	標題	版次	版名
1953/02/03	艾森豪昨向國會宣布　將下令第七艦隊不阻我反攻大陸　美確定全球性反共新戰略	1	要聞
1953/02/06	解除國軍反攻大陸限制　將削弱匪侵韓實力　日外相謂匪將撤退若干師部隊　對廢除密約日甚感關切	2	國際新聞
1953/02/11	板門店和談使匪共坐大　前韓境美第十軍長主張國軍反攻大陸	2	國際新聞
1953/02/11	板門店和談使匪共坐大　前韓境美第十軍長主張國軍反攻大陸	2	國際新聞
1953/02/14	蔣總統答覆美合眾社訪問　我一旦發動全面反攻大陸民眾將充份支持　反攻進展時必有不少匪軍起義來歸　如獲友邦物質支援我必能達成任務	1	要聞
1953/02/21	蔣總統答覆美記者訪問　結束韓戰基植步驟在我全面反攻大陸　解除軍限制對和平有大貢獻　與共匪談判和平等於與虎謀皮	1	要聞
1953/02/21	印尼多數僑胞　拒不屈從共匪　盼國軍早日反攻大陸　周書楷返馬尼拉談話	2	國際新聞
1953/02/25	限退伍軍人協體會長　高夫發表演說美應封鎖匪區海岸轟炸東北予國軍以援助從事反攻大陸	2	國際新聞
1953/02/26	反攻大陸工作業已進行準備	3	國內新聞
1953/02/27	中國空軍反攻大陸時　至少需新飛機千架　陳納德告美報記者	1	要聞
1953/03/01	總統發表重要文告　檢討去年行政成績　指示今年施政方針　實行耕者有田及經濟四年計劃　反攻大陸準備工作應特別加強	1	要聞
1953/03/17	旅泰華僑　支持政府反攻大陸	1	要聞
1953/03/19	國軍一旦反攻大陸　大陸同胞必予支持　蔣廷在美講自由中國近況　解答解救大陸政策兩個問題	1	要聞
1953/03/20	陳納德呼籲　美加緊援華　國軍一旦反攻大陸　一年之內必獲勝利	1	要聞
1953/03/27	史巴茲第二篇論文　促美加強援華目前遠東形勢已改變　反攻大陸有助於韓戰	2	國際新聞
1953/03/30	配合反攻大陸　政府續求進步　行憲五週年紀念會上　陳誠院長應邀致詞	1	要聞
1953/04/09	北市佛門弟子　昨慶祝浴佛節　祈禱早日反攻大陸	4	文教新聞;財經新聞

日期	標題	版次	版名
1953/04/18	高夫力促美當局　助我反攻大陸　主張恢復心理戰主動　對敵人從事顛覆活動	1	要聞
1953/05/16	解決亞洲整個問題　唯有國軍反攻大陸　令俄不敢在歐洲發動戰爭　並永遠終止匪對聯軍威脅	1	要聞
1953/06/07	唯有國軍反攻大陸　始能阻止共黨侵略　吳國楨在美國演說	1	要聞
1953/06/24	吳國楨演說　讚揚李承晚　促美助我反攻大陸	2	國際新聞
1953/07/01	萬餘竑共華籍戰俘　上書　蔣總統請准來臺投效　保證為反攻大陸先鋒	1	要聞
1953/07/22	檀島僑團昨飛香港　譚華燦臨行發表談話　僑胞必支援反攻大陸	4	綜合新聞
1953/08/23	我如決定反攻大陸　無須先與美國商量　第七艦隊司令柯拉克在港聲明奉命不妨礙進攻大陸海岸行動	1	要聞
1953/09/01	山地退役青年　願作反攻大陸先鋒	5	綜合新聞
1953/09/04	美記者王立文　願意參加反攻大陸	1	要聞
1953/09/08	美眾院議長馬丁呼籲　協助國軍反攻大陸　中日韓的力量必須同時加強	1	要聞
1953/09/10	橫跨海峽要征服水　國軍昨水運會總統特派桂永清主持揭幕　勉健兒爭取反攻大陸錦標	4	體育新聞；財經新聞
1953/09/20	韓政府機關報著論　國軍反攻大陸韓越危機立解	2	國際新聞
1953/10/10	陳揆昨向立院提出　明年施政計劃累積過去成果加強建設臺灣　繼續充實反攻大陸準備	1	要聞
1953/10/13	希望虛心接受訓練　參加反攻大陸工作　程部長俞主席鄧廳長　發表談話慰勉受訓生	4	文教新聞體育新聞財經新聞
1953/12/05	行政院設計委會　昨開全體會讀　討論反攻大陸貨幣計劃大綱通過對匪文化作戰綱要草案	1	要聞
1953/12/12	確保國軍永保朝氣　一切要為反攻大陸　國防部召開擴大政工會議五天通過年度計劃綱要及總決議　總統勉以努力達成任務	1	要聞
1954/01/31	援助中國反攻大陸	2	國際新聞
1954/02/03	一條心反攻大陸一條命滅盡共匪　傷患義士歃血簽名上書　總統宣誓效忠	1	要聞

日期	標題	版次	版名
1954/02/20	全體義士熱烈歡　總統接受致敬　勉以立志反攻大陸消滅朱毛　義士呈獻「民族救星」旗	1	要聞
1954/02/27	立院質詢施政結束陳揆昨提出總答覆四年來施政以反攻大陸為目標所詢缺點當以事實表現作答覆	1	要聞
1954/03/03	加強建設提高戰力充實反攻大陸準備總統府昨舉行　國父紀念月會　陳揆報告國際外交內政	1	要聞
1954/03/05	國大昨第三次大會陳院長作施政報告歷述過去六年來施政措施進度確圖臺灣向反攻大陸目標邁進　堅信復國大業一定成功	1	要聞
1954/04/03	當國軍反攻大陸時　大陸同胞必起支持　義士答覆郵報徵詢	1	要聞
1954/04/22	美參議員甄納主張　援助國軍反攻大陸對匪開闢第二戰場　匪對越盟援助將可立渡終止	1	要聞
1954/05/24	俞鴻鈞昨招待立委說明將來組閣抱負籌劃反攻大陸新時代已經開始提名如獲同意當盡忠報答國家	1	要聞
1954/07/08	加強反攻大陸設計　將設立研究會行政院設計委會亦併入　按問題內容或地區分組研究	1	要聞
1954/08/10	陳副總統發表演說　釋戰爭與和平問題　欲避戰禍必先阻侵略勢力膨脹制止共產侵略唯賴實力與行動　中國反攻大陸決不會引起大戰	1	要聞
1954/09/16	反攻大陸的先鋒軍　＝慶海軍陸戰隊成立七週年＝	3	國內新聞
1954/10/08	總統接見美聯社記者談　國軍一旦反攻大陸　必能擊敗共匪俄寇　毋須外軍參戰僅需軍械與裝配　匪如犯臺適予國軍以殲敵機會	1	要聞
1954/10/11	總統國慶閱兵　勗勉三軍反攻大陸拯救同胞　實行三民主義完成革命任務美軍官艾里生獻「雙十國慶勝利進行曲」	1	要聞
1954/10/20	司徒雷登發表談話　美應助我反攻大陸　深信大陸人民均欲推翻匪偽	1	要聞
1954/10/30	大陳前線將士請纓　誓為反攻大陸先鋒	1	要聞

日期	標題	版次	版名
1954/12/01	總統昨對美紀者表示　中國單獨反攻大陸　民心士氣確有把握　祇須美國予我以後勤技術支援　決不願美參加大陸作戰	1	要聞
1954/12/05	中美締結防禦同盟　無礙我國反攻大陸　美官員同意沈昌煥解釋	1	要聞
1954/12/06	蔣夢麟博士　談中美條約　盼望國人勿呈鬆懈　培養力量反攻大陸	1	要聞
1954/12/09	反攻大陸無牽制領土主權無妨害　青年黨藉國大代表　劉泗英談中美締約	1	要聞
1954/12/09	反攻大陸準備　決不能怠忽　民社黨領袖徐傅霖　發表中美條約觀感	1	要聞
1955/01/26	旅星華橋反共領袖　擁護政府反攻大陸　昨對澳內長休茲表示	1	要聞
1955/02/02	總統答復美廣播評論家問　光復大陸乃天賦權利　大陸同胞皆擁護政府　除非俄帝準備完成主動的發動侵略　國軍反攻大陸決不會引起世界大戰	1	要聞
1955/02/21	總統答美聯社記者問　認為南麂島重要　相信反攻大陸時間必可到來	1	要聞
1955/04/13	蔣總統認為：　唯我反攻大陸可免世界大戰　美時代週刊推崇備至	1	要聞
1955/05/28	總統勉勵僑生　你們回國服務鼓舞三軍士氣　將來反攻大陸先要解救僑鄉	1	要聞
1955/06/04	副總統接見藝宣隊　告以我政治經濟已開始反攻　軍事反攻大陸隨時都可到來	1	要聞
1955/06/09	蔣總統對美記者談話　重申保衛金馬決心　堅決反對停火謬說　國軍反攻大陸人民將群起支持　斥匪向美進行有計劃敲詐勒索	1	要聞
1955/06/24	總統昨晨召見金馬三軍代表　勉勵以身作則為官兵的模範　更加努力打開反攻大陸之路　三軍代表呈獻致敬書	1	要聞
1955/08/08	和反共俄海員聊天　從看電影，喝咖啡，說到　反攻大陸，進軍莫斯科。	1	要聞
1955/08/27	日議員參觀演習後　盛讚國軍強大　對我反攻大陸深具信心　深感日本自衛軍力過於薄弱	1	要聞
1955/09/01	日議員訪華團　昨暢遊日月潭　大野伴睦發表參觀感想　謂我確有反攻大陸力量	5	國內新聞

日期	標題	版次	版名
1955/09/28	俞院長答立委稱　反攻大陸準備　並無片刻鬆懈　時機來臨即將完成神聖任務　全體立委昨捐一日所得勞軍	2	國際新聞
1955/10/04	一切為了反攻大陸	1	要聞
1955/11/22	芝蘭向我僑胞演說　盛讚自由中國進步　強調反攻大陸必操勝券	1	要聞
1956/01/29	總統昨接見美記者談話　如果不受外力阻撓　我能適時反攻大陸　兩個中國觀念不可能美應阻匪入聯合國　世界局勢發展有賴於西方各國積極政策　金門馬祖決予誓死堅守	1	要聞
1956/03/11	美國人民堅決反共　多願對我支持到底　勞工教友退伍軍人均主張助我反攻	1	要聞
1956/04/07	匪區同胞苦不堪言　祈求我早反攻大陸　馮智傑談匪區悲慘現況	3	國內新聞
1956/04/09	中國大陸陷匪　亞洲普受赤禍　自由中國心反攻大陸　是亞洲局勢轉變樞紐	6	地圖周刊
1956/04/19	總統答覆美記者問　國軍反攻大陸為期當不在遠　金馬與臺澎關係不可分	1	要聞
1956/04/21	民意測驗結果：　美人民多贊成　助我反攻大陸　革命女兒會通過決議重申反對匪入聯合國	1	要聞
1956/05/27	菲僑生昨會師　發表宣言支持反攻大陸　獻身反共隨時準備犧牲　會後繼舉行海內外青年聯歡會	4	綜合新聞
1956/06/13	總統答復菲報記者問　中菲面臨共同敵人　自應加強團結奮鬥　國軍反攻大陸實力仍與日俱增　並表示關心在菲華僑合法權益	1	要聞
1956/08/07	雨聲車聲潮聲　搶灘登陸勝利　海鯨三隊　演習登陸　衝過排天白浪　反攻大陸成功	5	體育新聞 社會新聞 文教新聞
1956/08/17	松岡駒吉談話　蔣總統寬大仁慈　反攻大陸必成功　俄在和談中暴露猙獰面目　已引起日本國民普遍憤慨	4	文教新聞 體育新聞 影藝新聞

日期	標題	版次	版名
1956/09/03	今日第二屆軍人節國軍將士熱烈慶祝 彭總長將率官兵代表晉謁 總統 重申確保臺灣與反攻大陸決心 陸海空勤總部金馬守軍分別集會慶祝	1	要聞
1956/10/21	總統接見兩華僑團 垂詢各僑胞回國觀感和意見 陳副總統亦接見四僑團致詞強調反攻大陸決心	1	要聞
1956/10/25	臺灣光復十一週年 全省今日熱烈慶祝 省垣舉行盛會省運在臺中揭幕 嚴主席籲請全省同胞力行實踐 向建設臺灣反攻大陸目標邁進	1	要聞
1956/11/07	斷絕俄帝侵略之路 端在我國反攻大陸 陶希聖評論東歐及中東局勢	1	要聞
1956/11/13	陳副總統發表 國父誕辰觀感 發揚國父革命精神 早日反攻大陸拯救同胞	1	要聞
1956/11/17	國軍年終校閱大典 總統主持全部完成 昭示三軍將士「師克在和不在眾」 要有以寡敵眾的精神反攻大陸消滅共匪	1	要聞
1956/11/17	國軍年終校閱大典 總統主持全部完成 昭示三軍將士「師克在和不在眾」 要有以寡敵眾的精神反攻大陸消滅共匪	1	要聞
1956/12/31	自由世界與共產集團 實無妥協可能 我決不再受匪和平攻勢欺騙 反攻大陸準備已有長足進展 總統接見馬蘇第談話	1	要聞
1957/01/21	國軍反攻大陸 已充分準備 閔士德昨抵港談稱	1	要聞
1957/02/22	陳副總統昨告三俠團 政府完成作戰準備 隨時可公反攻大陸 和謠是共匪無恥的攻勢	1	要聞
1957/03/02	旅菲華僑昨發表聲明 堅決支持政府領導反攻大陸解救人民	2	國際新聞
1957/03/24	俞院長告英人士訪問團 我國反共抗俄奮鬥 堅信最後必獲勝利 警告自由世界勿圖目前小利 歐京等預祝我早日反攻大陸成功	1	要聞

日期	標題	版次	版名
1957/03/27	大陸反共力量蓬勃時機成熟定會爆發　俞院長昨在立院鄭重答復詢問認為反攻大陸須政治軍事並重	1	要聞
1957/04/01	堪拜爾在港表示　我反攻大陸絕對會成功	1	要聞
1957/04/12	伊拉穆罕招詩記者　強調巴人堅決反共　痛斥「中立主義」欺騙　深信中國反攻大陸必定成功	1	要聞
1957/04/24	反攻大陸軍事部署　已告初步完成　陳副總昨告檀島僑團　並分別接見星緬僑領	1	要聞
1957/08/19	國軍二十個精銳師　足可發動反攻大陸　渡邊赴匪區遊覽返日後表示　美軍事基地愈多匪垮臺愈快　認匪軍的作戰潛力大有可疑	1	要聞
1957/09/05	決心拯救大陸人民　蔣總統具崇高目標　李勃曼讚揚　總統卓越領導　謂中華民國擁有亞洲最強大部隊　一旦反攻大陸匪偽政權即趨崩潰	1	要聞
1957/09/21	張警告日本人民　加意防範共黨侵略　當前世界局勢不容日本中立　我國反攻大陸不會損及日本	1	要聞
1957/10/04	蔣總統答德國記者問　反攻復國是我目標　基本國策絕不變更　中國反攻大陸俄不會參加戰爭　我們如怕打局部戰便中俄毒計	1	要聞
1957/10/05	立院昨續質詢施政　對反攻大陸支援抗暴等問題　俞院長黃副院長等分別作答	1	要聞
1957/10/11	昨日歡度雙十國慶　總統檢閱強大三軍　勉全體將士團結一致加強訓練　等待命令反攻大陸以拯救同胞	1	要聞
1957/10/21	八全大會八九兩次會議　通過本黨政綱　作為由現在到反攻大陸時間　對反共革命運動之指導原則　並通過本黨現階段黨務工作綱領	1	要聞
1957/10/22	昨日慶祝華僑節　僑聯大會揭幕　主席強調團結僑胞發揮力量　擁護反共政策支持反攻大陸　大會定廿四日正式開議	1	要聞

日期	標題	版次	版名
1958/01/03	貫徹六大目標三項保證 誓以血汗傾傾注聖戰中 迎接反攻大陸新勝利 國軍第八屆克難英雄大會宣言	1	要聞
1958/02/23	陳副總統答美報人詢問 有計劃的反攻大陸 乃是我們最大目的 大陸同胞和華僑一致痛恨共匪 都是我反攻大陸的有力支援者	1	要聞
1958/04/16	蔣總統答美報記者問 我國反攻大陸勝利 可以防止世界大戰 阻止共黨擴展必先消滅匪政權 並揭穿俄圖召開高層會議陰謀	1	要聞
1958/05/25	美眾議員范真德表示 蔣總統如反攻大陸 美應以海空軍協助 並強調美永遠不應承認匪幫	1	要聞
1958/05/26	總統答美記者電視訪問 自由世界反攻大陸 無須美國直接參與 俄及附庸國最怕內部反共革命 自由國家應爭取主動攻其弱點	1	要聞
1958/06/19	振興航業發展海運 積極準備反攻大陸 海員總工會昨開代表會 陳副總統特頒訓詞勉勵	3	國內新聞 財經新聞
1958/08/02	亞盟中國總會代表大會 陳副總統應應邀致詞 強調我反攻大陸世界始有和平 谷正綱呼籲提防俄顛覆陰謀 大會通過支援鐵幕反共運動等要案	1	要聞
1958/09/01	自由中國與反攻大陸（上）	6	國內新聞 社會新聞
1958/09/02	自由中國與反攻大陸（下）	6	國內新聞 社會新聞
1958/10/08	蕭自誠昨在屏東演講 消滅俄帝主要幫兇即可解除侵略威脅 我已具備反攻大陸有利因素	6	財經新聞 綜合新聞
1959/07/31	柳鶴圖對日記者談 中日安危密切關聯 國軍顯著進步並非全賴美援 反攻大陸準備工作從未放鬆	2	國際新聞
1959/10/01	大陸來臺國民 今起辦理調查 以供反攻大陸運用	3	國內新聞
1959/11/12	三民主義與反攻大陸	10	特刊
1959/11/24	穗郊龍眼洞 出現游擊隊 號召匪區同胞準備 迎接國軍反攻大陸	1	要聞

日期	標題	版次	版名
1959/12/05	雷鳥雷虎空中會師　比翼飛行表演特技　美雷鳥小組定今離華飛韓　全體組員表示當我反攻大陸時　他們要與抗戰時飛虎隊爭短長	3	國內新聞
1959/12/26	菲總統加西亞談　國軍反攻大陸　始能阻匪侵略	2	國際新聞

附錄 2

1950 年代國軍作戰計畫、代號、代名一覽表

作戰計畫名稱（代名、代號）	計畫年別	內容概述
三七五計畫	1950-1953	1950 年初期政府首要工作，為確保臺灣與準備反攻大陸。除積極策劃臺灣防衛作戰外，為求牽制中共達成戰術攻勢的目的，國防部於 1952 年 2 月 22 日飭令臺灣防衛總司令部兼總司令負責成立「三七五執行部」，草擬各項計畫，以備反攻之需。所完成計畫以第一、二、三作戰計畫最為重要。
第一號作戰計畫（突擊作戰）	1951-1953	國軍以徵集壯丁、振奮士氣及牽制擾亂共軍，並習得兩棲作戰經驗，以利爾後反攻為目的。以海陸軍各一部，組成兩棲突擊部隊，並配合游擊部隊之活動，分期想浙閩粵沿海之重要島嶼及港灣施行突擊。
第二號作戰計畫（有限目標攻擊）	1951-1953	國軍以打擊中共，促進大陸反共武力發展，增取兵援，及策應聯軍在遠東作戰之目的，應於有利時機，以陸軍約六個兵為基幹，在海空軍協同下，於福建沿海地區，實行登陸，先掠取閩南，依情況進出福州地區，。
第三號作戰計畫（大規模作戰）	1951-1953	國軍以消滅中共規復大陸，阻止蘇帝侵略之目的，以陸軍十二個軍（或擴充為二十個軍）為基幹，連同海空軍充實整備，完成後，於有利時機配以友邦之海空軍，以主力在滬杭或汕穗沿海地區，實行大規模之反攻，廣領必要地區，迅速擴軍，先完成江南地區之作戰。依情況配合聯軍作戰，以主力在長江以北沿海地區登陸。
第四至第六號作戰計畫	1951-1953	為保密及混淆共諜之作戰計畫
五三計畫（20 個目標反攻計畫）	1952-1953	韓戰發生後，美國派遣第七艦隊巡弋臺灣海峽，臺海中立化的情勢漸為明朗。國防部為求掌握爾後各種有利時機，以利反攻大陸作戰，1952 年 6 月 11 日奉蔣中正手令指示，選定二十個地區作為反攻目標，並擬定相關登陸作戰計畫，限於一年內完成，並準備兵棋演習，隨即完成「五三計畫」組，負責策定反攻作戰之遠程計畫，以備反攻需要。

作戰計畫名稱（代名、代號）	計畫年別	內容概述
五五建設計畫	1955-1957	1955 年 1 月 10 日彭孟緝建議蔣介石將原代名「五三計畫」之反攻大陸計畫因日期過久，為保防起見，改代名為「五五建設計畫」。
4201 計畫（臺灣防衛作戰計畫）	1953	國軍於 1952 年整編後，戰力、裝備較前增強，為增進三軍聯合作戰效能，國防部於 1953 年 1 月開始檢討臺灣防衛作戰之兵力部署，經多次討論研擬，5 月初步定案，並根據美軍參謀作業方式，擬訂「臺灣防衛作戰計畫」（代名為 4201 計畫）。本計畫特色，為總預備兵力增大為 9 個師，並專設預備兵團司令部指揮。另本計畫為三軍聯合作戰之作戰計畫，對有關作戰各部門間之協調較前嚴密。
5504 計畫	1952-1957	為獨立反攻計畫，以「泉州－廈門」為反攻目標之登陸計畫；代名「長安戰役計畫」。
5591 計畫	1952-1957	為盟國有限度支援之反攻計畫，以「泉州－廈門」（廈門南北地區）反攻目標之登陸計畫；代名「中興戰役計畫」。
5546 計畫	1952-1957	在盟國有限度支援下，對合盟軍作戰對定海－象山－鎮海等地區進行登陸作戰
5596 計畫	1952-1957	在盟國有限度支援下，對汕頭－湖安－黃崗等地區進行登陸作戰；代名為「興國戰役計畫」。
5592 計畫	1952-1957	在盟國有限度支援下，一案對汕尾－海豐（大鵬灣附近）；另一案對惠陽－淡水－墩頭灣等地區進行登陸作戰。
5544 計畫	1952-1957	配合盟軍作戰，計有兩案，一案對威海衛－海陽；另一案對煙臺－龍口－青島等地區進行登陸作戰。
5545 計畫	1952-1957	配合盟軍作戰，對海南島進行登陸作戰；代名為「永安戰役計畫」。
光作戰計畫	1953	蔣中正請軍學研究會（白團）擬訂反攻作戰計畫。經研擬計有甲乙兩案，甲案以我國單獨反攻大陸作有計畫之準備，預定五年。乙案係先作兩年之作戰準備以適應國際局勢之變化與民主國家配合完成。
南圖計畫	1953	關於攻略海南島之研究

作戰計畫名稱（代名、代號）	計畫年別	內容概述
粉碎行動計畫	1953	為東山島突擊作戰計畫，以絕對優勢兵力於海軍支援下一舉登陸攻占東山島，殲滅或捕捉全面守島共軍，任務達成後自動撤離。
開案	1954	希望美國提供軍援於 1955 年年底以前，在臺灣建成一支最低限度的戰略性武力，俾能策應遠東地區若干可能之急變，包括對中國大陸作有限度的反攻在內。
大風計畫	1954	由白團教官指導研究計畫，在五年準備完成後，以自力反攻大陸之作戰計畫，其內容與「光作戰計畫」大同小異。
鐵拳計畫	1954	光作戰計畫修正版

資料來源：

1.〈國防部參謀總長職期調任主要政績（事業）交代報告〉（1954 年 6 月），《國軍檔案》，國防部藏，總檔案號：00003712。
2.〈反攻作戰計劃案彙輯案〉，《國軍檔案》，國防部藏，總檔案號：00042021。
3.〈粉碎行動計畫〉，〈作戰計畫及設防（二）〉，《蔣中正總統文物》，國史館藏，典藏號：002-080102-00008-010。
4.〈專案計畫——南圖計畫國光演習等〉，《蔣經國總統文物》，國史館藏，典藏號：005-010100-00028-001。
5.〈彭孟緝呈蔣中正策定民國四十五年作戰計畫研究及鐵拳計畫與大風計畫曲線表〉（1954 年 2 月 6 日〈實踐學社（二）〉，《蔣中正總統文物》，國史館藏，典藏號：002-080102-00127-006。
6.〈國防部戰略計畫委員會呈蔣中正五一九一戰役計畫並附兵力檢討等各式圖表及五一九二戰役計畫一般概念〉〈作戰計畫及設防（二）〉（1950 年），《蔣中正總統文物》，國史館藏，典藏號：002-080102-00008-012。
7.〈1954 年至 1955 年中華民國特別軍援計畫（開案）〉（1953 年 12 月 26 日），〈美國對我特別軍援（開案）軍協部分〉，《國軍檔案》，國防部藏，總檔案號：00046081。

參考文獻

中文部分

一、檔案

- 《蔣中正總統文物》，臺北：國史館藏。
    - 〈一般資料—民國四十二年〉
    - 〈一般資料各界上蔣經國文電資料（十六）〉
    - 〈中央政工業務（一）〉
    - 〈中央政工業務（二）〉
    - 〈中央軍事報告及建議（一）〉
    - 〈中央軍事報告及建議（三）〉
    - 〈作戰計畫及設防（二）〉
    - 〈作戰計畫及設防（三）〉
    - 〈金馬及邊區作戰（一）〉
    - 〈金馬及邊區作戰（五）〉
    - 〈美政要來訪（五）〉
    - 〈美軍協防臺灣（二）〉
    - 〈美國協防臺灣（三）〉
    - 〈軍事會談記錄（一）〉
    - 〈軍事會談記錄（二）〉
    - 〈軍事會談記錄（三）〉
    - 〈實踐學社（一）〉
    - 〈實踐學社（二）〉
    - 〈對日本外交（一）〉
    - 〈對美外交（十二）〉
    - 〈對美關係（六）〉

- 〈對韓國外交（三）〉
- 〈領袖復行視事（二）〉
- 〈蔣中正至宋美齡函（七）〉
- 〈駐日代表團案〉
- 〈總統對軍事訓示（二）〉
- 〈籌筆—戡亂時期（十六）〉

- 《蔣經國總統文物》，臺北：國史館藏。
  - 〈一九五四年至一九五五年中華民國特別軍援計畫（二）〉
  - 〈國防部總政治部任內文件（三）〉
  - 〈國防部總政治部任內文件（三）〉
  - 〈蔣經國墨迹拾遺（三）〉
- 《國軍檔案》（1949 -1960），臺北：國防部藏。
  - 〈「開案」有限度反攻華南作戰研究〉
  - 〈1952-1959 軍協案發展狀況〉
  - 〈三七五第一號廈門地區作戰案〉
  - 〈中外會談紀錄〉
  - 〈中美共同協防作戰計劃案〉
  - 〈反攻大陸方略草案〉
  - 〈反攻作戰計劃案彙輯案〉
  - 〈反攻執行機構名稱及聯勤制度改革之研究〉
  - 〈反攻登陸計畫「五五建設計畫」〉
  - 〈白團聘任案〉
  - 〈石牌實踐學社戰聯班調訓人選（1）〉
  - 〈石牌實踐學社戰聯班調訓人選（2）〉
  - 〈各種軍事組織報告意見〉

- 〈如何建立國軍軍事教育制度及教育制度得失檢討〉
- 〈李彌入滇工作計畫〉
- 〈李彌呈滇緬匪情戰況及補給情形〉
- 〈周總長函雷德福上將洽商反攻大陸計畫及軍經援〉
- 〈東山島戡亂戰役案〉
- 〈南日島戰役案〉
- 〈為呈報湄州島戰鬥詳報乙份恭請核備由〉
- 〈科學軍官儲訓案〉
- 〈美軍顧問團團長蔡斯將軍報告書〉
- 〈美國對我特別軍援（開案）軍協部分〉
- 〈軍紀整飭及違紀案〉
- 〈革命實踐研究院聘用日籍教官情形〉
- 〈展開全面游擊作戰案〉
- 〈留越國軍處理案〉
- 〈留緬國軍處理案〉
- 〈砲兵訓練處編制案〉
- 〈砲兵部隊編制案〉
- 〈砲兵部隊編組方案〉
- 〈砲兵部隊編裝案〉
- 〈砲兵學校編制案〉
- 〈參謀區分及職業規定〉
- 〈國防部參謀總長職期調任主要政績（事業）交代報告〉
- 〈國防部與美軍顧問團文件副本彙輯〉

- 〈國防部編制案〉
- 〈國軍撤越緬處理經過〉
- 〈國軍歷屆戰鬥序列表彙編〉
- 〈陸軍空降部隊整編〉
- 〈陸軍軍士訓練辦法〉
- 〈陸軍軍師整編案〉
- 〈陸軍教育方案〉
- 〈陸軍第三十二師工作報告（四十一年）（1）〉
- 〈陸軍整編計畫〉
- 〈游擊部隊經費〉
- 〈圓山軍官訓練團祝壽禮物——動員演習計畫及各項動員演習法令草案〉
- 〈滇桂越緬邊區國軍戰況及劉嘉樹等部求援情形〉
- 〈滇緬邊區游擊隊作戰及撤運來臺經過〉
- 〈實踐學社（一）〉
- 〈實踐學社科學軍官儲訓班及派職實施辦法〉
- 〈實踐學社結束移交清冊案〉
- 〈實踐學社結束處理案〉
- 〈實踐學科學軍官班調訓案（1-2 期）〉
- 〈實踐學科學軍官班調訓案（3）〉
- 〈滯緬泰越邊境我游擊隊行動受國際干涉之處置及李彌至聯合國等函稿〉
- 〈福建反共救國軍作戰報告書〉
- 〈福建省反共救國軍南日島作戰經過報告書〉
- 〈福建省反共救國軍南日島作戰戰役經驗教訓〉
- 〈福建省反共救國軍突擊湄州島戰鬥詳報〉

- 〈閩浙沿海島嶼兵要資料會輯〉
- 〈黨政軍聯合作戰教令案〉
- 〈顧葆裕大陸轉戰來臺請入革命實踐研究院受訓〉

- 《國民政府檔案》，臺北：國史館藏。
    - 〈行政三聯制（一）〉

二、史料彙編

- 中國國民黨中央委員會黨史委員會編，《先總統蔣公思想言論總集》，臺北：中國國民黨中央委員會黨史委員會，1984。
- 李雲漢主編，《蔣中正先生在臺軍事言論集》，第1冊，臺北：中國國民黨中央委員會黨史委員會，1994。
- 秦孝儀總編纂，《總統蔣公大事長編初稿》，第9至第13卷，臺北：中正文教基金會，2002-2006。
- 國防部史政編譯局編，《美軍在華工作紀實・顧問團之部》，臺北：國防部史政編譯局，1981。
- 國防部史政編譯局編，《戡亂時期東南沿海島嶼爭奪戰史》，臺北：國防部史政編譯局，1997。
- 國防部史政編譯局編，《戡亂戰史（十三）西南及西藏地方作戰》，臺北：國防部史政編譯局，198年。
- 國軍政工史編纂委員會，《國軍政工史稿》，第6編，臺北：國防部總政治部，1960。
- 陶文釗主編，《美國對華政策文件集》，第2卷。北京：世界知識出版社，2003。
- 黃慶秋編，《日本軍事顧問（教官）在華工作紀要》，臺北：國防部史政局，1968。

- 蔣經國先生全集編輯委員會編輯，《蔣經國先生全集》，第 1 冊，臺北：行政院新聞局，1991。
- 薛月順主編，《陳誠先生回憶錄——建設臺灣》，上下冊，臺北：國史館，2005。

三、年鑑、辭典

- 中國戰史大辭典——人物之部編審委員會，《中國戰史大辭典——人物之部》，臺北：國防部史政編譯室，1992。

四、日記、回憶錄、訪問記錄、傳記

- 卡爾·藍欽著，徵信新聞報編譯室編，《藍欽使華回憶錄》，臺北：徵信新聞報，1964。
- 朱浤源主編，《孫立人言論選集》，臺北：中央研究院近代史研究所，2000。
- 李俊程，《軍旅生涯三十年——李俊程回憶》，臺北：國防部史政編譯室，2005。
- 李潔明著（James R. Lilley）、林添貴譯，《李潔明回憶錄》，臺北：時報文化，2003。
- 沈克勤，《孫立人傳》，臺北：學生出版社，1998。
- 段玉衡，《國光作業紀要》，臺北：未刊稿，2004。
- 國防部史政編譯局，《滇緬邊區風雲錄——柳元麟將軍八十八回憶》，臺北：國防部史政編譯局，1996。
- 國防部史政編譯局，《墨三九十自述》，臺北：國防部史政編譯局，1981。
- 張玉法、陳存恭訪問，黃銘明紀錄，《劉安祺先生訪問記錄》，臺北：中央研究院近代史研究所，

1991。

- 陳存恭訪問，萬麗鵑紀錄，《孫立人案相關人物訪問紀錄》，臺北：中央研究院近代史研究所，2007。
- 陳鴻獻訪問，歐世華、曾曉雯整理，《戡亂時期知識青年從軍訪問紀錄》，臺北：國防部史政編譯局，2001。
- 陳鴻獻等訪問紀錄，《陸軍軍官學校第四軍官訓練班官生訪問紀錄》，臺北：國防部史政編譯室，2003。
- 陶涵（Jay Taylor）著、林添貴譯，《臺灣現代化的推手——蔣經國傳》，臺北：時報文化，2000。
- 陶涵（Jay Taylor）著、林添貴譯，《蔣介石與現代中國的奮鬥》，臺北：時報文化，2010。
- 漆高儒，《蔣經國的一生》，臺北：傳記文學出版社，1991。
- 劉臺貴訪問、孫建中紀錄，《海軍陸戰隊官兵口述歷史訪問記錄》，臺北：國防部史政編譯室，2005。
- 劉鳳翰、劉海若訪問記錄，《尹國祥先生訪問紀錄》，臺北：中央研究院近代史研究所，1993。
- 蔣介石，「蔣中正日記」。
- 遲景德、林秋敏訪問，林秋敏紀錄整理，《孔令晟先生訪談錄》，臺北：國史館，2002。
- 龔建國、彭大年訪錄，《塵封的作戰計畫・國光計畫口述歷史》，臺北：國防部史政編譯室，2005。

五、雜誌、報紙

- 《中央日報》，臺北，1949 -1960。

六、專書

- 中村祐悅著、楊鴻儒譯，《白團——協助訓練國軍的前日軍將領校官（協訓國軍的日本軍事顧問團）》，臺北：臺灣凱侖出版社，1996。
- 吳林衛，《滇邊三年苦戰錄》，香港：亞洲出版社，1954。
- 宋文明，《中國大動亂時期美國的對華政策（1949-1960）》，臺北：宋氏照遠出版社，2004。
- 李國鼎、陳木在合著，《我國經濟發展策略總論》（上冊），臺北：聯經出版，1988。
- 林孝庭，〈從中、英文檔案看冷戰初期「敵後反攻」的實與虛（1950 -1954）〉，《同舟共濟：蔣中正與一九五〇年代的臺灣》，臺北：國立中正紀念堂管理處，2014。
- 林孝庭著，黃中憲譯《意外的國度——蔣介石、美國、與近代臺灣的形塑》，臺北：遠足文化，2017。
- 林桶法，〈重起爐灶的落實：1950 年代蔣在臺軍事整頓〉，《蔣中正研究學術論壇，蔣中正總統與中華民國的發展—1950 年代的臺灣）》，臺北：國立中正紀念堂管理處，2011。
- 林照真，《覆面部隊——日本白團在臺秘史》，臺北：時報文化，1999。
- 邵宗海，《兩岸關係》，臺北：五南書局，2006。
- 海軍總司令編，《海軍艦隊發展史》，第 2 輯，臺北：國防部史政編譯局，2001。

- 袁煒、周國駿著，《反共十字軍鬥士李彌》，臺北：出版者不詳，1953。
- 張玉法，《中國現代史》，臺北：東華書局，2001。
- 張淑雅，《韓戰救臺灣？——解讀美國救臺政策》，臺北：衛城出版，2011。
- 陳佑慎，《持駁殼槍的傳教士——鄧演達與國民革命軍政工制度》，臺北：時英出版社，2009。
- 陶文釗主編，《中美關係史（1949- 1972）》，上海：上海人民出版社，1999。
- 覃怡輝，《金三角國軍血淚史（1950 -1981）》，臺北：聯經出版，2009。
- 楊維真，〈蔣介石與來臺初期的軍事整備（1949-1952）〉，《蔣中正研究學術論壇，遷臺初期的蔣中正（1949-1952）》，臺北：國立中正紀念堂管理處，2010。
- 劉國銘，《中國國民黨九千將領》，臺北：中華工商聯合會，1993。

七、期刊論文

- 丁作韶，〈反攻大陸的跳板——緬甸〉，《新聞天地》，第 35 期（1951 年 4 月）。
- 任重，〈生活在軍訓班十五期〉，《陸軍軍官學校第四軍官訓練班十五期畢業同學錄》（鳳山：十五期畢業同學錄籌備委員會，1948）。
- 李國輝，〈憶孤軍奮戰滇緬邊區〉，《春秋雜誌》，第 13 卷第 1 期至第 17 卷第 4 期（1970 年 7 月 1 日 -1972 年10月 1 日）。

- 林正義，〈韓戰對中美關係的影響〉，《美國研究》，第 19 卷第 4 期（1989 年12 月）。
- 張淑雅，〈中美共同防禦條約的簽訂：一九五〇代中美結盟過程之探討〉，《歐美研究》，第 24 卷第 2 期（1994 年 6 月）。
- 許舜南，〈國軍近五十年戰略教育之研究〉，《中華軍史學會會刊》，第 7 期（2002 年 4 月）。
- 陳鴻獻，〈美軍顧問團在臺灣（1951-1955）〉，《中華軍史學會會刊》，第 22 期（2017 年12 月）。
- 陳鴻獻，〈蔣中正先生與白團〉，《近代中國》，第160 期（2005 年 3 月）。
- 陸靜澄，〈東山島作戰〉，《軍事史評論》，第3 期（1996 年 6 月）。
- 楊晨光，〈東山島戰役研究〉，《中華軍史學會會刊》，第14 期（2009 年 9 月）。
- 楊維真，〈蔣中正復職前後對臺灣的軍事布置與重建（1949 -1950）〉，《中華軍史學會會刊》，第 7 期（2002 年4 月）。
- 劉維開，〈蔣中正對韓戰的認知與因應〉，《輔仁大學歷史學報》，第 21 期（2008 年 7 月）。
- 劉鳳翰，〈國軍（陸軍）在臺澎金馬整編經過（民國 39 年至 70 年）〉，《中華軍史學會會刊》，第 7 期（2002 年 4 月）。
- 潘光哲，〈再論中研院院長和政治：胡適．雷震和蔣介石〉，《山豬窟論壇》，第 9 期（2004）。
- 鄭為元，〈組織改革的權力、實力、與情感因素：

撤臺前的陸軍整編（1945 -1958）〉，《軍事史評論》，第 12 期（2005 年 6 月）。

- 龔建國，〈淺談政府遷臺後陸軍軍官學校教育變革〉，《中華軍史學會會刊》，第16 期（2011 年 10 月）。

八、學位論文

- 段承恩，〈從口述歷史看滇緬邊區游擊隊（1950-1961）〉，臺北：中國文化大學史學系碩士論文，2003。
- 楊金柱，〈混血的現代性：冷戰體系下的臺灣軍隊（1949-1979）〉，臺中：東海大學社會學博士論文，2009。

外文部分

一、檔案

- Record of the Joint Chiefs of Staff, Part II, 1946-1953, The Far East, Washington, D. C.: University Publications of America, Inc., Microfilm, 1979, 臺北：國立政治大學社會科學資料中心藏。

二、專著、期刊論文

- Chang, Gordon H. *Friends and Enemies: The United States, China, and the Soviet Union, 1948-1972*. Stanford University Press, 1990.
- Chen, Jie. *Ideology in U.S. Foreign Policy: Case Studies in U.S. China Policy*. Praeger, 1992.
- Finkelstein, David Michael et al(eds), *Chinese Warfighting: The PLA Experience Since 1949*. Sharpe, Inc, 2003.

- Garver John W. *The Sino-American Alliance: Nationalist China and American Cold War Strategy in Asia.* Sharpe, 1997.
- Hickey, Dennis Van Vranken. *The Armies of East Asia: China, Taiwan, Japan, and the Koreas.* Lynne Rienner Publishers, 2001.
- Jacoby, Neil H. U. S. *Aid to Taiwan.* Praeger, 1967.
- Jay, Taylor. *The Generalissimo's Son : Chiang Ching-kuo and the Revolutions in China and Taiwan.* Harvard University Press, 2000.
- Leonard,Larry L. *Elements of American Foreign Policy.* McGraw-Hill Book cc., 1953.
- Lin, Cheng-yi, "The Legacy of the Korean War: Impact on U. S. - Taiwan Relations", *Journal of Northeast Asian Studies.* Winter 1992, Vol. 11, Issue 4.
- MacFarquhar, Roderick and John K. Fairbank. *The Cambridge History of China: Volume 15, The People's Republic, Part 2.* Cambridge University Press, 1991.
- Strausz-Hupe, Robert and Stefan T. Possony. *International Relations in the Age of the Conflict between Democracy and Dictatorship*. McGraw-Hill, 1954.
- Wang, Yu-San. *Foreign Policy of the Republic of China on Taiwan: An Unorthodox Approach.* Praeger, 1990.
- 舩木繁，《支那派遣軍司令官岡村寧次大將》，東京：河出書房新社，1984。
- 保阪正，《瀬島龍三——参謀の昭和史》，東京：文藝春秋，1991。

後 記

本書原書名《1950年代初期國軍軍事反攻之研究》，在2015年獲國史館「國史研究獎勵」出版，出版不久因印製數量及讀者喜愛而售罄絕版。今蒙民國歷史文化學社邀請，重新進行本書之修訂及審查，並以更契合本書內容之新書名《反攻與再造：遷臺初期國軍的整備與作為》再度出版。本書與前版之主要差異，乃是加入前版尚未解密運用的〈總統府軍事會談記錄〉（國史館藏），讓本書許多議題的詮釋更為完整。

中華民國政府遷臺之後有關軍事史方面的研究，過去受到檔案借閱的限制，研究成果相當有限，出版之際正逢政府遷臺70週年，本書再度出版有其特別意義。因此，特別感謝國史館前館長呂芳上教授的器重與筆者大學老師高純淑教授的引薦，讓本書再版，使更多讀者可以看到國軍枕戈待旦的付出。另外，出版社同仁的協助出版，以及匿名審查人審查的意見都讓本書更為完善。

筆者高中畢業就讀軍校，從軍20餘年以來，對於軍旅生涯有許多難忘的經驗與體悟，尤其1995至1996年間在馬祖防衛司令部駐地所屬的南竿及莒光服役，時值臺灣進行第一次民選總統，兩岸局勢非常緊張，此期間臺灣也發生飛彈危機。為強化外島前線的緊急應變與戰備，各級部隊無不加強訓練、警戒與備戰。但身處孤島的弟兄們島孤人不孤，在各個戰備據點時常可以看見參謀總長羅本立上將等官長巡視的身影。時隔 25 年，臺灣又逢大選，但卻發生參謀總長沈一鳴上將等官長慰勞部隊過程中墜機殉職的事件。此不幸事件舉國震驚及哀悼，筆者也深表哀痛，並想藉此表達，國家安全從來不會憑空而降，而是一群沒有聲音的軍人夙夜匪懈，默默從事建軍備戰，犧牲個人自由、家庭生活，甚至生命所換來，希望國人好好珍惜及守護。

最後，感謝國軍及我的家人。筆者常想一個問題，如果有機會重新選擇，是否仍會就讀軍校？答案是肯定的。沒有國軍就沒有今天的我，感謝軍旅生涯當中所有長官、同袍的照顧，讓筆者有豐富的軍旅生涯；順利卸下戎裝之後，還可以從事喜愛的軍史研究。舍弟陳鴻圖教授，你對學生無私付出，教育英才無數，我應該也算其一，不辱所望了。妻子王敏華女士，身為軍眷的妳必須獨力照顧兩個孩子，讓我無後顧之憂，妳永遠是我最大的靠山，也是讓我堅持到最後的推手，真的辛苦妳、謝謝妳了！

民國論叢 04

反攻與再造：遷臺初期國軍的整備與作為

Recovery and Reform: R. O. C. Military Reorganization and Operations in 1950s

作　　者　陳鴻獻
總 編 輯　陳新林、呂芳上
執行編輯　高純淑
文字編輯　林弘毅
封面設計　陳新林
排　　版　溫心忻

出 版 者　開源書局出版有限公司
香港金鐘夏慤道 18 號海富中心
1 座 26 樓 06 室
TEL：+852-35860995

民國歷史文化學社
10646 台北市大安區羅斯福路三段
37 號 7 樓之 1
TEL：+886-2-2369-6912
FAX：+886-2-2369-6990

銷 售 處　源流成文化股份有限公司
10646 台北市大安區羅斯福路三段
37 號 7 樓之 1
TEL：+886-2-2369-6912
FAX：+886-2-2369-6990

初版一刷　2020 年 1 月 31 日
定　　價　新台幣 470 元
港　幣 130 元
美　元 18 元
I S B N　978-988-8637-42-3
印　　刷　長達印刷有限公司
台北市西園路二段 50 巷 4 弄 21 號
TEL：+886-2-2304-0488